高等学校网络空间安全专业系列教材

网络空间安全概论

主　编　曹天杰　张爱娟

参　编　刘天琪　修　扬　曹苇航

西安电子科技大学出版社

内 容 简 介

本书讲述了网络空间安全的基础理论与技术，涵盖物理安全、密码学、系统与网络安全、内容安全、新技术新应用安全、网络空间犯罪与取证、网络空间安全管理、法律法规与网络伦理等主要内容。本书以总体国家安全观的视角认识和理解网络空间安全，内容系统全面，吸收了最新的网络空间安全法律、标准的内容，力求概念准确精练，案例具有说服力。同时，书中介绍了攻击与防御技术及其新发展，突出热点与前沿，详细讲解了新技术、新应用带来的网络空间安全风险。

本书适用于只开设一门网络空间安全课程的高校专业，可以作为全校通识课程或拓展课程以及计算机类和电子信息类专业的本科、硕士选修课程教材，也可供从事信息技术领域研究的教师、研究生和科研工作者参考。

图书在版编目(CIP)数据

网络空间安全概论 / 曹天杰，张爱娟主编. —西安：西安电子科技大学出版社，2022.6 (2023.4 重印)
ISBN 978 - 7 - 5606 - 6410 - 1
Ⅰ. ①网… Ⅱ. ①曹… ②张… Ⅲ. ①网络安全－高等学习－教材 Ⅳ. ①TN915.08

中国版本图书馆 CIP 数据核字(2022)第 048773 号

策　　划　高　樱
责任编辑　高　樱
出版发行　西安电子科技大学出版社(西安市太白南路 2 号)
电　　话　(029)88202421　88201467　　邮　　编　710071
网　　址　www.xduph.com　　电子邮箱　xdupfxb001@163.com
经　　销　新华书店
印刷单位　咸阳华盛印务有限责任公司
版　　次　2022 年 6 月第 1 版　2023 年 4 月第 2 次印刷
开　　本　787 毫米×1092 毫米　1/16　印张 14.75
字　　数　344 千字
印　　数　1001～3000 册
定　　价　39.00 元
ISBN　978-7-5606-6410-1 / TN
XDUP 6712001-2

高等学校网络空间安全专业系列教材

编审专家委员会

前　言

随着云计算、大数据、人工智能、物联网等新技术、新应用的快速发展，网络空间与现实空间的边界不断融合，网络空间正在全面改变着人们的生产生活方式，极大促进了经济社会的繁荣进步。但也要清醒地看到，我国面临的网络空间安全形势日益严峻，国家政治、经济、文化、社会安全及公民在网络空间的合法权益受到严峻挑战。

当前，网络空间安全教育从着重于培养网络空间安全从业人员的专业教育扩展到关注全民的网络空间安全通识教育或者素质教育、拓展教育、意识教育。各高校普遍开设了“网络空间安全概论”通识课程或专业拓展课程，意在培养学生良好的网络空间安全素养，提高其网络空间安全意识，使学生具备网络空间安全防范能力，树立正确的网络安全观。本书正是针对这一新的形势编写的。本书的主要特点如下：

(1) 概念清晰。本书广泛参考中英文资料、国家标准、法律、研究报告中对专业名词的定义，概念力求权威、准确，体现专业性；在此基础上，采用大量典型实例加以说明，帮助学生快速理解知识点。

(2) 内容系统全面。网络空间安全领域发展迅速，知识更新速度快，新问题、新热点、新标准、新法律、新技术不断涌现，本书通过合理的章节安排，勾勒网络空间安全知识体系。本书内容涵盖《大中小学国家安全教育指导纲要国家安全知识要点》中的大学网络安全知识点，吸收了最新的网络空间安全法律、标准的内容，介绍最近的攻击与防御技术；书中既介绍了传统的共性安全技术(如密码学、认证、访问控制等)，也介绍了新技术伴生的安全技术，包括物理安全、密码学、系统与网络安全、内容安全、新技术新应用安全、网络空间犯罪与取证、网络空间安全管理、法律法规与网络伦理等主要内容。

(3) 适量适度。传统的网络空间安全专业课程往往重视理论基础，讲述大量密码算法的流程、网络攻击的技术细节，不适合通识教育及拓展教育。本书重点讲述概念、基本原理，以实例讲述网络空间中存在的安全问题，对于大量的密码算法，不要求学生掌握内部实现细节，在编程中能够调用密码库函数即可。本书在保留完整的网络空间安全知识体系的基础上，精心选材，做到详略得当、难度适中。

(4) 突出热点与前沿。本书通过热点问题的讲解，提高学生的学习兴趣，如介绍美国网络霸权、个人信息保护、图形口令与验证码、网络爬虫与反爬、舆情处置、网络空间犯罪与取证、社会工程攻击、供应链安全、网络安全等级保护2.0、网络伦理等。信息技术的发展日新月异，新技术不仅赋能网络防御，也将赋能网络攻击，不仅带来了内生安全，也带来了衍生安全。本书引入前沿技术，拓宽学生视野，让学生把握网络空间安全的最新进展，了解新技术、新应用，如介绍工业控制系统安全、移动互联网安全、物联网安全、人工智能安全、云计算安全、大数据安全、区块链安全、量子安全等。

(5) 融入思政元素。网络空间安全涉及全球网络对抗、网络犯罪与网络伦理，因此，需要加强思政教育。本书通过介绍美国网络霸权，增强学生危机意识，激发学习热情和爱国主义情怀；介绍网络空间安全在我国国家安全中的定位，理解习近平总书记的网络安全观；通过网络空间安全典型案例，增强学生的安全意识，提高网络安全防范能力；介绍法律法规与网络伦理，培养学生遵守伦理准则、遵守法律法规的意识。

本书共10章，各章编写分工如下：张爱娟编写第4章、第7.1～7.4节，刘天琪编写第9章、第10章，修扬编写第5章，曹苇航编写第2章、第6章，其余章节由曹天杰编写。曹天杰负责全书章节与知识点的安排以及最后的统稿工作。

本书在编写过程中参考了国内外大量的资料、标准、法律、研究报告，在此对相关的专家、学者表示诚挚的感谢。本书完成之际，本人博士毕业已经15年了，特别感谢我的导师林东岱研究员以及当年在信息安全国家重点实验室指导过我的冯登国、薛锐、武传坤、吴文玲等老师。

由于编者水平有限，书中难免有疏漏及不妥之处，敬请广大读者批评指正。

本书有配套的多媒体课件供高校教师使用，可联系编者(电子邮箱：tjcao@cumt.edu.cn)获取最新的课程材料。

曹天杰

2021年10月

目　录

第 1 章　网络空间安全概述......1
1.1　网络空间安全的内涵......1
1.1.1　网络空间的概念......1
1.1.2　网络空间安全的概念......2
1.2　网络空间安全属性......6
1.3　网络空间安全威胁......7
1.3.1　安全威胁的分类......7
1.3.2　威胁的表现形式......9
1.4　安全策略、安全服务与安全机制......11
1.5　我国网络空间安全面临的问题......13
1.5.1　美国借助网络霸权遏制和打击中国......14
1.5.2　网络空间主权面临挑战......15
1.5.3　网络空间文化安全面临冲击......15
1.5.4　网络空间犯罪频发......16
1.5.5　供应链安全风险凸显......16
1.5.6　关键信息基础设施成为网络攻击的重点目标......19
1.6　网络空间安全模型......20
1.6.1　网络空间安全的层次模型......20
1.6.2　网络空间安全的动态模型......22
1.6.3　网络空间安全的综合模型......25
习题一......26
第 2 章　物理安全......28
2.1　物理安全概述......28
2.2　环境安全......28
2.3　设备安全......30
2.4　介质安全......32
2.5　可靠性......32
2.5.1　可用性与可靠性的概念......32
2.5.2　提高系统可靠性的措施......33
习题二......34
第 3 章　网络空间安全的密码学基础......35
3.1　密码学概述......35
3.1.1　密码学的起源和发展......35
3.1.2　密码学的基本概念......36
3.1.3　密码分析......37
3.2　古典密码学......39
3.2.1　置换密码......39
3.2.2　代换密码......39
3.2.3　一次一密密码......40
3.3　分组密码......40
3.3.1　代换-置换网络......40
3.3.2　加密标准......41
3.3.3　工作模式......42
3.4　序列密码......42
3.5　杂凑函数......43
3.6　消息认证码......44
3.7　公钥密码......45
3.7.1　公钥密码概述......45
3.7.2　RSA 算法......47
3.7.3　数字签名......48
3.7.4　数字证书......49
3.7.5　基于标识的密码......50
习题三......51
第 4 章　认证与访问控制......53
4.1　身份认证概述......53
4.2　基于对称加密算法的认证......53
4.3　基于数字签名技术的认证......54
4.4　基于文本口令的认证......55
4.4.1　对文本口令认证的攻击......55
4.4.2　口令安全......56
4.4.3　利用验证码增强安全......57
4.5　基于图形口令的认证......60

4.5.1　基于识别的图形口令......60
4.5.2　基于回忆的图形口令......61
4.5.3　混合型图形口令......62
4.6　基于令牌的认证......62
4.7　基于生物特征的鉴别......63
4.8　二维码认证......63
4.9　访问控制概述......64
4.10　自主访问控制......66
4.11　强制访问控制......68
4.12　基于角色的访问控制......69
4.13　基于属性的访问控制......72
习题四......74
第 5 章　网络安全......75
5.1　漏洞扫描......75
5.1.1　漏洞的分类和分级......75
5.1.2　漏洞管理......77
5.1.3　漏洞扫描......78
5.2　网络攻击......80
5.2.1　网络攻击概述......80
5.2.2　网络攻击的典型过程......81
5.2.3　恶意代码......82
5.2.4　网络监听......84
5.2.5　僵尸网络......85
5.2.6　缓冲区溢出攻击......86
5.2.7　SQL 注入攻击......86
5.2.8　跨站脚本攻击......87
5.2.9　DNS 欺骗......87
5.2.10　网络钓鱼......87
5.2.11　社会工程学攻击......89
5.3　网络防护......91
5.3.1　防火墙......91
5.3.2　入侵检测与入侵防御系统......92
5.3.3　虚拟专用网......93
5.3.4　蜜罐......93
5.4　新兴网络安全......94
5.4.1　工业控制系统安全......94
5.4.2　移动互联网安全......97
5.4.3　物联网安全......99
习题五......102
第 6 章　网络信息内容安全......105
6.1　网络信息内容安全概述......105
6.1.1　网络信息内容安全的内涵......105
6.1.2　网络信息内容安全的研究方向......106
6.2　网络空间信息内容获取......107
6.2.1　网络媒体信息类型......107
6.2.2　信息获取技术......108
6.3　网络信息内容预处理......109
6.3.1　网络信息内容预处理的主要步骤......109
6.3.2　文本表示模型......114
6.4　网络信息内容生态治理......115
6.4.1　网络信息内容生态治理规定......115
6.4.2　网络信息内容审核......118
6.4.3　网络信息内容过滤......120
6.4.4　网络信息内容推荐......124
6.4.5　网络舆情处置......127
6.5　信息内容安全的对抗技术......132
6.5.1　反爬虫技术......132
6.5.2　主动干扰技术......135
6.5.3　信息隐藏技术......137
6.6　数字版权保护......139
6.6.1　数字版权保护概述......139
6.6.2　数字水印在数字版权保护方面的应用......140
6.6.3　数字水印算法......141
6.7　个人信息保护......142
6.7.1　个人信息保护面临的问题......142
6.7.2　个人信息、隐私与个人数据......144
6.7.3　个人信息处理的基本原则......145
6.7.4　隐私保护技术......147
习题六......149

第 7 章　新技术对网络空间安全的影响........151
7.1　新技术是一把双刃剑........151
7.2　人工智能........151
7.2.1　人工智能赋能防御........151
7.2.2　人工智能赋能攻击........153
7.2.3　人工智能内生安全........154
7.2.4　人工智能衍生安全........155
7.3　云计算........156
7.3.1　云计算概述........156
7.3.2　云计算赋能防御........157
7.3.3　云计算安全风险........157
7.4　大数据技术........159
7.4.1　大数据概述........159
7.4.2　大数据面临的安全挑战........160
7.4.3　大数据的安全应用........162
7.5　区块链........164
7.5.1　区块链概述........164
7.5.2　区块链在安全领域中的应用........167
7.5.3　区块链安全风险........167
7.6　量子技术........168
7.6.1　量子密码学........168
7.6.2　后量子密码学........169
习题七........170
第 8 章　网络空间犯罪与取证........171
8.1　网络空间犯罪与取证概述........171
8.1.1　网络空间犯罪的分类........171
8.1.2　网络空间犯罪的特点........173
8.1.3　网络空间犯罪的取证........174
8.2　电子物证........174
8.2.1　电子物证的概念........174
8.2.2　电子物证的特征........176
8.2.3　电子数据的审核认定........177
8.3　电子数据取证的基本流程........177
8.4　网络空间取证技术........182
8.4.1　网络空间取证技术分类........182
8.4.2　基于单机和设备的取证技术........183
8.4.3　基于网络的取证技术........184
习题八........185
第 9 章　网络空间安全管理........186
9.1　网络安全等级保护 2.0........186
9.1.1　网络安全等级保护标准体系........186
9.1.2　网络安全等级保护工作流程........187
9.1.3　网络安全等级保护基本要求........189
9.2　安全管理体系........191
9.3　风险管理........193
9.3.1　风险管理内容........194
9.3.2　安全风险评估........194
9.4　网络威胁情报管理........197
9.5　网络安全事件管理........199
9.5.1　网络安全事件概述........199
9.5.2　网络安全事件管理的五个阶段........201
9.5.3　应急预案........202
9.5.4　应急演练........203
9.5.5　应急响应........205
习题九........207
第 10 章　网络空间安全法律法规与网络伦理........208
10.1　我国网络空间安全立法现状........208
10.2　《刑法》有关计算机犯罪的法律条款........209
10.3　网络安全法........210
10.4　数据安全法........213
10.5　密码法........214
10.6　网络伦理........216
10.6.1　伦理学与网络伦理学的含义........216
10.6.2　网络伦理遵循的原则........217
10.6.3　网络伦理难题........218
习题十........221
参考实验........224
参考文献........226

第 1 章　网络空间安全概述

1.1　网络空间安全的内涵

1.1.1　网络空间的概念

随着信息技术的飞速发展，网络已深度渗入金融、娱乐、商贸、教育、交通、通信和军事等各个领域，成为维系国家和社会正常运转的重要基础设施。网络空间已成为与陆地、海洋、天空和太空同等重要的人类活动新领域，网络空间安全已成为国家安全的重要组成部分。

为了刻画人类生存的信息环境或信息空间，人们创造了“Cyberspace”一词，“Cyberspace”是控制论(Cybernetics)和空间(Space)两个词的组合，其中文译名不一，有网络空间、信息空间、虚拟空间、网电空间、数字空间、电磁空间和控制域等，也有人主张使用音译“赛博空间”。

在美国 2006 年出台的《网络空间作战国家军事战略》(NMS-CO)中，将网络空间定义为“通过网络系统和物理基础设施使用电子和电磁频谱存储、修改和交换信息的领域”。由这个定义可以看出，网络空间是一个非常真实的物理领域，该领域由使用电磁能量的电子装置和网络化系统组成，并贯穿于陆、海、空、天领域，通过对数据的存储、修改或交换来连接各领域。网络空间是可以通过电子技术和电磁能量调制来访问与开发利用的电磁空间，借助此空间可以实现更广泛的通信与控制能力，电磁空间与陆、海、空、天并列为五大作战空间，目前网络空间取代了电磁空间的表述而成为新的作战空间。美军认为，网络空间是整个电磁频谱空间，因此网络空间对抗包括电子对抗和计算机网络对抗。

在美国《网络安全与国土安全》一书中，对网络空间的定义是“主要表现为一个虚拟空间，由计算机网络构成，人和计算机在其中从事各种活动”。这个定义体现出了人与网络空间的关系，强调了网络空间的客观存在性，以及人在网络空间内的主观能动性。但将网络空间等同于计算机网络或者互联网是不准确的，网络空间是由利用电磁能量的电子装置和网络化系统组成的，并不仅仅是计算机网络，还有使用各种电磁能量(红外波、雷达波、微波、伽马射线等)的物理系统。除互联网外，网络空间中的“网络化系统”还包括并不直接与互联网相联的军用网络系统，如雷达防空网、地域通信网、目标监视网、火力协同网和指挥控制网等。对于这些系统，可以利用电磁能量进入或实施攻击，窃取信息和破坏硬件。

在 2017 年 12 月由北约智库“网络合作防御卓越中心”支持出版的 *Tallinn Manual 2.0 on the International Law Applicable to Cyber Operations*(简称《塔林手册 2.0 版》)一书中，将网络空间分为物理层、逻辑层和社会层，其中物理层包括物理网络组件(即硬件和其他基础设施，如电缆、路由器、服务器和计算机)；逻辑层由网络设备之间存在的连接关系构成，包括保障数据在物理层进行交换的应用、数据和协议；社会层包括参与网络活动的个人和团体。2016 年，我国发布并实施的《国家网络空间安全战略》中指出，网络空间是由互联网、通信网、计算机系统、自动化控制系统、数字设备及其承载的应用、服务和数据等组成的，是信息传播的新渠道、生产生活的新空间、经济发展的新引擎、文化繁荣的新载体、社会治理的新平台、交流合作的新纽带和国家主权的新疆域。

综上所述，网络空间是网络化的电磁域信息空间。如同陆、海、空、天等其他领域一样，网络空间是一个物理领域，主要由电磁频谱、电子系统以及网络化基础设施三部分组成。网络空间以自然存在的电磁能为承载体，以人造的网络为平台，以信息控制为目的。它通过网络将信息渗透、充斥到陆、海、空、天实体空间，依托电磁信号传递无形信息，控制实体行为，从而构成实体层、电磁层和虚拟层相互贯通的，无所不在、无所不控、虚实结合、多域融合的复杂空间。网络空间具有实体属性、频谱属性、逻辑属性和社会属性。互联网、电信网、各种信息系统及各种控制系统构成了网络空间的实体属性。利用电磁波原理工作的无线电台、移动通信网络等构成了网络空间的频谱属性。网络空间的逻辑属性表现为数据和协议等特征。网络空间的社会属性表现为知识和人类活动。

1.1.2 网络空间安全的概念

1. 网络空间安全的定义

当前，政府、商业、军事、交通、通信、供水和电力等各种重要基础设连接在一个巨大的、相互依赖的物理与电子网络中，社会资源(人)、信息资源(机)和物理资源(物)在其中日益深度融合，形成了由人、机、物有机地连接起来的信息物理环境。网络空间既是人的生存环境，也是信息的生存环境，因此网络空间安全(Cyberspace Security 或 Cybersecurity)是人和信息对网络空间的基本要求。这些要求包括物理设施(如陆地和海底链路、作为通信路径的卫星以及将数据引导到目的地的路由器)可靠运行，各种软件(如操作系统、手机应用程序和浏览器等)正常工作，网络空间传播的数据(如基于网络的社交文章、加密货币或视频)或存储的数据(如存储在个人电脑和手机、开放或私有云存储设备或网络上的商业数据、个人照片和软件等)不被损坏、偷窃，人们不受网络垃圾信息的侵扰，个人隐私得到保护，人权受到尊重，国家主权得以维护等。

对网络空间安全的认识应从物理域、信息域、认知域和社会域等多角度进行。物理域的网络空间安全是指网络空间硬件设施(如电力系统、通信系统等)与设备的安全，要求确保硬件设施与设备不被干扰、破坏和摧毁。信息域的网络空间安全主要指网络信息安全，重点是确保信息的保密性、完整性、可用性和真实性。认知域的网络空间安全是指网络空间传播的信息内容对国家政治以及对人们的思想、道德和心理等方面的影响，主要包括政治安全、道德安全和心理安全等。社会域的网络空间安全是指网络空间安全对社会安全的影响，要求确保不因网络问题而出现经济安全事件、民族宗教事件、恐怖事件以及群体性事件等社会事件。

国际电信联盟电信标准分局 ITU-T 从“如何保护”的角度将网络空间安全定义为：“可用于保护网络环境、组织和用户资产的工具(Tools)、政策(Policies)、安全概念(Security Concepts)、安全防护措施(Security Safeguards)、指南(Guidelines)、风险管理方法(Risk Management Approaches)、行动(Actions)、培训(Training)、最佳实践(Best Practices)、保障(Assurance)和技术(Technologies)的集合。组织和用户资产包括连接的计算设备、人员、基础设施、应用程序、服务、电信系统以及网络环境中传输和存储的全部信息。网络空间安全致力于确保实现和维护组织和用户资产的安全属性，以抵御网络环境中的相关安全风险。”

我国国家标准《工业通信网络 网络和系统安全术语、概念和模型》从“防止什么”的角度将网络空间安全定义为：“用于防止关键系统或者信息类资产的非授权使用、拒绝服务、修改、泄露、财政损失和系统损害的行为。目标是降低风险，这些风险包括人身伤害、威胁公共健康、丧失公众或者消费者信任度、泄露敏感资产、不能保护商业资产，或者违背法规。”

基于网络安全风险管理生命周期五环论，冯登国将网络空间安全定义为：“网络空间安全是通过识别、保护、检测、响应和恢复等环节，以保护信息、设备、系统或网络等的过程。”识别环节是评估组织理解和管理网络空间安全风险的能力，包括系统、网络、数据等的风险；保护环节是采取适当的防护技术和措施保护信息、设备、系统和网络等安全，或者确保系统和网络服务正常；检测环节是识别所发生的网络空间安全事件；响应环节是对检测到的网络空间安全事件采取行动或措施；恢复环节是完善恢复规划、恢复由网络空间安全事件损坏的能力或服务。网络空间安全事件是指影响网络空间安全的不当行为。

2. 网络空间安全技术体系

网络空间安全技术主要有两大类：一类与具体应用相对独立，可用于解决各种应用中的安全问题，属于共性安全技术，如加密技术、数字签名技术、访问控制技术和安全审计技术等；另一类与具体应用密切相关，伴随新技术或实际应用而产生，属于伴随(或称伴生)安全技术或“+安全”技术，如通信安全、网络安全、工业控制系统安全、重要行业信息系统安全、大数据安全、云安全、人工智能安全和物联网安全等技术。

从体系化角度来看，网络空间安全技术体系主要由如下五大部分组成：密码学与安全基础、网络与通信安全、系统安全与可信计算、产品与应用安全、安全测评与管理。

密码学与安全基础主要包括密码算法、实体认证、密钥管理、访问控制、信息隐藏、隐私保护、安全审计、物理安全和信息系统安全工程等。网络与通信安全主要包括互联网、电信网、广播电视网、物联网、移动通信、无线局域网和卫星通信安全等。系统安全与可信计算主要包括操作系统、数据库、中间件、工业控制系统、重要行业信息系统安全、可信计算平台和可信网络连接等。产品与应用安全主要包括信息技术产品的安全、安全产品型谱、安全服务、电子邮件安全、电子商务安全、Web 安全、内容安全、数据安全和区块链安全等。安全测评与管理主要包括安全标准、安全测试、风险评估、安全审查和安全监管等。

3. 网络空间安全相关概念

“无危则安”，安全就是没有危险，就是保护人、组织和国家的利益不受损害。2014年4月15日，习近平总书记提出总体国家安全观重大战略思想，擘画了维护国家安全的整体布局。《中华人民共和国国家安全法》第二条规定：“国家安全是指国家政权、主权、统一和领土完整、人民福祉、经济社会可持续发展和国家其他重大利益相对处于没有危险和不受内外威胁的状态，以及保障持续安全状态的能力。”第三条规定：“国家安全工作应当坚持总体国家安全观，以人民安全为宗旨，以政治安全为根本，以经济安全为基础，以军事、文化、社会安全为保障，以促进国际安全为依托，维护各领域国家安全，构建国家安全体系，走中国特色国家安全道路。”第十四条规定：“每年4月15日为全民国家安全教育日。”自2014年起，我国每年举办国家网络安全宣传周。

教育部于2020年9月印发《大中小学国家安全教育指导纲要》，指导纲要中的国家安全教育涉及政治、国土、军事、经济、文化、社会、科技、网络、生态、资源、核、海外利益等12个领域安全，以及太空、深海、极地、生物等4个不断拓展的新型领域安全。其中网络安全被提升到国家安全的战略高度，与政治、国土、军事、经济等领域的安全一起共同构建总体国家安全。

个人、组织和国家保护的主要是资产。资产又分为信息资产(数据、网络虚拟财产)和物质资产(设备、人员等)，因此安全就包括信息安全(Information Security)和物理安全(即物质安全、实体安全，Physical Security)。信息安全包括存储在电脑上和写在纸上的信息、口头的谈话和陈述、头脑中的知识的安全。物理安全包括设备、人员等的安全。

信息安全是信息的影子，哪里有信息哪里就有信息安全问题，信息的传输、存储和处理都涉及信息安全问题。信息安全主要关注的是信息保密、信息不被损毁、信息控制等问题。

通信是人们传递信息，进行社会交往的重要手段。远古时期，人们采用声音、语言、手势、以物示意、击鼓传信的方法交换信息。后来，人们使用烽火传递军事情报，建造灯塔指引航向，利用飞鸽传递书信。从信息论角度来看，声音、手势、烽火、灯塔信号、文字等都是信息的载体，信息是内涵。声波、光波等是传输信号的载体，有通信就有通信安全(Communication Security)问题，通信安全关注信息是否能够安全地传递，属于信息安全的范畴。

19世纪中叶以后，随着电流、电磁波的发现，电报、电话的发明，人类通信领域产生了根本性的变革，实现了利用金属导线来传递信息，通过电磁波来进行无线通信。从此，人类的信息传递可以脱离视听觉方式，用电磁波和电信号作为新的信息载体，在充斥着电磁波和电信号的地方形成了电磁空间，即网络空间。这一时期，需要防止各种电磁场对通信和电子设备的攻击、干扰及对电磁信息安全和人体健康的影响，如高频电磁波伤害人体、电磁辐射泄露信息、电报破译和电话搭线窃听等。2008年3月，美国空军网络空间司令部(Air Force Cyber Command)发布《美国空军网络空间司令部战略构想》，其核心观点是“通过对网络空间的控制来确保攻击敌人，并确保免受敌人攻击的行动自由”。网络空间安全是确保对网络空间这一领域的控制权，如同保护陆、海、空、天等其他领域一样；信息安全是对信息的控制。这是两个不同的概念，如心理战属于信息安全范畴，而使用高能激光束攻击卫星属于网络空间安全范畴。

电磁波和电信号作为新的信息载体，使信息安全扩展到电磁空间(即网络空间)。20 世纪四五十年代，人们认为信息安全主要是通信保密，采用的保障措施是加密和基于规则的访问控制，这个时期被称为通信保密时代，其标志是 1949 年 Shannon 发表的《保密系统的通信理论》。

随着电子技术的高速发展，用于军事、科研领域的计算工具也得到了改进。1946 年，美国宾夕法尼亚大学研制出世界上第一台电子计算机。20 世纪 70 年代，人们关心的是计算机系统不被他人非授权使用，学术界称之为计算机安全(Computer Security)时代，其标志是美国发布的橘皮书——《可信计算机系统评价标准》(TCSEC)。TCSEC 将计算机系统的安全可信度从低到高分为 D、C、B、A 四类共七个级别，即 D 级、C1 级、C2 级、B1 级、B2 级、B3 级和 A1 级。GB/T 25069—2010《信息安全技术术语》将“计算机安全”定义为“采取适当措施保护数据和资源，使计算机系统免受偶然或恶意的修改、损害、访问、泄露等操作的危害”。此概念偏重于静态信息保护。也有人将“计算机安全”定义为“计算机的硬件、软件和数据受到保护，不因偶然和恶意的原因而遭到破坏、更改和泄露，系统连续正常运行”。该定义则偏重于动态意义描述。计算机安全(或称计算机系统安全)主要关注的是计算机硬件、软件和数据的安全，如硬件加锁、操作系统分级和数据打上分级标签等。

在计算机技术、通信技术进步的推动下，信息系统获得了广泛的应用。信息系统是指应用、服务、信息技术资产或其他信息处理组件，通常由计算机或者其他信息终端及相关设备组成，并按照一定的应用目标和规则进行信息处理或过程控制，也称计算机信息系统。典型的信息系统如办公自动化系统、云计算平台/系统、物联网、工业控制系统以及采用移动互联技术的系统等。信息系统是信息的载体，是直接面对用户的服务系统，用户通过信息系统得到相关的信息服务。信息系统安全(Information System Security)的特点是从系统级上考虑信息安全的威胁与防护，保证系统持续正常地提供服务，如应用系统安全、工业控制系统安全等。

20 世纪 50 年代中期，以单个计算机为中心的远程联机系统构成面向终端的计算机网络，60 年代中期开始主机互联，多个独立的主计算机通过线路互联构成计算机网络，随后 ARPANET(阿帕网)出现。90 年代，伴随着网络的商业化，人们开始关心如何防止通过网络对联网计算机进行攻击，即网络安全(Network Security)，其网络攻击的代表性案例是“莫里斯”蠕虫事件。GB/T 22240—2020《信息安全技术 网络安全等级保护定级指南》中给出的“网络安全”的定义是“通过采取必要措施，防范对网络的攻击、侵入、干扰、破坏和非法使用以及意外事故，使网络处于稳定可靠运行的状态，以及保障网络数据的完整性、保密性、可用性的能力”。计算机网络的主要功能是数据通信和资源共享，因此网络安全强调保护网络的互联互通。1986 年，第一代移动通信系统(1G)在美国芝加哥诞生，目前已发展到 4G 移动互联网和 5G 万物互联的并存时代。网络安全迈进移动互联网安全和物联网安全时代。

网络技术出现后，网络与电磁迅速融合。2006 年美军《联合信息作战条令》中写道：“由于无线电网络化的不断扩展及计算机与射频通信的整合，计算机网络战与电子战行动、能力之间已无明确界限。”网络与电磁空间融为一体，出现了网络信息层与电磁能量层融合的空间，并向认知层和社会层伸出了触角，逐渐形成涵盖物理、信息、认知和社会四域的第五维空间，即泛在的网络电磁空间。

值得注意的是，在英语中将“Cyberspace Security”简称为“Cybersecurity”“Cyber Security”或“Cyber-security”不会有歧义；对应地，在汉语中使用“赛博安全”或“赛博空间安全”也不会有歧义；但目前使用网络空间安全人数众多，有时简称为网络安全，这可能会产生歧义。网络安全只是网络空间安全的一部分，主要指的是网络的安全，强调互联网、移动网络、工业网络和自组网等网络的互联互通，反映的安全问题主要基于网络。网络空间安全更强调通过网络构建的虚拟空间的安全，涉及网络恐怖活动、网络空间犯罪、网络安全审查、互联网信息内容管理、网络信息内容生态治理等内容，反映的安全问题主要基于空间。

1.2　网络空间安全属性

网络空间是所有信息系统的集合，其核心内涵仍是信息安全。信息是社会发展的重要战略资源。信息安全是指对信息资源的保护，是防止信息被故意或偶然的非授权泄露、更改、破坏或使信息被非法的系统辨识或控制。信息安全通常强调的安全属性 CIA 可以用三元组代表，即保密性(Confidentiality)、完整性(Integrity)和可用性(Availability)。CIA 概念源自信息技术安全评估准则(Information Technology Security Evaluation Criteria，ITSEC)，它也是网络空间安全的基本属性。

(1) 保密性：也称机密性，指确保信息在存储、使用、传输过程中不被泄漏给未授权的个人、过程或者设备，即信息的内容不会被未授权的第三方所知。匿名性可看作用户身份的保密性，阅后即焚保证了即时软件聊天内容的保密性。窃取商业秘密，利用大数据追踪行迹，通过逆向工程查看软件使用的算法，通过逆向工程查看硬件的工作原理，这些非法读操作是对保密性的破坏。

(2) 完整性：指保证信息及信息系统不会被非授权更改或破坏的特性。确保信息在存储、使用、传输过程中不会被非授权用户篡改，同时防止授权用户对系统及信息进行不恰当破坏，这是信息完整性。确保基础设施(设备、部件和芯片等)不被盗窃、损毁、替换和实施逆向工程，这是硬件完整性。确保操作系统不遭病毒、木马侵害，确保操作系统关键程序不被误删，这是操作系统完整性。确保应用程序不被破解、替换程序功能，各种应用不被重新打包添加广告、修改功能，这是软件完整性。非法写操作是对完整性的破坏。

(3) 可用性：假定提供了其所需的外部资源，在给定的时刻或时间内，在给定的条件下执行必要功能时的能力。可用性要求确保授权用户或实体对信息及资源的正常使用不会被异常拒绝，允许其可靠而及时地访问信息及资源，即得到授权的实体在需要时可保质、保量地访问资源和服务。无论何时，只要用户需要，信息系统必须是可用的。拒绝服务是对可用性的破坏。

除了 CIA，信息安全还有一些其他属性，包括可控性(Controllability)、不可抵赖性(Non-Repudiation)、可追溯性(Accountability)、真实性(Authenticity)、认证(Authentication)、

可靠性(Reliability)、匿名性(Anonymity)和隐私性(Privacy)等，这些都是对CIA属性的细化、补充或加强。

(1) 可控性：保证管理者能对信息实施访问控制。可控性是对信息流动实施监控，能够根据授权对系统进行监测和控制，使得管理者能有效控制网络用户的行为和网上信息的传播，实现对非法信息往来、非法活动等进行监视、审计、控制和取证等。例如，管理者可以随时控制信息的机密性，美国政府的“密钥托管”“密钥恢复”等措施就是实现可控性的例子。

(2) 不可抵赖性：也称作不可否认性、抗抵赖性，是承诺的完整性。不可抵赖性是面向通信双方(人、实体或进程)信息真实同一的安全要求，它包括收、发双方均不可抵赖。一是源发证明，它提供给信息接收者以证明，这将使发送者谎称未发送过这些信息或者否认它的内容的企图不能得逞；二是交付证明，它提供给信息发送者以证明，这将使接收者谎称未接收过这些信息或者否认它的内容的企图不能得逞。

(3) 可追溯性：也称可问责性、可追究性、可审查性或可审计性，是责任的完整性。可追溯性是系统属性(包括其系统的所有资源)，以确保一个系统实体的行动可追溯到该唯一的实体，并且该实体可为其行为负责。使用审计、监控或防抵赖等安全机制，使得使用者(包括合法用户、攻击者、破坏者或抵赖者)的行为有证可查，并能够对网络出现的安全问题提供调查依据和手段，以便追究责任。审计是指通过对网络上发生的各种访问情况记录日志，并对日志进行统计分析，是对资源使用情况进行事后分析的有效手段，也是发现和追踪事件的常用措施。

(4) 真实性：保证主体或资源的身份正是所声称的特性。真实性应用于诸如用户、过程、系统和信息等实体。网上谣言、网络水军、机器自动投票和羊毛党的薅羊毛行为都是对真实性的破坏。

(5) 认证：也称鉴别，是源的完整性。认证是验证实体身份的过程，用于确保一个声称者的实体身份与其物理身份相一致。认证能够保证信息使用者和信息服务者都是真实声称者，防止冒充和重放攻击。

(6) 可靠性：与预期行为和结果一致的特性。如不因环境恶劣而导致设备出现故障。

(7) 匿名性：信息主体无法被识别或关联，是标识的保密性。

(8) 隐私性：个人数据不被泄露，是个人数据的保密性。

根据具体的应用场景，不同的系统看重不同的属性，如用户看重隐私保护，国家机关看重可控性和可追溯性。

1.3 网络空间安全威胁

1.3.1 安全威胁的分类

安全的基本含义可以解释为客观上不存在威胁，主观上不存在恐惧。威胁(Threat)是指可能对系统或组织造成危害的不期望事件的潜在原由，是对安全的一种潜在的侵害，是违反安全策略(Security Policy)的行为或事件的可能性。威胁的实施被称为攻击。安全威胁主要有以下五种分类。

1. 根据对安全属性的破坏分类

根据对安全属性的破坏方式，安全威胁可分为信息泄露、信息破坏和拒绝服务。

① 信息泄露：对保密性的破坏，指敏感数据在有意或无意中被泄露出去，通常包括信息在传输中泄露，如利用电磁泄漏或搭线窃听等方式截获机密信息，或通过对信息流向、流量、通信频度和长度等参数的分析，推出有用的信息；信息在存储介质中丢失或泄露；通过建立隐蔽信道窃取敏感信息等。

② 信息破坏：对完整性的破坏。例如，以非法手段获得对数据的使用权，删除、修改、插入或重发某些信息，以取得有益于攻击者的响应信息；恶意添加、修改数据，以干扰用户的正常使用。

③ 拒绝服务：对可用性的破坏。例如，执行无关程序使系统响应减慢甚至瘫痪，影响正常用户的使用，甚至使合法用户被排斥而不能得到相应的服务。

2. 根据是否人为造成分类

根据是否人为造成，安全威胁可分为自然因素造成的威胁和人为因素造成的威胁。

① 自然因素：包括各种自然灾害，如水、火、雷、电、风暴、烟尘、虫害、鼠害、海啸和地震等造成的威胁；系统的环境和场地条件，如温度、湿度、电源、地线和其他防护设施不良造成的威胁；电磁辐射和电磁干扰造成的威胁；硬件设备自然老化、可靠性下降形成的威胁等。

② 人为因素：有无意和故意之分。人为无意的破坏包括操作失误(操作不当、设置错误)、意外损失(电力线搭接、电火花干扰)、编程缺陷(经验不足、检查漏项和不兼容文件)、意外丢失(被盗、被非法复制和丢失存储介质)、管理不善(维护不利、管理松弛)、无意破坏(无意损坏、意外删除)。人为故意的破坏包括敌对势力和各种网络犯罪。

3. 根据威胁的来源分类

根据威胁的来源分类，安全威胁可分为内部威胁和外部威胁。

① 内部威胁：由于内部人员对机构的运作、结构十分熟悉，导致内部攻击不易被发觉，内部人员最容易接触到敏感信息，危害的往往是机构最核心的数据与资源。各机构的信息安全保护措施一般是“防外不防内”。防止内部威胁的保护方法包括对工作人员进行仔细审查；制定完善的安全策略；增强访问控制系统；审计跟踪以提高检测出这种攻击的可能性等。

② 外部威胁：外部威胁的实施也称远程攻击。外部攻击可以使用的办法有搭线，截取辐射，冒充为系统的授权用户或系统的组成部分，为鉴别或访问控制机制设置旁路，利用系统漏洞攻击等。

4. 根据造成的结果分类

根据造成的结果，安全威胁可分成被动威胁和主动威胁。

① 被动威胁：对信息的非授权泄露而未改变系统状态，如信息窃取、密码破译和

流量分析等。被动威胁不会导致系统中所含信息被篡改，而且系统的操作与状态也未被改变，但有用的信息可能被盗窃并被用于非法目的。通过搭线窃听来观察通信线路上传送的信息，就是被动威胁的一种实现。

② 主动威胁：对系统的状态进行故意的非授权的改变。一个非授权的用户改动路由选择表就是主动威胁的一种实现。

5. 根据威胁的动机分类

根据威胁的动机，安全威胁可分为偶发性威胁与故意性威胁。

① 偶发性威胁：对系统不带预谋企图的威胁，如自然灾害、系统故障、操作失误和软件出错等。人为的无意失误包括操作员安全配置不当造成的安全漏洞；用户安全意识不强；用户口令选择不慎；用户将自己的账号随意转借他人或与别人共享等。

② 故意性威胁：对系统有意图、有目的的威胁。例如，使用侦听工具进行窃密，通过漏洞利用工具进行拒绝服务攻击。一种故意性威胁一旦实现，就可认为是一种“攻击”。

除了上述几种分类方式，微软公司还开发了一种用于威胁建模的工具(STRIDE)。从攻击者的角度，STRID 把威胁划分成六个类别，分别是 Spoofing(假冒)、Tampering(篡改)、Repudiation(抵赖)、Information Disclosure(信息泄露)、DoS(拒绝服务)和 Elevation of Privilege(权限提升)。这六个类别的威胁与安全属性的对应关系见表 1.1。

表 1.1　威胁与安全属性的对应关系

威胁	安全属性	定义	举例
假冒(S)	认证	冒充人或物	冒充其他用户账号
篡改(T)	完整性	修改数据或代码	修改订单信息
抵赖(R)	不可抵赖性	不承认做过某行为	不承认修改行为
信息泄露(I)	保密性	信息被泄露或窃取	用户信息被泄露
拒绝服务(D)	可用性	消耗资源、服务不可用	DDoS 导致网站不可用
权限提升(E)	可控性	未经授权获取、提升权限	普通用户提升到管理员

微软 DREAD 模型从五个方面评价威胁，包括危害性(Damage Potential，攻击造成的危害严重性)，重现性(Reproducibility，重复产生攻击的难度)，可利用性(Exploitability，实施此项攻击的难度)，受影响的用户(Affected Users，受到此项攻击影响的用户数)，可发现性(Discoverability，这项威胁是否容易被发现)。

1.3.2　威胁的表现形式

信息技术的发展促进了网络空间的发展与利用，但也不可避免地存在大量漏洞，新的网络威胁每天都在出现，如勒索、供应链攻击、人工智能和机器学习驱动攻击、网络物理攻击、国家赞助的攻击、物联网攻击、对智能医疗设备和电子医疗记录的攻击、对联网汽车和无人驾驶汽车的攻击等。以下给出十三种网络空间安全威胁的表现形式，这些威胁均是对网络空间保密性、完整性、可用性、可控性、不可抵赖性、可追溯性、真实性和认证等安全属性的破坏。

(1) 窃听(Eavesdropping)：可通过物理搭线、拦截广播数据包、后门和接收辐射信号等进行实施，是一种被动攻击。窃听者只是观察并窃取传输的信息，故系统对窃听的预防非常困难，发现窃听也几乎是不可能的。非授权者可以利用信息处理、传送和存储中存在的安全漏洞(例如通过卫星和电台窃收无线信号、电磁辐射泄漏等)截收或窃取各种信息。公共 WiFi 网络很容易成为窃听攻击的目标，因为任何人都可以通过容易获得的密码加入网络。窃听是对无线传感器网络和物联网的严重威胁。

(2) 业务流量、流向分析(Service Traffic Analytics)：非授权者通过业务流量或业务流向分析来获取传输信息中隐藏的敏感信息。虽然这种攻击没有窃取到信息内容，但仍然可获取许多有价值的情报。业务流量填充可以抵御这种攻击。

(3) 篡改(Tampering)：非授权者使用各种手段对信息系统中的数据进行增加、删改和插入等非授权操作，破坏数据的完整性，以达到其目的。

(4) 重放(重演，Replay)：为了产生非授权效果将一个消息或部分消息重复发送。非授权者先记录系统中的合法信息，然后在适当的时候进行重放，以搅乱系统的正常运行，或达到其破坏的目的。由于记录的是合法信息，因而如果不采取有效措施，将难以辨别真伪。

(5) 拒绝服务(DoS)：DoS 攻击是针对可用性的。DoS 是指服务的中断，中断原因可能是对象被破坏或暂时性的不可用。在 DoS 攻击中，攻击者攻击系统，破坏系统的服务使实际用户在此攻击期间无法访问系统数据或资源。这种攻击可能是一般性的，比如抑制一个系统所有的消息；也可能是有具体目标的，比如抑制一个系统流向某一特定目的端的所有消息。

(6) 勒索(Ransomware)：攻击者通过限制用户对系统的访问(可用性遭到破坏)，要求支付一定的费用才会解除该限制。通常勒索软件会对受害者系统上的一些重要文件加密，并要求支付一定的费用才能解密和释放这些文件。

(7) 未授权访问(Unauthorized Access)：未经授权的实体获得了某个对象的服务或资源。未授权访问通常是在不安全通道上截获正在传输的信息或者利用对象的固有弱点来实现的。

(8) 不良信息泛滥(Negative Information Spreading)：不良内容包括色情、暴力、毒品、邪教和赌博等。针对不良信息，通常的做法就是拦截，即采用信息过滤技术进行访问控制。

(9) 隐蔽信道(隐通道，Covert Channel)：系统设计的一些用来合法传送信息的信道为公开通道，隐蔽信道则是通过公开通道传送隐蔽信息的一种秘密方法，即信息隐藏。未经授权的用户可用隐蔽信道传送机密信息。如一个重要雇员用文件名传送公司秘密信息时，对文件名进行编码，如果文件名对外部用户是可访问的，则未经授权的用户可通过对文件名解码，进而了解信息内容。

(10) 否认(抵赖，Repudiation)：参与通信的某些实体事后不承认参与了该通信的全部或一部分。否认会导致严重的争执，造成责任混乱。

(11) 暗网(Dark Web)：又称深层网络(Deep Web)。互联网已为人们所熟知，但互联网上的一个充斥贩毒、色情、违禁品交易、洗钱、赌博、网络攻击和恐怖主义等不法行为的“暗黑世界”却鲜为人知，这就是暗网。暗网是无法轻易通过公共互联网访问的，通常需要借助加密的隐身软件才能进入这个普通搜索引擎不能发现的空间。基于网络匿名技术和虚拟货币支付构建起来的暗网，其用户、信息交互内容、交易支付行为极难被定位、追踪和监控，对国家安全、经济安全和社会治理等构成越来越大的威胁。

(12) 网络谣言(Online Rumors)：通过网络介质(例如微博、论坛、社交网站和聊天软件等)传播的没有事实依据却带有攻击性、目的性的话语。网络谣言主要涉及突发事件、公共卫生领域、食品药品安全领域、政治人物等内容。

(13) 假冒(Spoofing)：通过出示伪造的凭证来冒充别的对象，进入系统盗窃信息或进行破坏。假冒常与某些别的主动攻击形式一起使用，特别是消息的重放与篡改(伪造)，构成对用户的欺骗。

1.4　安全策略、安全服务与安全机制

安全策略通常是一般性的规范，是对安全需求的描述；安全服务是对安全策略的实现，是系统提供的安全功能，安全服务是通过安全机制来实现的。

1. 安全策略

1) 安全策略的定义

安全策略(Security Policy)又称安全政策、安全战略，是指在一个特定的环境里(安全区域)，为了保证提供一定级别的安全保护所必须遵守的一系列条例和规则。安全策略是对系统安全需求的形式化或非形式化的描述。安全需求通常是从有关管理制度、法律、法规、规定和实施细则中导出的。安全策略也是一个组织、机构关于安全的基本指导规则，说明机构安全工作的总体目标、范围、原则和安全框架，明确需要保护什么，为什么需要保护和由谁进行保护等问题。安全策略实质上是表明所涉及的系统在进行一般操作时，在安全范围内什么是允许的，什么是不允许的。对安全策略通常不作具体的规定，它只是提出什么是最重要的，而不确切地说明如何达到所希望的结果。只要不违反安全策略，我们就说系统是安全的。

制定安全策略的基本原则包括适用性原则(安全策略是在一定条件下采取的政策，必须与当前的实际环境相适应)、可行性原则(要考虑资金的投入量，使制定的安全策略达到成本和效益的平衡)、动态性原则(安全策略有一定的时限性)、简单性原则(安全策略越简单越好)和系统性原则(应全面考虑各类用户、各种设备以及各种情况)。

2) 安全策略的分类

安全策略可分为两大类：访问控制策略和访问支持策略。访问控制策略反映系统的机密性和完整性要求，确立相应的访问控制规则以控制对系统资源的访问。访问支持策略反映系统的可追究性和可用性要求，以支持访问控制策略的面貌出现。

安全策略建立在授权的基础之上，一般按授权性质的不同来区分不同的策略。在安全策略中包含对“什么构成授权”的说明。在一般性的安全策略中可能写有“未经适当授权的实体，信息不得给予、不被授权、不允许引用、任何资源也不得为其使用”。按照所涉及的授权的性质，可将安全策略分为基于身份的安全策略、基于规则的安全策略、基于角色的安全策略和基于属性的安全策略。基于身份的安全策略过滤用户对数据或资源的访问权限。基于身份的策略有两种执行方法：若访问权为用户所有，典型的做法为特权标志或特殊授权；若访问权为客体所有，则可以采用访问控制列表，这些列表限定

了针对特定的客体，哪些用户可以实现何种操作行为。基于规则的安全策略中的授权通常依赖于敏感性。在一个安全系统中，通过对用户和客体标注安全标记，比较用户的安全级别和客体的安全级别来判断是否允许用户访问。基于角色的安全策略按角色使用授权机制，它为每个个体分配角色，按角色分配许可。基于属性的安全策略将主体和客体的属性作为授权的决策因素。

2. 安全服务

安全策略是提供安全服务(Security Service)的一套准则。安全服务是安全策略的功能实现，是系统提供的主要安全防护措施。一项安全服务可以由若干项安全机制(Security Mechanism)来实现。针对网络系统受到的威胁，有五类典型的安全服务。

(1) 认证服务：提供通信实体和数据来源的认证，认证可以是单向或双向的。实体认证服务用于对对方实体(用户或进程)身份的真实性进行确认，以防止假冒。数据源认证服务用于对数据的来源提供确认，证明某数据与某实体有着静态不可分的关系。

(2) 访问控制服务：防止未经授权用户非法使用系统资源。在用户身份认证和授权以后，访问控制服务将根据预先设定的规则对用户访问某项资源进行控制，只有规则允许时才能访问，违反预定的安全规则的访问行为将被拒绝。

(3) 数据机密性服务：目的是保护存储、传输、处理的数据，防止数据泄露。

(4) 数据完整性服务：用来防止非法实体对用户的主动攻击，以保证数据接收方收到的信息与发送方发送的信息完全一致。

(5) 抗抵赖服务：这种服务有两种形式，第一种是源发证明，为数据的接收者提供数据来源的证据，用来防止发送数据方发送数据后否认自己发送过数据；第二种形式是交付证明，为数据的发送者提供数据交付证据，用来防止接收方接收数据后否认自己收到过数据。

3. 安全机制

安全机制是实现安全服务的方法、工具或者章程。一种安全服务可以由多种安全机制实现，一种安全机制也可以实现多种安全服务。典型的安全机制有以下八种。

(1) 加密机制：通过加密、解密，不仅可以实现数据安全存储和安全传输，也可以实现身份鉴别、数据完整性和不可否认性等功能特性，从而保证信息的安全。

(2) 数字签名机制：用于实现抗抵赖和不可否认服务及鉴别对方身份真实性等特殊服务的场合。

(3) 访问控制机制：实施对资源的访问加以限制的策略，即规定不同主体对不同客体的操作权限，目的是只允许被授权用户访问敏感资源，拒绝未授权用户的访问。

(4) 数据完整性机制：数据的完整性包括各种信息流错误检验、校验等技术。

(5) 数据鉴别交换机制：信息交换双方之间的相互鉴别。可用于鉴别交换的技术有：使用鉴别信息，例如口令，由发送实体提供而由接收实体验证；使用密码技术；使用该实体的特征或占有物。

(6) 通信业务填充机制：通过产生伪通信业务，将数据单元通信量填充到预定的数量，以防止通过通信业务流分析获取情报。在具体实施时，应注意加密和伪装，以避免非法用户区分出伪通信业务和真正的通信业务。

(7) 路由选择机制：例如路由能动态地或预定地选取，以便只使用物理上安全的子网络、中继站或链路。

(8) 公证机制：有关在两个或多个实体之间通信的数据的性质，如其完整性、原发、时间和目的地等能够借助这种机制而得到保证。这种保证是由第三方公证人提供的，公证人为通信实体所信任，并掌握必要信息以一种可证实方式提供所需的保证。

除了以上安全机制之外，还有一些属于安全管理方面的普遍性安全机制，如威慑机制、预警机制、防护机制、检测机制、恢复机制和反击(取证、审计和追踪等)机制。

1.5　我国网络空间安全面临的问题

习近平总书记指出，“没有网络安全就没有国家安全”“网络空间不是‘法外之地’”。在总体国家安全观视角下，网络空间安全与现实安全紧密相连，网络空间若出现问题，则会直接影响线下的安全；网络空间安全同国家安全体系中的政治安全、国土安全、军事安全、经济安全、文化安全、社会安全、科技安全、生态安全、资源安全和核安全等密切相关；我国各个重要领域的基础设施都已实现网络化，网络空间面临严峻的安全问题。《国家网络空间安全战略》列举了我国网络空间面临的挑战(见表 1.2)。

表 1.2　我国网络空间面临的挑战

类　型	说　　明
网络渗透危害政治安全	政治稳定是国家发展、人民幸福的基本前提。利用网络干涉他国内政、攻击他国政治制度、煽动社会动乱、颠覆他国政权，以及大规模网络监控、网络窃密等活动严重危害国家政治安全和用户信息安全
网络攻击威胁经济安全	网络和信息系统已经成为关键基础设施乃至整个经济社会的神经中枢，遭受攻击破坏、发生重大安全事件，将导致能源、交通、通信、金融等基础设施瘫痪，造成灾难性后果，严重危害国家经济安全和公共利益
网络有害信息侵蚀文化安全	网络上各种思想文化相互激荡、交锋，优秀传统文化和主流价值观面临冲击。网络谣言、颓废文化和淫秽、暴力、迷信等违背社会主义核心价值观的有害信息侵蚀青少年身心健康，败坏社会风气，误导价值取向，危害文化安全。网上道德失范、诚信缺失现象频发，网络文明程度亟待提高
网络恐怖和违法犯罪破坏社会安全	恐怖主义、分裂主义和极端主义等势力利用网络煽动、策划、组织和实施暴力恐怖活动，直接威胁人民生命财产安全、社会秩序。计算机病毒、木马等在网络空间传播蔓延，网络欺诈、黑客攻击、侵犯知识产权、滥用个人信息等不法行为大量存在，一些组织肆意窃取用户信息、交易数据、位置信息以及企业商业秘密，严重损害国家、企业和个人利益，影响社会和谐稳定
网络空间的国际竞争方兴未艾	国际上争夺和控制网络空间战略资源、抢占规则制定权和战略制高点、谋求战略主动权的竞争日趋激烈。个别国家强化网络威慑战略，加剧网络空间军备竞赛，世界和平受到新的挑战

1.5.1　美国借助网络霸权遏制和打击中国

当前，“制网权”成为继“制海权”“制陆权”“制空权”及“制天权”之后大国战略较量的新焦点。美国利用其互联网发源地的优势，掌握互联网主动脉，掌握互联网核心技术，呈现为对包括中国在内国家的网络霸权(Cyberspace Hegemony)，对我国的政治、文化、军事和社会造成很大的威胁。美国一些人陷入“修昔底德陷阱”思维范式，认为新兴大国必然挑战守成大国，把中国作为自己的“假想敌”。2017 年 12 月，美国在《国家安全战略报告》中将中国定位为战略对手，排在美国各类威胁的第一位，这意味着对中国开始实施全面、全方位与全领域的战略遏制和打击。2018 年 5 月 15 日，美国国土安全部发布第三版《美国国家网络安全战略》，其网络战略开始转守为攻。纵观前后三版网络安全战略，美国网络战略经历了以防为重、攻防兼备到攻势毕露的发展过程。美国以“先发制人”“向前威慑”“主动进攻”为主要特征的制网理念逐步成型。2018 年 9 月 20 日，美国国防部发布《国家网络战略》，提出主动出击的网络安全防御模式，表明美军将在他国而非美国本土实施网络攻防行动，将在网络空间采取“威慑”和“进攻性行动”等强硬举措，并重点关注中国、俄罗斯等给美国造成战略威胁的国家，强调与中俄展开全方位的网络安全博弈。2019 年 12 月 20 日，特朗普签署了 2020 财政年度国防授权法案，要求美军深度进军太空、网络等新公域，实现军力结构的全面重塑，还极力渲染“中国威胁论”，重点建设“太空军”和“网军”。2021 年 6 月，美国通过了针对中国的《2021 年美国创新与竞争法案》，这是美国历史上罕见的针对某一特定国家的一揽子法案，体现了零和博弈的思维，预示着美国正通过立法形式进入系统性制华时代。

美国发起科技战，对我国高科技企业进行审查、压制和抹黑，大肆封杀中国的科技公司和产品，如华为、中兴、360 和 TikTok 等。美国将中国视为网络空间最大的挑战，纠集盟友发起舆论战，诬蔑中国通过网络干预美国大选、收集军事情报、窃取美国公司技术、窃取美国政府及雇员的数据信息、对美国发动网络攻击，极大地损害了中国的网络形象。美国最早提出了“网络战(Cyber Warfare)”思想。2016 年 6 月，美国政府宣布对“伊斯兰国”极端组织发动网络战争，这是美国首次公开将网络攻击作为作战手段，也是美军网络司令部首次公开执行作战任务。在实战化力量建设层面，2017 年 8 月 18 日，特朗普宣布将美军网络司令部升级为美军第十个联合作战司令部。美国建立了网络攻击武器库和战略资源库，包括病毒、恶意软件、工具、源代码和零日漏洞等，网络入侵和攻击的方法及手段在技术上趋向于“武器化”；美国实施“棱镜计划”，从事全球最大规模的网络攻击和窃密行动；美国通过“制网权”和技术优势侵入他国核心部门网络，窃取或销毁他国信息，如利用震网(Stuxnet)病毒摧毁伊朗核实施；美国是控制我国境内主机、植入我国境内网站后门数量最多的国家。

美国的网络霸权加剧了全球网络对抗，网络空间军事化进程明显加快，网络攻击引发军事冲突的风险不断上升，美国的网络霸权为我国带来一系列安全问题，如网络战、网络恐怖主义、计算机病毒武器、间谍和情报窃取以及内部人员被渗透而泄露机密等。

1.5.2　网络空间主权面临挑战

网络空间已逐步发展为与陆、海、空、天四维并列的“第五疆域”，全球网络安全形势日趋严峻，网络空间已成大国博弈的新战场，维护网络空间主权刻不容缓。网络空间主权(Cyberspace Sovereignty，简称网络主权)是国家主权在网络空间的自然延伸，是一国享有的独立的、排他性的、拥有合法性资质的最高权力。网络主权包含四项基本权力：对本国网络的管辖权、本国网络无须受制于别国的独立运行权、对外来网络攻击和威胁的防卫权、各国网络之间互联互通的平等权。

以美国为代表的互联网发达国家不断鼓吹网络空间属于全球公域，有进出自由，否定网络主权，指责中国的网络防火墙和审查制度。其原因是美国在互联网技术上占据了领先地位，借助全球公域及互联网自由的主张，可以更好地开发和利用网络空间，并在网络空间宣扬美国的价值观，让美国在全球信息空间免受传统主权概念的束缚，在网络世界拓展美国的国家利益。

目前，美国掌握着全球互联网 13 台域名根服务器中的 10 台。理论上，只要美国在根服务器上屏蔽一个国家域名，就能让这个国家的国家顶级域名网站在网络上瞬间“消失”。在这个意义上，美国具有全球独一无二的制网权，有能力威慑他国的网络边疆和网络主权，域名存在被消失、被致盲、被孤立和被劫持等风险，如 2012 年叙利亚“断网”事件。2013 年，斯诺登披露美国“棱镜”全球网络监视与情报获取计划，监控信息包括电邮、即时消息、视频、照片、存储数据、语音聊天、文件传输、视频会议、登录时间和社交网络数据等，监听对象包括任何在美国以外地区使用微软、雅虎、谷歌和苹果等服务的客户，或是任何与国外人士通信的美国公民。2018 年 3 月美国出台《澄清境外数据合法使用法案》，对其他国家实施“长臂管辖”，这使得美国执法机构更易跨境调取其公民的海外信息，收集来自其他国家的电子邮件和个人信息，并避开这个国家的隐私保护法和法律制度。

为更好地维护我国网络空间主权，我们要展开网络外交，参与国际规则的制定，申明中国网络空间主权的主张，树立正确的网络安全观，通过积极有效的国际合作，与他国共同构建和平、安全、开放与合作的网络空间。

1.5.3　网络空间文化安全面临冲击

当今世界的激烈竞争不仅是物质、技术、武力的竞争，更是文化、精神和信仰的角逐。西方国家不愿看到中国的发展和强大，利用网络的共享性，使用各种方法与手段进行文化渗透，防范难度越来越大，严重威胁我国网络空间文化安全。目前存在的主要问题有：

(1) 美国利用自身的信息技术优势，鼓吹西方价值观，贬低中国文化，歪曲党史国史，抹黑中国对外援助、“一带一路”倡议，推行技术霸权。如美国拥有全球最大的搜索引擎 Google、最大的门户网站 Yahoo、最大的视频网站 YouTube、最大的微博平台 Twitter 和最大的社交空间 Facebook。

(2) 根据 2020 年 W3Techs 的调研数据，互联网中近 60%的内容是英文的，中文内容仅占 1.3%。利用语言主导优势，美国源源不断地向世界输出美式文化和价值观，遏制中国的国际影响力。

(3) 西方势力以“文化交流”“学术研究经费”等名义资助、收买国内公知大 V 作为其“代理人”和“带路党”，这些人利用“高级黑、低级红”的手法，用正面形式搞负面宣传，具有极大的隐蔽性和迷惑性。

(4) 由于监督管理和网民自律的缺乏以及法律法规的不完善，网络空间出现了很多如暴力恐怖、淫秽色情、网络谣言、拜金崇富和极端享乐等不良信息，这些网络不良信息容易诱发违法犯罪，造成价值观念扭曲。

习近平总书记指出：一定要增强阵地意识，宣传思想阵地，我们不去占领，人家就会去占领。在网络空间这个新的舆论场，要打击网络犯罪，抵制不良信息，净化网络生态环境，弘扬主旋律，激发正能量，掌握话语权。

1.5.4　网络空间犯罪频发

网络空间的开放、自由、平等和交互等特点，为人们的数字生活带来了便利，但也为网络犯罪滋生提供了土壤，网络空间犯罪手段隐蔽、低成本、诉讼难等特点，进一步助长了网络空间犯罪行为，当前，网络空间犯罪呈现出高发态势，严重破坏了社会管理秩序和网络空间安全。

传统的犯罪以现实空间为平台，随着网络空间的出现，犯罪则延伸到了网络空间。犯罪行为既可能是在现实空间中发生，也可能是在网络空间中发生，还有可能是既发生在现实空间中也扩展到了网络空间中。

网络空间犯罪的手段和类型随着信息技术的发展也在不断革新，这就使得防范和打击的难度不断加大。常见的网络空间犯罪的表现形式有：金融犯罪，如欺诈、洗钱、伪造、盗窃和贪污等；网络色情，如色情直播、网络卖淫和售卖色情视频等；贩卖毒品、武器和野生动物等非法物品(管制物品)；网上赌博；知识产权犯罪，如侵犯著作权、软件盗版和组件被盗等；电子邮件欺骗；网络诽谤；网络跟踪；黑客攻击；网络恐怖主义；网络勒索；网络骚扰；网络欺凌；电子形式的信息被盗；电子邮件轰炸；数据欺骗；意大利腊肠攻击；逻辑炸弹；网络时间盗窃、滥用公司的网络资源；网络劫持；网络破坏；病毒/蠕虫攻击；特洛伊木马攻击；拒绝服务攻击；僵尸网络；电磁破坏；设备损毁与物理破坏等。

1.5.5　供应链安全风险凸显

习近平总书记指出：互联网核心技术是我们最大的“命门”，核心技术受制于人是我们最大的隐患。一个互联网企业即便规模再大、市值再高，如果核心元器件严重依赖国外技术，供应链的“命门”就会掌握在别人手里，那就好比在别人的墙基上砌房子，即使再大再漂亮也可能经不起风雨，甚至会不堪一击。所以，要掌握我国互联网发展的主动权，保障互联网安全、国家安全，就必须突破核心技术这个难题，争取在某些领域、某些方面实现“弯道超车”。

目前国内重要信息系统、关键信息基础设施中使用的核心信息技术产品和关键服务大多依赖国外，存在供应链安全问题。NIST(美国国家标准与技术研究院)颁布的《联邦信息系统供应链风险管理实践标准》对供应链给出了如下定义：信息通信技术(Information and Communications Technology，ICT)系统的运行依赖于全球分布而又互相联系的供应链生态系统，该生态系统包括制造商、供应商(网络供应商和软硬件供应商)、系统集成商、采购商、终端用户和外部服务提供商等各类实体，产品和服务的设计、研发、生产、分配、部署和使用等环节，以及技术、法律和政策等软环境。任何一个环节中的风险漏洞，都可能给 ICT 产品与服务的有效运作带来巨大威胁。尤其是当这类漏洞被网络空间中的恶意行为体所利用时，可能导致数据泄露、数据受损、系统失灵的后果，严重时可扰乱社会环境，造成对财产和人员的物理损害。

鉴于我国关键信息基础设施对 ICT 技术的依赖，识别和控制 ICT 供应链风险，加强 ICT 供应链安全管理已经成为保障国家安全的重要手段。供应链环环相扣，缺一不可，供应链攻击(Supply Chain Attack)是指攻击者攻击供应链生态系统中的任意一环，造成掉链子，也称为第三方或价值链攻击。如使用外部合作伙伴(例如供应商)拥有或使用的联网应用程序或服务破坏企业网络时，就会发生供应链攻击。供应链的主要风险来自软件供应链风险、硬件供应链风险和第三方服务商风险。

1. 软件供应链风险

近年来，针对软件供应链的攻击事件频发。软件供应链已经成为网络空间攻防对抗的焦点，直接影响关键信息基础设施和重要信息系统的安全。

由于历史原因，我国的操作系统、数据库大量依赖于国外进口，为了确保关键信息基础设施供应链安全，我国制定了《网络安全审查办法》，其中规定审查内容包括产品和服务的安全性、开放性、透明性、来源的多样性，供应渠道的可靠性以及因为政治、外交和贸易等因素导致供应中断的风险。所谓的透明性，就是有没有“后门”。保护关键信息基础设施供应链安全最根本的是要实现自主可控，实现国产化替代，无法做到自主可控从而产生危害的一个典型例子就是伊朗核电站受震网病毒攻击。2010 年，美国与以色列利用震网病毒攻击伊朗核设施，该病毒利用了 Windows 操作系统和西门子公司控制系统(SIMATIC WinCC/Step7)的漏洞，破坏了离心机，打断了伊朗核计划的战略目标。

所有的软件都有漏洞，一旦供应商被攻陷，攻击者就可以访问这家供应商的所有客户，危害巨大。由于软件是由受信任的供应商构建和发布的，因此这些应用程序和更新都需要经过签名和认证。在软件供应链攻击中，供应商可能不知道应用程序或更新在向公众发布时感染了恶意代码，并且以与应用程序相同的信任和权限运行。2021 年 7 月，在黑客发现 Kaseya 远程管理软件中的漏洞后对其发起进攻，多达 1500 家企业受到了影响，该漏洞允许他们通过公司的软件更新过程传播勒索软件，并最终传播到该产品的最终用户。

国内使用的高端 CAD、CAE、EDA 和 CAM 等工业软件，以及包括数值计算 MATLAB 之类的软件大多都是欧美国家的产品，据统计，这个比例高达 90%以上，这些软件已经渗透到了国内技术研发的方方面面，从高校到企业，到科研单位以及军工企业。随着美国对华科技制裁升级，华为的 EDA、哈工大的 MATLAB 被断供，Google 禁止华为手机使用 Google 服务。

近年来，针对开源软件的攻击正持续走高。Sonatype 发布的《2021 年软件供应链状况报告》显示，开源供应量增加了 20%，开源需求增加了 73%，随着开源下载量的增加，开源攻击也随之增加了 650%。全球的开发商累计使用了第三方开源生态系统中 2.2 万亿个开源软件包或组件。在人工智能领域，Google 和 Facebook 的开源免费人工智能框架 TensorFlow 和 PyTorch 已占我国 85%以上的份额。2021 年 6 月 2 日，奇安信发布的《2021 年中国软件供应链安全分析报告》显示，国内企业软件项目 100%使用开源软件，而经检测发现，超 8 成软件项目存在已知高危开源软件漏洞，平均每个软件项目存在 66 个已知开源软件漏洞，15 年前的开源软件漏洞仍然存在于多个软件项目中。

使用开源软件的风险包括无法下载(如封锁中国 IP，无法下载美国的开源代码或者最新的源代码)、无法参与(如将中国开发者排除在外)、闭源(如在某个版本之后，不再提供开源代码)、排除特定类型用户(如不允许特定国家或企业使用)、生态限制(如开源本身不断供，但是无法使用开源所依赖的服务)、代码托管平台断供(如整个 Github 不允许使用)、开源软件安全风险(存在安全漏洞)和项目中断(如缺少投入、无人维护、无法继续发展)等。

2. 硬件供应链风险

ICT 硬件供应链是指从 ICT 硬件采购、设计、制造、组装、维护到处理的一系列过程，该过程存在着各种内部或外部的不确定性风险因素。外部风险包括自然灾害、恐怖事件和突发事件等；内部风险包括供应中断(如厂商中断制造和交付)、运输路线错误导致交货延误、订单错误(如订购数量或项目错误)和制造质量问题(如以硬件为基础引发的威胁)等。

2016 年，美国密歇根大学研究人员在“IEEE 隐私与安全研讨会”上已经证实，在芯片制造过程中可以植入硬件木马。芯片级的主动攻击，可以做到与正常芯片外观、管脚和封装等都一样，但芯片内部电路已被篡改。这种通过篡改原始集成电路设计，植入完成特殊功能的逻辑，在满足一定条件的时候(如反复执行某个指令引起状态反转)，木马会被唤醒，进而实施改变功能、窃取信息、物理摧毁、协助软件木马控制系统等攻击行为。2020 年中国进口芯片 2.26 万亿元，自给率 6%，严重依赖芯片进口，给我国带来了巨大的安全危机。

固件是硬件的核心，如 BIOS 或其更现代的替代品 UEFI。固件的主要功能是与计算机上安装的软件进行通信，以确保硬件能够正确执行命令。硬件公司通常会推出固件更新以解决问题，提供安全补丁并向设备添加新功能。破解固件有多种形式，如利用恶意软件 Bootkit 和 Rootkit。一旦固件被攻陷，就可能影响系统性能，造成数据泄露，甚至设备被禁用。

2018 年 1 月，全球计算机行业因为熔断(Meltdown)和幽灵(Spectre)这两个在处理器中存在的新型漏洞而受到威胁，其影响范围非常广泛，几乎所有的个人电脑、独立式服务器、云计算服务器、各类智能手机、IoT 设备和其他智能终端设备等都受到了影响。该漏洞是对内存隔离机制的突破，可导致跨权限信息泄漏。

近年来，所谓国家安全成了美国对中国高技术企业实施国家霸凌、实施贸易保护主义的借口，供应链攻击成为美国一种干涉和制裁的手段，借助技术出口管制措施，将供应链“武器化”，对高新技术“断供”和“围堵”，以破坏供应链为打击手段。美国以国家安全为由，限制科技出口，加快中美信息产业脱钩，将华为、360、海康威视、美亚柏科和科大讯飞列入出口管制“实体清单”，禁止美企出售相关技术和产品(如5nm芯片生产、光刻等技术)，国内企业面临卡脖子难题。

3. 第三方服务商风险

第三方服务商是那些为企业提供支持服务，可以经常访问、共享、维护对企业至关重要的数据或设备系统的机构。据调查，56%的IT机构遭遇过由某个供应商或服务商缺陷导致的网络入侵。同时相关数据显示，每个组织机构中直接或间接接触的，有可能触及敏感信息的第三方服务商平均数量已高达三四百家。据统计，造成数据泄露的常见原因主要为供应链第三方泄露。

综上所述，一方面我国应将供应链安全上升到国家战略高度，要加强核心技术攻关，提升自主可控能力。信息技术应用创新发展(简称信创)是我国的一项国家战略。发展信创是为了解决本质安全的问题。本质安全是指要把基础设施变成自己可掌控、可研究、可发展和可生产的。多年来，国内信息技术底层标准、架构和生态等大多数都由国外制定，存在诸多安全风险。因此，我们要逐步建立基于自己的底层标准和架构，形成自有开放生态，这是信创产业的核心。通俗来讲，就是在核心芯片、基础硬件、操作系统、数据库、中间件、应用软件和信息安全产品等领域实现国产替代。CPU和操作系统居于国产化生态体系的核心地位，从落地情况来看，国产替代在党政和金融领域渗透率最高，其次是电信、交通、电力、石油和航空航天等领域。另一方面，应强化网络安全审查，推动国内、国际市场双循环有序发展，提升供应链弹性。

1.5.6 关键信息基础设施成为网络攻击的重点目标

2015年圣诞节前夕，乌克兰电网遭遇攻击，数万“灾民”在严寒中煎熬。2021年，美国最大的燃油管道运营商因黑客攻击而停摆，对全产业链产生连锁影响，这些事件均证明了关键信息基础设施(Critical Information Infrastructure)一旦遭到破坏，会严重危害国家安全、国计民生和经济发展。我国关键信息基础设施是境外多个APT(Advanced Persistent Threat，高级持续性威胁)组织的重点攻击目标，国家级有组织的网络攻击对我国关键信息基础设施安全构成了严重的威胁。APT攻击，也称定向威胁攻击，指某组织对特定对象展开的持续有效的攻击活动。这种攻击活动具有极强的隐蔽性和针对性，通常会运用受感染的各种介质、供应链和社会工程学等多种手段实施先进的、持久的且有效的威胁和攻击。

为了保障关键信息基础设施安全，维护网络安全，我国根据《中华人民共和国网络安全法》(简称《网络安全法》)制定了《关键信息基础设施安全保护条例》，2021年9月1日起开始施行。关键信息基础设施是指公共通信和信息服务、能源、交通、水利、金融、公共服务、电子政务、国防科技工业等重要行业和领域的，以及其他一旦遭到破坏、丧失功能或者数据泄露，可能严重危害国家安全、国计民生、公共利益的重要网络设施、信息系统等。国家对关键信息基础设施实行重点保护，采取措施，监测、防御、处置来源于境内外的网络安全风险和威胁，保护关键信息基础设施免受攻击、侵入、干扰和破坏，依法惩治危害关键信息基础设施安全的违法犯罪活动。

为了确保关键信息基础设施供应链安全，我国 2020 年 6 月 1 日起开始实施《网络安全审查办法》。2021 年 7 月 2 日，网络安全审查办公室对“滴滴出行”实施网络安全审查，2022 年 2 月 15 日，新修订的《网络安全审查办法》正式施行。网络安全审查重点评估采购活动、数据处理活动以及国外上市可能带来的国家安全风险，主要考虑以下因素：产品和服务使用后带来的关键信息基础设施被非法控制、遭受干扰或破坏的风险；产品和服务供应中断对关键信息基础设施业务连续性的危害；产品和服务的安全性、开放性、透明性、来源的多样性，供应渠道的可靠性以及因为政治、外交和贸易等因素导致供应中断的风险；产品和服务提供者遵守中国法律、行政法规、部门规章情况；核心数据、重要数据或大量个人信息被窃取、泄露、毁损以及非法利用或出境的风险；国外上市后关键信息基础设施，核心数据、重要数据或大量个人信息被国外政府影响、控制和恶意利用的风险；其他可能危害关键信息基础设施安全和国家数据安全的因素。

1.6　网络空间安全模型

1.6.1　网络空间安全的层次模型

网络空间涉及通过泛在网络连接在一起的人、计算机和各种物理设备，其核心要素是在网络空间中产生、处理、传输和存储的信息数据。网络空间安全的层次模型包括物理层、系统层、网络层、数据层和内容层(见表 1.3)。

表 1.3　网络信息安全的层次模型

层次	安全目标	关注点
内容层	内容安全(Content Security)	关注信息的利用过程中所带来的安全问题，涉及有害信息传播、意识形态安全、隐私保护、版权保护等
数据层	数据安全(Data Security)	关注处理数据的同时所带来的安全问题，涉及数据冒充、数据篡改、数据劫持、数据保密性问题等
网络层	网络安全(Network Security)	关注连接网络实体的中间网络自身的安全，特别是网络的互联互通，涉及各类无线通信网络、计算机网络、物联网、工控网等网络的安全等
系统层	系统安全(System Security)	关注系统运行安全，涉及系统软件安全、应用软件安全、体系结构安全等
物理层	物理安全(Physical Security)	关注基础设施的安全，涉及动力安全、环境安全、设备安全、电磁安全、介质安全和人员安全等

1. 物理层的安全

物理安全是指对电磁装备的保护，保护设备、设施(含网络)以及存储介质免遭地震、水灾、火灾、有害气体和其他环境事故(如电磁污染等)破坏的措施、过程，特别是避免由于电磁泄漏产生的信息泄露，重点保护的是系统的机密性、生存性和可用性等属性。物理层主要面临物理设备损毁的安全问题，面临的威胁有设施损毁、辐射泄密、电磁破坏、平台崩溃、设备失效和电子干扰等；涉及动力安全、环境安全、电磁安全、介质安全、设备安全和人员安全等；主要采取的措施是提供可靠的供电系统、防护体系、可信硬件、电磁干扰屏蔽、容灾备份和管理体系等。

2. 系统层的安全

系统安全是指对信息系统的运行过程和运行状态的保护，主要涉及信息系统的可控性、可用性等。系统层面临的威胁有系统资源消耗、非法侵占与控制系统、安全漏洞的恶意利用等。为保障系统功能的安全实现，系统层应提供一套安全措施(如风险分析、审计跟踪、备份与恢复、应急等)来保护信息处理过程的安全。系统层的安全侧重于保证系统正常运行，避免因为系统的崩溃和损坏而对系统存储、处理和传输的信息造成破坏和损失；主要的保护方式有漏洞扫描、风险分析、安全策略、审计跟踪、入侵防护、入侵检测、应急响应和系统恢复等；主要关注系统脆弱性评估、移动终端安全、云平台安全和工业控制系统安全。

3. 网络层的安全

网络安全主要目标是保证网络自身的安全，涉及网络的安全协议、网络对抗攻防、安全管理、取证与追踪等方面的理论和技术。随着智能终端技术的发展和移动互联网的普及，移动与无线网络安全接入显得尤为重要。而针对网络空间安全监管，需要在网络层发现、阻断用户恶意行为，其研究重点是匿名通信、流量分析技术和网络用户行为分析技术。

4. 数据层的安全

数据安全是指对信息在数据处理、存储、传输和显示等过程中的保护，在数据处理层面保障信息能够依据授权使用，不被窃取、篡改、冒充和抵赖。该层主要涉及信息的保密性、完整性、真实性、不可抵赖性和可用性等信息安全属性的保护。数据层的主要技术包括针对信息丢失的数据备份技术、针对信息窃取的加密保护技术、针对信息篡改的完整性检查技术、针对信息抵赖的数字签名技术以及针对信息冒充的身份认证技术。

5. 内容层的安全

内容层也称为应用层，主要面临有害信息传播的问题，包括虚假信息、暴力渲染、欺诈和色情诱惑等，主要表现为有害信息利用互联网所提供的自由流动的环境肆意扩散。从技术层面而言，该层的安全表现为对信息流动的选择控制能力，如对信息内容的选择性阻断，主要涉及信息的真实性、可控性、可用性等。内容层面临的主要问题包括发现所隐藏信息的真实内容、阻断所指定的信息、挖掘所关心的信息、舆情监测与分析、隐私保护和版权保护等；主要的处置手段是信息识别与挖掘技术、过滤技术和隐藏技术等。

安全管理包括安全技术和设备的管理、安全管理制度、部门与人员的组织规则等。管理的制度化在极大程度上影响着整个网络的安全，严格的安全管理制度、明确的部门安全职责划分、合理的人员角色配置可以在很大程度上降低各个层次的安全漏洞。

1.6.2　网络空间安全的动态模型

1. P^{2}DR 安全模型

安全具有动态性。安全的概念是相对的，任何一个系统都没有绝对的安全。在一个特定的时期内，在一定的安全策略下，系统是安全的，但是随着时间的演化和环境的变迁(如攻击技术的进步、新漏洞的暴露)，系统可能会变得不安全。因此系统需要适应变化的环境，并能做出相应的调整以确保安全。

安全具有整体性。安全包括了物理层、系统层、网络层、数据层以及内容层等五个层次的安全。从技术上来说，系统的安全由安全的软件系统、防火墙、网络监控、信息审计、通信加密、灾难恢复和安全扫描等多个安全组件来保证的。单独的安全组件只能提供部分的安全功能。无论缺少哪一个安全组件，都不能构成完整的安全系统。当我们通过各种技术手段加固一个网络防护系统时，必须要考虑到相应的安全策略以及如何适应快速的响应机制和恢复措施。在系统被攻击、破坏的情况下，要求必须尽快地恢复服务，减少损失。安全是一个系统工程，是一个整体的概念，必须保证网络设备和各个组件的整体安全性。

20 世纪 90 年代末，基于安全具有动态性、整体性的思想，美国国际互联网安全系统(American International Internet Security System，ISS)公司提出了 P^{2}DR 安全模型。ISS 公司认为没有一种技术可完全消除网络中的安全漏洞，系统的安全实际上是理想中的安全策略和实际的执行之间的一个平衡。P^{2}DR 安全模型包括四个主要部分：第一是策略(Policy)，第二是保护(Protection)，第三是检测(Detection)，第四是响应(Reaction)。

P^{2}DR 安全模型是在整体的安全策略的控制和指导下，在使用加密、防火墙等静态防护工具的同时，利用检测工具了解和评估系统的安全状态，通过适当的反应将系统调整到相对安全和风险较低的状态，达到一个动态的安全循环。该模型强调在监控、检测、响应和保护等环节的循环过程，通过这种循环达到保持安全水平的目的。P^{2}DR 安全模型是整体的、动态的安全模型。

(1) 策略。策略是 P^{2}DR 安全模型的核心，所有的保护、检测和响应都是依据安全策略实施的，安全策略为安全管理提供管理方向和支持手段。策略体系的建立包括安全策略的制定、评估和执行等。制定可行的安全策略取决于对网络信息系统的了解程度。

(2) 保护。保护也称防护，是通过传统的静态安全技术和方法实现系统的保密性、完整性、可用性、可控性和不可否认性，包括系统加固、防火墙、加密机制、访问控制和认证等。

保护主要在安全边界提高防御能力。安全边界通常设在需要保护的信息周边。例如，存储和处理信息的计算机系统的外围，重点阻止诸如冒名顶替、线路窃听等试图“越界”的行为。边界保护技术可分为物理实体的保护技术和信息保护(防泄露、防破坏)技术。物理实体的保护技术主要是对有形的信息载体实施保护，使之不被窃取、复制或丢失，如磁盘信息消除技术，室内防盗报警技术，密码锁、指纹锁和眼底视网膜电控锁等，信息载体的传输、使用、保管和销毁等各个环节都可应用这类技术。信息保护技术主要是对信息的处理过程和传输过程实施保护，使之不被非法入侵、外传、窃听、干扰、破坏和拷贝。

(3) 检测。检测是动态响应和进一步加强保护的依据，也是强制落实安全策略的有力工具。只有通过检测和监控(漏洞扫描和入侵检测等手段)及时发现新的威胁和漏洞，才能在循环反馈中作出有效的响应。

检测包括检查系统存在的脆弱性；在系统运行过程中，检查、测试信息是否发生泄漏、系统是否遭到入侵，并找出泄漏的原因和攻击的来源，如网络入侵检测、信息传输检查、电子邮件监视、电磁泄漏辐射检测、屏蔽效果测试和磁介质消磁效果验证等。

(4) 响应。响应和检测环节是紧密关联的，只有对检测中发现的问题作出及时有效的处理，才能将信息系统迅速调整到新的安全状态，例如关闭受到攻击的服务器。从某种意义上讲，安全问题就是解决紧急响应和异常处理问题，通过建立反应机制，提高实时性，形成快速响应的能力。

2. PDRR 安全模型

信息安全保障技术框架(Information Assurance Technical Framework，IATF)是由美国国家安全局(NSA)制定的，最初目的是保障美国政府和工业信息基础设施安全。

IATF 提出的信息保障的核心思想是纵深防御(Defense in Depth)，遵循这一原则，信息保障被分成四个部分：保护(Protection)、检测(Detection)、响应(Reaction)和恢复(Restore)，即所谓的 PDRR 安全模型(见图 1.1)。所谓纵深防御就是采用一个多层次的、纵深的安全措施来保障用户信息及信息系统的安全。纵深防御最初来源于军事战略，也称弹性防御或是深层防御。有别于通过一个单一而强大的防御战线防御敌人，纵深防御试图用下列方式阻击敌人：使攻击潮流在一段时间内失去动能；使攻击方在一个广大地区内失去攻击能力。纵深防御是以全面深入的防御延迟而不是阻止前进中的敌人，通过放弃空间来换取时间而抵御敌人。

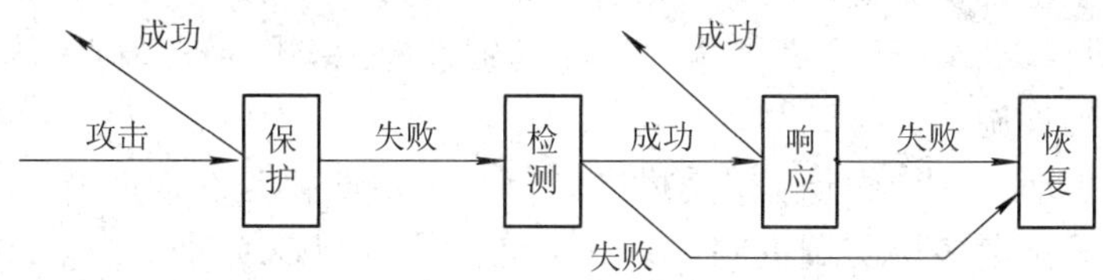

图 1.1　PDRR 安全模型

PDRR 安全模型引进了时间的概念，主要内容包括保护时间、检测时间和响应时间。

(1) 保护时间(Pt)：从入侵开始到成功侵入系统的时间，即攻击所需的时间。高水平的入侵及安全薄弱的系统都能导致攻击的有效性，使 Pt 缩短。

(2) 检测时间(Dt)：从入侵开始到发现系统存在安全隐患和潜在攻击的时间。改进检测算法和设计可缩短 Dt。适当的防护措施可有效缩短 Dt。

(3) 响应时间(Rt)：检测到系统漏洞或监控到非法攻击到系统启动处理措施的时间。例如，一个监控系统的响应可能包括监视、切换、跟踪、报警和反攻等内容，而安全事件的后处理(如恢复、事后总结等)不纳入事件响应的范畴之内。

PDRR 安全模型用数学公式的方法简明地解析了安全的概念：系统的保护时间应大于系统检测到入侵行为的时间加上系统响应时间，即 $Pt > Dt + Rt$，也就是在入侵者危害安全目标之前就能够被检测到并及时处理。坚固的防护系统与快速的反应结合起来，才是真正的安全。例如，防盗门只能延长被攻破的时间，如果警卫人员能够在防盗系统被攻破之前作出迅速反应，那么这个系统就是安全的。这实际上给出了安全的一个全新的定义，即及时的检测和响应就是安全。根据这样一种安全理论体系，构筑网络安全的宗旨就是提高系统的防护时间，降低检测时间和响应时间。

系统暴露时间(Et)是指系统处于不安全状态的时间，等于检测到入侵者破坏安全目标开始，将系统恢复到正常状态的时间。系统的暴露时间越长，系统就越不安全。恢复是安全事件发生后，把系统恢复到原来的状态，或者比原来更安全的状态。恢复环节对于信息系统和业务活动的生存起着至关重要的作用，组织只有建立并采用完善的恢复计划和机制，其信息系统才能在重大灾难事件中尽快恢复并延续业务。

PDRR 安全模型阐述了这样一个结论：安全的目标实际上就是尽可能地增加保护时间，尽量减少检测时间和响应时间，在系统遭到破坏后，应尽快恢复，以减少系统暴露时间。

除了纵深防御这个核心思想之外，IATF 还提出了其他一些信息安全原则。

(1) 保护多个位置。保护网络和基础设施、区域边界、计算环境和支撑性基础设施。网络和基础设施提供区域互联，包括操作域网、城域网、校园网和局域网。针对这些设施，主要要防止拒绝服务攻击，维护信息服务，保护传输信息的保密性、完整性。区域边界是根据业务的重要性、管理等级和安全等级的不同，将一个信息系统划分为多个区域，每个区域是在单一统辖权控制下的物理环境。区域边界防御包括对进出区域边界的数据流进行控制与监视，对区域边界的基础设施实施保护；计算环境中的安全防护对象包括用户应用环境中的服务器、客户机及其所安装的操作系统和应用系统。计算环境防御是利用鉴别与认证、访问控制等技术确保进出内部系统数据的保密性、完整性和不可否认性。支撑性基础设施是一套相关联的活动与能够提供安全服务的基础设施相结合的综合体。目前纵深防御策略定义了两种支撑基础设施：密钥管理基础设施/公钥基础设施，检测与响应基础设施。

(2) 分层防御。保护多个位置是横向防御，分层防御是纵向防御。分层防御即在攻击者和目标之间部署多层防御机制，每一个这样的机制必须对攻击者形成一道屏障，而且每一个这样的机制还应包括保护和检测措施，以使攻击者不得不面对被检测到的风险，迫使攻击者由于高昂的攻击代价而放弃攻击行为。

(3) 安全强健性。不同的信息对于组织有不同的价值，该信息丢失或破坏所产生的后果对组织也有不同的影响。所以对信息系统内每一个信息安全组件设置的安全强健性(即强度和保障)，取决于被保护信息的价值以及所遭受的威胁程度。在设计信息安全保障体系时，必须考虑信息价值和安全管理成本的平衡。

3. WPDRRC 安全模型

信息安全保障体系的建设策略是要建立信息安全防护能力，要具有隐患发现能力、网络反应能力和信息对抗能力。我国信息安全专家在 P^2DR 以及 PDRR 等安全模型的基础上，提出了 WPDRRC 安全模型，在 PDRR 安全模型的前后增加了预警(Warning)和反击(Counterattack)功能，如图 1.2 所示。WPDRRC 安全模型包括六大环节和三大要素，其中六大环节包括预警、保护、检测、响应、恢复和反击，各环节之间相互协作，实现动态反馈功能。三大要素从内至外分别为人员、策略和技术，其中，人员是信息安全的中心环节(人员是核心)，策略是连接人员与技术的政策、法律和法规(策略是桥梁)，技术在六大环节中贯穿应用，为安全目标的实现提供保证(技术是保证)。

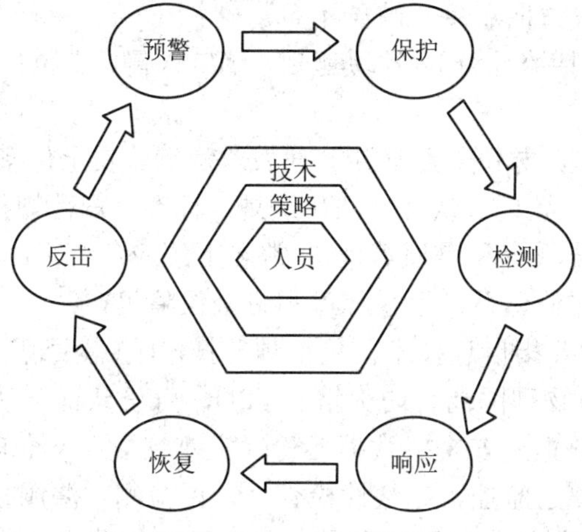

图 1.2　WPDRRC 模型

预警是指根据已经发生的网络攻击或正在发生的网络攻击，以及本地网络的安全性，预测未来可能受到的攻击和危害，对可能发生的网络攻击提出警告。漏洞预警是根据新出现的漏洞来对可能发生的攻击提出预警；行为预警是通过分析黑客的各种行为来发现其可能要进行的攻击；攻击趋势预警是分析已发生或正在发生的网络攻击来判断可能的攻击；情报收集分析预警是综合分析通过各种途径收集来的情报判断是否有发生网络攻击的可能性。例如，如果甲地在某个时间段里了解到黑客攻击、病毒泛滥，当乙地得到预警后就可能提前打好补丁。

反击包含两方面含义：一是利用攻击诱骗、黑客追踪等取证技术追踪溯源，获取犯罪分子犯罪的证据，依法打击犯罪和网络恐怖分子；二是对攻击者进行反向的攻击，迫使其停止攻击。反击环节需要研究取证、证据保全、举证、起诉和打击等技术，实施途径包括数据恢复、数据检查、完整性分析、系统分析、密码分析破译、追踪、设置攻击陷阱、攻击诱骗和攻击源精确定位等。

WPDRRC 模型全面涵盖了各个安全因素，突出了人员、策略和技术三大核心要素，需要依赖组织体系、管理体系和技术体系的共同支撑。组织体系对应了模型中的“人员”要素，包括搭建组织机构，执行考核审查、培训教育及岗位职责划分等。管理体系对应“策略”要素，体现在各项规章制度的制定上。技术体系则对应“技术”要素，采用相关安全技术作为对安全策略的支撑。

1.6.3　网络空间安全的综合模型

木桶原则(Barrel Principle)又称短板原则(Short Board Principle)，是指由几块长短不一的木板围成一个水桶，水桶的最大盛水量是由最短的一块木板所决定的。网络空间安全同样遵循木桶原则，需要均衡、全面地进行保护。攻击者使用的是“最易渗透原则”，必然在网络空间最薄弱的地方进行攻击。因此，需要对影响网络空间安全的各个方面进行充分、全面、完整的分析、评估和检测，发现并消除薄弱环节。

网络空间安全的内在含义是指采用一切可能的方法和手段，千方百计地保证网络空间的保密性、完整性和可用性。保障网络空间安全可从监察安全、管理安全、技术安全、立法安全和认知安全等方面着手，缺一不可。

(1) 监察安全：包括监控查验(发现违规、确定入侵、定位损害和监控等)和犯罪起诉(起诉、量刑等)。

(2) 管理安全：包括技术管理(应用、研发、运行、安全保密测评和应急响应等)、常态下的行政管理(组织、认证、认可、法律法规、标准、规范规程、规章制度、安全策略制定、人才培养、宣传教育和培训等)和非常态下的应急管理(机构设置、法制建设、技术支撑、预案体系、评估体系、运行程序和资金保障等)。

(3) 技术安全：主要指信息技术，包括预警技术(隐患发现、威胁情报分析和态势感知等)、安全防护技术(物理隔离、防火墙、VPN、身份认证、访问控制、加密、病毒防护、操作系统安全、数据库安全、数据备份、灾难恢复及应急响应等)、检测技术(电磁泄漏辐射检测、非法外连监控、完整性检查、入侵检测、漏洞扫描、安全审计、数据挖掘和大数据分析等)、响应技术(隔离网络、修改防火墙或者路由器规则、删除攻击者登录账号、关闭被利用的服务器或者主机等)、恢复技术(备份、恢复)和反击技术(报复攻击、溯源、取证、蜜罐和追究法律责任等)。

(4) 立法安全：有关网络空间安全的政策、法令和法规。

(5) 认知安全：有关网络空间安全的宣传、教育和培训。

习　题　一

1. 信息战并不专属于某一特定领域，事实上，多领域协同部署可以达到最大的作战效果。信息战是指为影响敌方的信息和信息系统，同时保护己方信息与信息系统所采取的各种行动。信息战的五种核心能力分别是：电子战、计算机网络战、心理战、军事欺骗以及作战安全。从信息的保密性、完整性和可用性角度，理解信息战的五种核心能力。

2. 由于网络空间与电磁频谱和网络化系统密切相关，这决定了网络空间具有一些与陆、海、空、天领域所不同的特点。从技术创新性、不稳定性、无界性和高速性四个方面讨论网络空间的特性。

3. 计算机网络作战是以计算机为平台实施的网络攻击与网络防御等行为，作战对象是敌方的政治、经济、金融和军事等关键网络系统，人员直接伤亡较少，具有“兵不血刃”的特点。网络空间是处于电磁环境中的一种物理领域，因此在网络空间中的战斗是物理作战，通过网络空间内的战斗，敌方人员可因此死亡或受伤。试区分计算机网络作战和网络空间作战。

4. 网络购物平台对于不同的观察者来说，具有不同的安全侧重点。从买家、卖家、平台、网络警察和国家部门等观察者的角度，说明他们关心的安全问题分别是什么。

5. 确保网页不被黑，是指保护网页的(　　)。

A. 完整性　　B. 可用性　　C. 保密性　　D. 抗抵赖性

6. 防止静态信息被非授权访问和防止动态信息被截取解密是保护(　　)。

A. 数据完整性　　B. 数据可用性

C. 数据可靠性　　D. 数据保密性

7. 定期对系统和数据进行备份，在发生灾难时进行恢复，是为了保证信息的(　　)。

A. 保密性　　B. 完整性

C. 不可否认性　　D. 可用性

8. 攻击者破坏网络系统的资源，使之变成无效的或无用的，这是对(　　)。

A. 可用性的攻击　　B. 保密性的攻击

C. 完整性的攻击　　D. 真实性的攻击

9. 在以下人为的恶意攻击行为中，属于主动攻击的是(　　)。

A. 数据篡改及破坏　　B. 数据窃听

C. 数据流分析　　D. 非法访问

扩展：查找资料，了解我国的国家网络空间安全战略，了解最新的网络空间安全事件。

第 2 章 物 理 安 全

2.1 物理安全概述

物理安全是保护网络设备、设施以及其他媒体(也称介质)免遭地震、火灾、水灾、雷击、静电、人为操作失误或错误及各种计算机犯罪行为导致的破坏。物理安全事件会影响网络、主机和业务的连续性，甚至导致业务数据的丢失。

物理安全需要确定安全区域，防止非授权访问、破坏；通过保障设备安全，防止资产的丢失、破坏以及商务活动的中断；采用通用的控制方式，防止信息或信息处理设施损坏或失窃。物理安全是网络空间安全的前提。

物理安全主要包括环境安全、设备安全和介质安全三个方面(参见《计算机信息系统安全专用产品分类原则(GA 163—1997)》)。

(1) 环境安全。环境安全是指系统所在环境的安全，涉及场地选址与环境要求(参见国家标准 GB 50174—2017《数据中心设计规范》、GB 9361—2011《计算机场地安全要求》、GB/T 22239—2019《信息安全技术 网络安全等级保护基本要求》)，主要包括机房与设施安全(机房环境条件、机房安全等级、机房场地的环境选择、机房的建造、机房的装修和计算机的安全防护等)、环境与人员安全(防火、防水、防震、防振动冲击、防电源掉电、防温度湿度过高过低、防盗以及防物理、化学和生物灾害等)和防其他自然灾害(湿度、洁净度、腐蚀、虫害、振动与冲击、噪音、电气干扰及地震等)。

(2) 设备安全。设备安全主要指设备的防盗、防毁、防电磁辐射泄漏、防止线路截获、抗电磁干扰及电源保护等(参见国家标准 GB 4943—2011《信息技术设备的安全》)。

(3) 介质安全。介质安全包括介质数据的安全及介质本身的安全。

2.2 环 境 安 全

环境安全主要包括受灾防护的能力、区域和边界防护的能力。根据系统运行中断的影响程度，将场地的安全分为 A 级、B 级和 C 级三个基本级别。如 A 级是指系统运行中断后，会对国家安全、社会秩序、公共利益造成严重损害的，对场地的安全有严格的要求，要有完善的场地安全措施。

1. 受灾防护

受灾防护的目的是保护系统免受水、火、有害气体、地震、雷击和静电的危害。受灾防护包括以下十五个方面：

(1) 场地选址：场地位置应该力求避开以下区域：易发生火灾的区域；产生粉尘、油烟、有害气体源以及存放腐蚀、易燃、易爆物品的地方；低洼、潮湿、落雷、重盐害区域和地震频繁的地方；强振动源和强噪音源；强电磁场的干扰；建筑物的高层或地下室，以及用水设备的下层或隔壁；核辐射源。

(2) 抗震：场地抗震应符合设防标准。

(3) 楼板荷重：依据设备的重量和安置密度，楼板荷重要符合规定。

(4) 防盗窃和防破坏：应将设备或主要部件进行固定，并设置明显的不易除去的标识；应将通信线缆铺设在隐蔽安全处；应设置机房防盗报警系统或设置有专人值守的视频监控系统。

(5) 防雷击：应防止雷击损害计算机设备以及对计算机系统正常运行的影响；应将各类机柜、设施和设备等通过接地系统安全接地；应采取措施防止感应雷，例如设置防雷保安器或过压保护装置等。

(6) 防火：机房应设置火灾自动消防系统，能够自动检测火情、自动报警，应设置自动灭火系统，应配置灭火器；机房及相关的工作房间和辅助房间应采用具有耐火等级的建筑材料；应对机房划分区域进行管理，区域和区域之间设置隔离防火措施。

(7) 防水和防潮：应采取措施防止雨水通过机房窗户、屋顶和墙壁渗透；应采取措施防止机房内水蒸气结露和地下积水的转移与渗透；应安装对水敏感的检测仪表或元件，对机房进行防水检测和报警。

(8) 防静电：应采用防静电地板或地面，采用必要的接地防静电措施；应采取措施防止静电的产生，例如采用静电消除器、佩戴防静电手环等。

(9) 防电磁干扰：电磁场干扰强度超过要求时，应采取屏蔽措施。电源线和通信线缆应隔离铺设，避免互相干扰；应对关键设备或关键区域实施电磁屏蔽，对主机房及重要信息存储、收发部门进行屏蔽处理，即建设一个具有高效屏蔽效能的屏蔽室，用它来安装运行主要设备，以防止磁鼓、磁带与高辐射设备等的信号外泄。为提高屏蔽室的效能，在屏蔽室与外界的各项联系、连接中均要采取相应的隔离措施和设计，如信号线、电话线、空调与消防控制线等。由于电缆传输辐射信息的不可避免性，可采用光缆传输的方式。

(10) 温湿度控制：计算机环境的好坏直接影响计算机运行的可靠性。应设置温湿度自动调节设施，使机房温湿度的变化在设备运行所允许的范围之内。机房空调是保证计算机系统正常运行的重要手段之一，通过空调使机房的温度、湿度和洁净度得到保证，为设备运行创造一个良好的环境。机房空调应具有供风、加热、冷却、减湿和空气除尘的能力。

(11) 防噪声：噪声超过要求时，应采取降噪隔振措施。

(12) 防鼠害：在易受鼠害的场所，缆线应采取防护措施，孔、洞应用防火材料封堵。

(13) 电力供应：应在机房供电线路上配置稳压器和过电压防护设备；应提供短期的备用电力供应，至少满足设备在断电情况下的正常运行要求；应设置冗余或并行的电力电缆线路为计算机系统供电；应提供应急供电设施。

(14) 内部装修：装修材料应是难燃材料和非燃材料，应能防潮、吸音、不起尘和抗静电等；活动地板应是难燃材料或非燃材料，应有稳定的抗静电性能和承载能力，同时耐油、耐腐蚀、柔光和不起尘等，活动地板提供的各种进出线口应光滑，防止损伤电线、电缆，活动地板下的建筑地面应平整、光洁、防潮、防尘；机房不宜使用地毯。

(15) 集中监控系统：设置集中监控系统对系统设备的运行状态和报警状态进行监视和记录。机房专用空调、电源设备、配电系统、漏水检测系统、通用布缆管理系统、机房内温湿度控制等宜纳入集中监控系统。集中监控系统应具有本地和远程报警功能。

2. 区域和边界防护

区域和边界防护是对特定区域边界实施控制，提供某种形式的保护和隔离，来达到保护区域内部系统安全性的目的。如通过电子手段(如红外扫描等)或视频监控对特定区域(如机房等)进行保护，通过门禁系统进行边界防护。实施边界控制，应定义出清晰、明确的边界范畴及边界安全需求。

区域划分的主要目的是根据访问控制权限的不同，从物理的角度控制主体(人)对不同客体的访问，防止非法的侵入和对区域内设备与系统的破坏。它通过区域的物理隔离、门禁系统设计达到访问控制要求。区域隔离的要求同样适用于进入安全区域内的各种软件、硬件及其他设施。不同等级的安全区域，具有不同的标识和内容物，所有进入各层次安全区域的介质，都应进行安全检查，做到区域分隔、从人到物各层次区域访问的真正可控。

根据区域防护的安全等级、环境条件和安全管理的要求设置入侵报警系统、视频监控系统和出入口控制系统。如对出入机房的人员进行访问控制。机房应只设一个出入口，另设若干供紧急情况下疏散的出口。机房出入口应配置电子门禁系统控制、鉴别和记录进入的人员。应根据每个工作人员的实际工作需要，确定所能进入的区域。根据各区域的重要程度采取必要的出入控制措施。如填写进出记录，采用电子门锁等。重要区域应配置第二道电子门禁系统控制、鉴别和记录进入的人员。

2.3 设备安全

设备安全主要包括设备的防盗和防毁，防止电磁信息泄漏，防止线路截获，抗电磁干扰以及电源保护。

1. 设备防盗

设备防盗即使用一定的防盗手段(如移动报警器、数字探测报警和部件上锁等)用于设备和部件，以提高设备和部件的安全性。

2. 设备防毁

设备防毁可归纳为两个方面：一是对抗自然力的破坏，如使用接地保护等措施保护设备和部件；二是对抗人为的破坏，如使用防砸外壳等措施。

3. 防止电磁信息泄漏

TEMPEST(Transient ElectroMagnetic Pulse Emanation Surveillance Technology，瞬态电磁脉冲辐射监视技术)是电磁环境安全防护(电磁安防)的一部分，包括了对电磁泄漏信号中所携带的敏感信息进行分析、测试、接收、还原以及防护的一系列技术，是在 20

世纪60年代末70年代初由美国国家安全局提出的。

为防止电磁信息的泄漏，提高敏感信息的安全性，通常使用防止电磁信息泄漏的各种涂料、材料和设备等，主要包括三个方面：防止电磁信息的泄漏(如使用低辐射设备、使用光纤传输、使用屏蔽室等防止电磁辐射引起的信息泄漏、使用滤波器减少和抑制电磁泄漏)；干扰泄漏的电磁信息(如利用电磁干扰对泄漏的电磁信息进行置乱)；吸收泄漏的电磁信息(如通过特殊材料或涂料等吸收泄漏的电磁信息)。

4. 防止线路截获

防止线路截获主要是指防止对通信线路的截获与干扰，可归纳为四个方面：预防线路截获(使线路截获设备无法正常工作)；探测线路截获(发现线路截获并报警)；定位线路截获(发现线路截获设备工作的位置)；对抗线路截获(阻止线路截获设备的有效使用)。

5. 抗电磁干扰

防止对系统的电磁干扰，保护系统内部的信息。如防止激光枪、高能炸弹和电磁炸弹对系统的电磁破坏。抗电磁干扰包括两个方面：对抗外界对系统的电磁干扰；消除来自系统内部的电磁干扰。

电子对抗(Electronic CounterMeasure，ECM)又称电子战，是指敌对双方利用电子设备和器材所进行的电磁频谱斗争。确保己方使用电磁频谱，同时阻止敌方使用电磁频谱，即电磁波的压制和反压制。电磁频谱包含从直流电到光波以及更远的频率范围。因此，电子战覆盖了全部射频频谱、红外频谱、光学频谱以及紫外频谱等频率范围。

第一次世界大战期间，无线电通信设备应用于无线电通信的侦查和干扰。第二次世界大战中，雷达应用于防空作战。20世纪50～70年代，随着各种欺骗式干扰技术的发展，产生了光电对抗技术，并研制出红外告警器、激光告警器、红外干扰机和红外诱饵弹等光电对抗设备。20世纪80年代以来，军事指挥、控制、通信和高技术武器装备的运用更加依赖于电子技术，诞生了大功率强激光干扰机(激光武器)、小功率激光干扰系统、大功率微波发射装备(微波波束武器)等，不仅可以干扰或破坏电子设备，还可以作为武器，摧毁或破坏目标。

电子对抗主要包括以下四类。

(1) 电子对抗侦察：搜集、分析敌方电子设备的电磁辐射信号，以获取其技术参数、位置、类型以及用途等情报。

(2) 电子干扰：为使敌方电子设备和系统丧失或降低效能所采取的电波扰乱措施。

(3) 电子防御：包括反电子侦察、反电子干扰和防御反辐射导弹。如发射诱饵信号进行欺骗；控制己方电磁辐射，使敌方反辐射导弹难以截获和跟踪目标信号；多部电子设备同步交替工作，使反辐射导弹无法稳定跟踪等。

(4) 反辐射摧毁：反辐射导弹又称反雷达导弹，是指利用敌方雷达的电磁辐射进行导引，从而摧毁敌方雷达及其载体的导弹。在电子对抗中，它是对雷达硬杀伤最有效的武器。

6. 电源保护

电源保护为设备的可靠运行提供能源保障，例如使用不间断电源、纹波抑制器、电源调节软件等，可归纳为两个方面：对工作电源的工作连续性的保护(如不间断电源)；

对工作电源的工作稳定性的保护(如纹波抑制器)。

2.4 介质安全

介质安全是指介质数据和介质本身的安全。

介质安全的目的是保护存储在介质上的信息。介质安全包括介质的防盗和介质的防毁，如防霉和防砸等。

介质数据的安全是指对介质数据的保护。介质数据的安全包括介质数据的防盗(如防止介质数据被非法拷贝)；介质数据的销毁是为了防止被删除的或者被销毁的敏感数据被他人恢复而泄露信息，介质数据的销毁包括介质的物理销毁(如介质粉碎等)和介质数据的彻底销毁(如消磁等)；介质数据的防毁是指防止意外或故意的破坏使介质数据的丢失。

磁盘是常用的信息载体。磁介质上记载的信息在一定程度上是抹除不净的，使用高灵敏度的磁头和放大器可以将已抹除信息的磁盘上的原有信息提取出来。据相关资料介绍，即使磁盘已改写 12 次，但第一次写入的信息仍有可能被复原出来。

2.5 可靠性

2.5.1 可用性与可靠性的概念

设备的质量低劣，可靠性不高，耐久性差，不仅会造成极大的经济损失，甚至会危及人身安全。

可用性(Availability)是指系统在规定的条件下，无失效完成规定的功能的能力。规定的条件包括运行的环境条件、使用条件、维修条件和操作水平等。

系统可用性采取可用度衡量。系统在 t 时刻处于正确状态的概率称为可用度，用 $A(t)$ 来表示。

其计算方法为

$$A = \frac{\text{平均无故障时间}}{\text{平均无故障时间}+\text{平均修复时间}}$$

平均无故障时间(Mean Time Between Failures，MTBF)是指两次故障之间能正常工作的平均值。故障可能是元器件故障、软件故障、也可能是人为攻击造成的系统故障。

平均修复时间(Mean Time To Repair，MTTR)是指从故障发生到系统恢复平均所需要的时间。

可用性的定量表现在以下三个方面。

(1) 可靠性。如果系统从来没有故障，那么可用性就是 100%，但这是不可能的，所以需要引进一个辅助参数——可靠性(Reliability)，即在一定的条件下，在指定的时期内系统无故障地执行指令任务的可能性。系统可靠性在数值的度量中采取可靠度衡量。在 t_0 时刻，系统正常的条件下，在给定的时间间隔内，系统仍然能正确执行其功能的概率称为可靠度。

可靠性测度有三种：抗毁性、生存性和有效性。抗毁性是指系统在人为破坏下的可靠性。比如，部分线路或节点失效后，系统是否仍然能够提供一定程度的服务。生存性是系统在随机破坏下的可靠性。生存性主要反映随机性破坏和网络拓扑结构对系统可靠性的影响，这里的随机性破坏是指系统部件因为自然老化等造成的自然失效。有效性是一种基于业务性能的可靠性。有效性主要反映在系统的部件失效的情况下，满足业务性能要求的程度。比如，网络部件失效，虽然没有引起连接性故障，但是却造成质量指标下降、平均延时增加和线路阻塞等现象。

可靠性主要表现在硬件可靠性、软件可靠性、人员可靠性和环境可靠性等方面。硬件失效的主要原因是材料的老化，硬件故障主要与零部件制造工艺、组装质量、自然损耗和易维护性有关。软件可靠性是指在规定的时间内，程序成功运行的概率。人员可靠性是指人员成功地完成工作或任务的概率。人员的教育、培养、训练和管理以及合理的人机界面是提高人员可靠性的重要方面。环境可靠性是指在规定的环境内，保证系统成功运行的概率，这里的环境主要是指自然环境和电磁环境。

(2) 可维修性。可维修性指系统发生故障时容易进行修复，以及平时易于维护的程度。

(3) 维修保障。维修保障即后勤支援能力，主要是指维修力量和备件的供应能力。

2.5.2 提高系统可靠性的措施

为提高系统可靠性，一般采取避错和容错两项措施。

1. 避错

避错是指提高软硬件的质量，抵御故障的发生。避错要求组成系统的各个部件、器件和软件均具有高可靠性，不允许出错，或者出错率降至最低。一般主要通过元器件的精选、严格的工艺、精心的设计来提高可靠性。在现有条件下，避错设计是提高系统可靠性的有效办法。

2. 容错

避错对于可靠性的提高是有限的，一个系统，无论采用多少避错方法，都不能保证系统永远不出错。容错技术的出现，使得系统在故障发生时仍能继续运行，提供服务与资源。容错设计是在承认故障存在的情况下设计的，是指在计算机内部出现故障的情况下，计算机仍能正确地运行程序并给出正确的结果。容错是用冗余的资源使计算机具有容忍故障的能力，即在产生故障的情况下，仍有能力将指定的算法继续完成。

容错主要依靠冗余设计来实现，它以增加资源的办法换取可靠性。由于资源的不同，冗余技术分为硬件冗余、软件冗余、信息冗余和时间冗余。硬件冗余是通过硬件的重复使用来获得容错能力。软件冗余的基本思想是用多个不同软件执行同一功能，利用软件设计差异来实现容错。信息冗余是利用在数据中外加的一部分信息位来检测或纠正信息在运算或传输中的错误而达到容错。在通信和计算机系统中，常用的可靠性编码包括奇偶校验码、循环冗余码和汉明码等。时间冗余是通过消耗时间资源来实现容错，基本思想是重复运算以检测故障。

冗余设计可以是元器件级的冗余设计，也可以是部件级的、分系统级的或系统级的冗余设计。冗余会消耗资源，应当在可靠性与资源消耗之间进行权衡和折中。

习　题　二

1. 举例说明你使用的计算机实验室有哪些物理安全措施？

2. 引起电器线路火灾的原因是(　　)。

A. 短路　　B. 电火花　　C. 负荷过载　　D. 以上都是

3. 查找资料，了解静电对电子设备的危害。

4. 实验大楼因发生火情，浓烟已进入实验室内，以下哪种行为是正确的(　　)。

A. 沿地面匍匐前进，当逃到门口时，不要站立开门

B. 打开实验室门后不用随手关门

C. 从楼上向楼下外逃时可以乘电梯

5. 诱发安全事故的原因是(　　)。

A. 设备的不安全状态和人的不安全行为

B. 不良的工作环境

C. 劳动组织管理的缺陷

D. 以上都是

6. 判断：使用电子门禁的大楼和实验室，应对各类人员设置相应的级别，对于门禁卡丢失、人员调动或离校等情况应及时采取措施，办理报失或移交手续。　(　　)

7. 试分析影响计算机电磁辐射强度的因素。

8. 提高可靠性一般采取哪些措施？

第 3 章　网络空间安全的密码学基础

3.1　密码学概述

3.1.1　密码学的起源和发展

密码是通信双方按约定的法则进行信息变换的一种重要保密手段，是随着保密通信的需求发展起来的。密码学(Cryptology)是一门古老而又年轻的科学。

密码的历史十分悠久，大约 4000 年以前，在古埃及的尼罗河畔，一位书写者在贵族的墓碑上有意用加以变形的象形文字而不是普通的象形文字书写铭文(最早的代换密码)，从而揭开了有文字记载的密码史。公元前 5 世纪，古斯巴达人使用了一种叫做“天书”的器械，这是人类历史上最早使用的密码器械。“天书”是一根用羊皮纸条紧紧缠绕的木棍，书写者自上而下把文字写在羊皮纸条上，然后把羊皮纸条解开送出(最早的置换密码)。这些不连接的文字看起来毫无意义，但把羊皮纸条重新缠在一根直径和原木棍相同的木棍上，文字就会一圈圈地显示出来。公元前 1 世纪，古罗马凯撒大帝时代曾使用过一种代换密码(Caeser 密码)，在这种密码中，每个字母都由其后的第三个字母(按字母顺序)所代替。中国古代秘密通信的手段，也有一些近于密码的雏形。我国古代的藏头诗、漏格诗、暗号和隐语等也是早期的密码通信方式。第一次世界大战是世界密码史上的第一个转折点。随着战争的爆发，各国逐渐认识到密码在战争中所发挥的巨大作用，积极给予大力扶持，使得密码科学迅速发展，很快成为一个庞大的学科领域。第二次世界大战的爆发促进了密码科学的飞速发展，德国人在战争期间共生产了大约 10 多万部“Enigma”恩尼格玛密码机。

现代密码学涉及数学、物理学、信息论和计算机科学等学科。1949 年，信息论之父 C.E.Shannon 发表了《保密系统的通信理论》，从此密码学走上了科学和理性之路。1976 年，W.Diffie 和 M.E.Hellman 发表的《密码学的新方向》，以及 1977 年美国公布实施的数据加密标准，标志着密码学发展的革命。2001 年 11 月，美国国家标准技术研究所发布了高级加密标准，代表着密码学的发展新阶段。当前，抗量子密码成为研究的热点。

古典密码学包含两个互相对立的分支，即密码编码学(Cryptography)和密码分析学(Cryptanalytics)。前者编制密码以保护秘密信息，而后者则研究加密消息的破译以获取信息。二者相反相成，共处于密码学的统一体中。在设计和使用密码系统时，需要遵循著名的“柯克霍夫原则(Kerckhoffs’ s Principle)”，它是荷兰密码学家奥古斯特·柯克霍夫于 1883 年在其名著《军事密码学》中提出的密码学的基本假设：密码系统中的算法即使为密码分析者所知，也对推导出明文或密钥没有帮助，即秘密寓于密钥之中。

3.1.2 密码学的基本概念

消息常被称为明文。用某种方法伪装消息以隐藏它的内容的过程称为加密，加密的消息称为密文，而把密文转变为明文的过程称为解密。

明文用 P 或 M 表示，密文用 C 表示。加密函数 E 作用于 P 得到密文 C，可以表示为

$$E(P) = C$$

相反地，解密函数 D 作用于 C 产生 P，可以表示为

$$D(C) = P$$

加密时可以使用一个参数 K，称此参数 K 为加密密钥(见图 3.1)。K 可以是很多数值里的任意值。加密密钥 K 的可能值的范围叫做密钥空间。如果加密和解密运算都使用这个密钥(即运算都依赖于密钥，并用 K 作为下标表示)，则加/解密函数变为：$E_K(P) = C$；$D_K(C) = P$。这些函数满足：$D_K(E_K(P)) = P$。

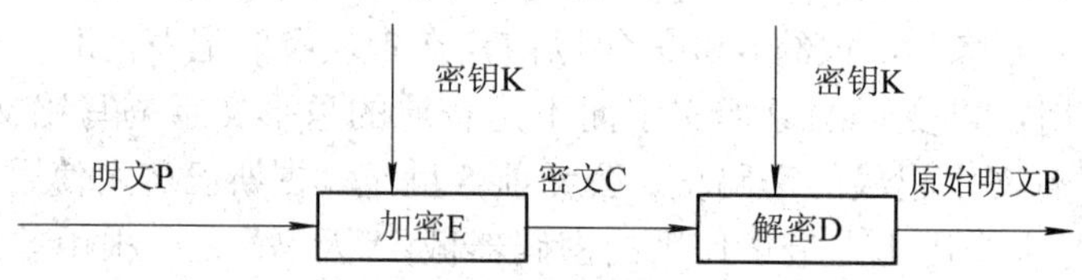

图 3.1　使用一个密钥的加/解密

有些算法使用不同的加密密钥和解密密钥(见图 3.2)，即加密密钥 K_1 与解密密钥 K_2 不同，在这种情况下：$E_{K1}(P) = C$；$D_{K2}(C) = P$；$D_{K2}(E_{K1}(P)) = P$。

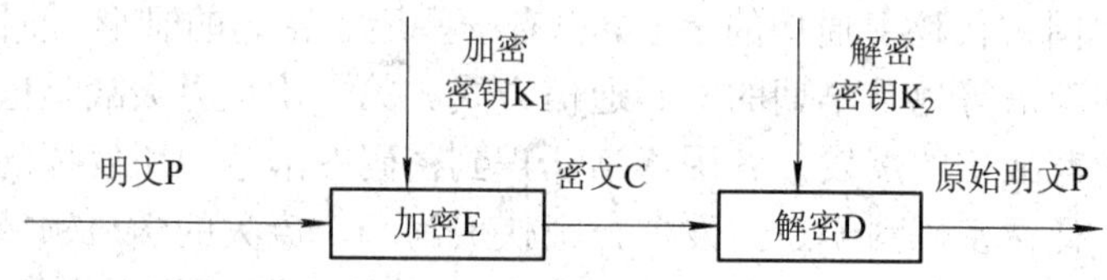

图 3.2　使用两个密钥的加/解密

基于密钥的算法通常有对称密码算法和非对称密码算法两类。

1) 对称密码算法

对称密码算法(Symmetric Cryptographic Algorithm)是加密密钥能够根据解密密钥计算出来，反过来也成立。在大多数对称密码算法中，加/解密密钥是相同的。这些算法也叫秘密密钥算法或单密钥算法，它要求发送者和接收者在安全通信之前，协商一个共享密钥。对称密码算法可分为序列密码(流密码)与分组密码。

2) 非对称密码算法

非对称密码算法(Asymmetric Cryptographic Algorithm)，也称公开密钥密码算法(Public Key Cryptography Algorithm)，用作加密的密钥不同于解密密钥，而且解密密钥不能根据

加密密钥计算出来(至少在合理假定的时间内)，所以加密密钥能够公开，每个人都能用加密密钥加密信息，但只有解密密钥的拥有者才能解密信息。在公开密钥算法系统中，加密密钥叫做公开密钥(简称公钥)，解密密钥叫做秘密密钥(或私有密钥，简称私钥)。

3.1.3 密码分析

密码分析学是在不知道密钥的情况下，恢复出密文中所隐藏的明文信息。

1. 常用的密码分析方法

假定攻击者知道用于加密的算法，一种可能的攻击方法是对所有可能的密钥进行尝试，但如果密钥空间非常大，这种方法则不现实。因此，攻击者必须依赖对密文的分析进行攻击，如各种统计方法。常用的密码分析攻击有以下四类。

(1) 唯密文攻击(Ciphertext Only Attacks)：密码分析者得到一些消息的密文，这些密文都是用同一加密算法加密得到的。密码分析者的任务是恢复尽可能多的明文。

已知：$C_1 = E_k(P_1)$，$C_2 = E_k(P_2)$，…，$C_i = E_k(P_i)$。

推导出 P_1，P_2，…，P_i；密钥 K；或者找出一个算法，从 $C_{i+1} = E_K(P_{i+1})$推出 P_{i+1}。

(2) 已知明文攻击(Know Plaintext Attacks)：密码分析者不仅可得到一些消息的密文，而且也知道对应的明文。

已知：P_1，$C_1 = E_k(P_1)$，P_2，$C_2 = E_k(P_2)$，…，P_i，$C_i = E_k(P_i)$。

推导出密钥 k，或者找出一个算法，从 $C_{i+1} = E_k(P_{i+1})$推出 P_{i+1}。

(3) 选择明文攻击(Chosen Plaintext Attacks)：暂时接触到加密机，分析者可选择被加密的明文，这比已知明文攻击更有效。因为密码分析者能选择特定的明文块加密，明文块可能产生更多关于密钥的信息。例如，公钥密码体制中，攻击者可以利用公钥加密任意选定的明文，这种攻击就是选择明文攻击。

已知：P_1，$C_1 = E_k(P_1)$，P_2，$C_2 = E_k(P_2)$，…，P_i，$C_i = E_k(P_i)$。其中 P_1，P_2，…，P_i 是由密码分析者选择的。

推导出密钥 k，或者找出一个算法，从 $C_{i+1} = E_k(P_{i+1})$推出 P_{i+1}。

(4) 选择密文攻击(Chosen Ciphertext Attacks)：如果密码分析者能够暂时接近解密机，就能选择不同的密文，并得到对应的解密的明文。

已知：C_1，$P_1 = D_k(C_1)$，C_2，$P_2 = D_k(C_2)$，…，C_i，$P_i = D_k(C_i)$。

推导出 k。

很明显，唯密文攻击是最困难的，因为可供分析者利用的信息最少。

2. 密码体制的安全性

一个安全的密码体制应该具有如下性质：从密文恢复明文应该是难的，即使分析者知道明文空间(如明文是英语)；从密文计算出明文部分信息应该是难的；从密文探测出简单却有用的事实应该是难的，如相同的明文信息被加密发送了两次。

从敌手对密码体制攻击的效果看，敌手可能达到以下结果。

(1) 完全攻破：敌手找到了相应的密钥，从而可以恢复任意的密文。

(2) 部分攻破：敌手没有找到相应的密钥，但对于给定的密文，敌手能够获得明文的特定信息。

(3) 密文识别：如对于两个给定的不同明文及其中一个明文的密文，敌手能够识别出该密文对应的明文；或者能够识别出给定明文的密文和随机字符串。如果一个密码体制使得敌手不能在多项式时间内识别密文，则称这样的密码体制为达到了语义安全(Semantic Security)。

衡量攻击方法的复杂性可以从以下三个方面考虑：数据复杂性(用于攻击所需要的输入数据量)、处理复杂性(完成攻击所需要的时间复杂度)、存储复杂性(进行攻击所需要的存储量)。

评价密码体制安全性有不同的标准，包括无条件安全、复杂性理论安全、计算安全、启发式安全、可证明安全。

(1) 无条件安全(Unconditional Security)。如果密码分析者具有无限的计算能力，密码体制也不能被攻破，那么这个密码体制就是无条件安全的。例如只有单个的明文用给定的密钥加密，移位密码和代换密码都是无条件安全的。一次一密乱码本(One-time Pad)对于唯密文攻击是无条件安全的，因为敌手即使获得很多的密文信息，具有无限的计算资源，仍然不能获得明文的任何信息。如果一个密码体制对于唯密文攻击是无条件安全的，我们称该密码体制具有完善保密性(Perfect Secrecy)。如果明文空间是自然语言，所有其他的密码系统在唯密文攻击中都是可破的，因为只要简单地一个接一个地去试每种可能的密钥，并且检查所得明文是否都在明文空间中，这种方法叫做蛮力攻击(Brute-force Attack)。

(2) 复杂性理论安全(Complexity Theoretic Security)。假设攻击者计算能力有限，在有限时间内无法完成高复杂度的运算，如攻击者具有多项式计算能力，那么这个系统就被认为在复杂性理论上是安全的。复杂性理论安全通常对密码算法采用渐近分析和最坏情况分析。

(3) 计算安全(Computational Security，Practical Security)。在密码学领域，我们更看重在计算上不可破译的密码系统。如果攻破一个密码体制的最好算法所需的计算资源远远超过了攻击者的计算资源水平，这个密码体制就被认为在计算上是安全的。目前还没有任何一个实用的密码体制被证明在计算上是安全的，因为我们知道的只是攻破一个密码体制的当前的最好算法，也许还存在一个我们现在还没有发现的更好的攻击算法。实际上，密码体制对某一种类型的攻击(如蛮力攻击)在计算上是安全的，但对其他类型的攻击可能在计算上是不安全的。通常攻击者可进行蛮力攻击，用每种可能的密钥来进行尝试，这是一种穷举搜索攻击。平均而言，搜索成功需要尝试的次数是所有可能密钥数量的一半。因此，密钥越长，密钥空间就越大，蛮力攻击所需要的时间也就越长，或成本越高，相应地也就越安全。由此可见，一个密码系统要是实际可用的，针对蛮力攻击必须在计算上是不可行的。可以说，针对蛮力攻击，128 位密钥的 AES 算法计算上是安全的。

(4) 启发式安全(Heuristic Security，也称 Ad hoc Security)。启发式安全是指各种具有说服力的计算安全，即针对已有的(通常是基于直观或经验构造的)攻击算法，该密码算法在计算上是安全的。由于将来可能会出现更有效的攻击算法，因此启发式安全的密码算法可能仍然存在不可预知的攻击。

(5) 可证明安全(Provable Security)。可证明安全是把密码体制的安全性归结为某个经过深入研究的数学难题(但该难题也许有简单的解决方法，只是目前没找到，也许不是真的难题)。例如，如果给定的密码体制是可以破解的，那么就存在一种有效的方法解决大数因子分解问题，而大数因子分解问题目前不存在有效的解决方法，于是称该密码体制是可证明安全的，即可证明攻破该密码体制比解决大数因子分解问题更难。可证明安全性只是说明密码体制的安全与一个问题是相关的，并没有证明密码体制是安全的，可证明安全性有时候也被称为归约安全性。

3.2 古典密码学

3.2.1 置换密码

置换加密(换位密码)是将明文字母互相换位，明文的字母保持相同，但顺序被打乱。

线路加密法是一种换位加密。在线路加密法中，明文的字母按规定的次序排列在矩阵中，然后用另一种次序选出矩阵中的字母，排列成密文。如纵行换位密码中，明文以固定的宽度水平地写出，密文按垂直方向读出。

【举例】

明文：COMPUTERGRAPHICSMAYBESLOWBUTATLEASTITSEXPENSIVE

COMPUTERGR
APHICSMAYB
ESLOWBUTAT
LEASTITSEX
PENSIVE

密文：CAELPOPSEEMHLANPIOSSUCWTITSBIVEMUTERATSGYAERBTX

3.2.2 代换密码

代换密码(也称替换密码、代替密码)是明文中每一个字母被替换成密文中的另外一个字母，代替后的各字母保持原来位置，对密文进行逆替换就可恢复出明文，主要方法有以下两种。

(1) 单表代换密码：明文的每个字母用相应的一个密文字母替换。加密过程是从明文字母表到密文字母表的一一映射。凯撒密码就是单表代换密码，加密过程是每一个明文字母进行循环位移替换，如右移 3 位，明文字母 A 由 D 代替，B 由 E 代替，W 由 Z 代替，X 由 A 代替，Y 由 B 代替，Z 由 C 代替。令 26 个字母分别对应于整数 0～25，即 A 对应 0，B 对应 1，…，Y 对应 24，Z 对应 25。那么，凯撒加密变换实际上是 $c = (m + k) \bmod 26$，其中 c 是与明文对应的密文数据，m 是明文字母对应的数据，k 是加密用的参数，即密钥。特别地，循环右移 3 位时，$k = 3$，密钥字母对应的是 D。凯撒加密结果称为是明文字母与密钥字母的模 26 加法。如果选取 k_1，k_2 两个参数，其中 k_1 与 26 互素，令 $c = (k_1m + k_2) \bmod 26$，这种变换称为仿射变换。

(2) 多表代换密码：由多个单表代换密码构成。例如，可能有 5 个被使用的不同的单表代换密码，单独的一个字母用来改变明文的每个字母的位置。维吉尼亚(Vigenere)密码是多表代换密码的例子，每一个密钥被用来加密一个明文字母，第一个密钥加密明文的第一个字母，第二个密钥加密明文的第二个字母等，在所有的密钥用完后，密钥又再循环使用，若有 3 个单个字母密钥，那么每隔 3 个字母的明文都被同一密钥加密。

例如：明文为 System，密钥为 dog，加密过程为

明文：S　y　s　t　e　m；

密钥：d　o　g　d　o　g；

密文：V　m　y　w　s　s。

在这个例子中，每三个字母中的第一、第二、第三个字母分别循环右移 3 个，14 个和 6 个位置。多表密码加密算法结果将使得对单表置换用的简单频率分析方法失效。

3.2.3　一次一密密码

一次一密密码是一种理想的加密方案，由 Gilbert Vernam 在 1917 年发明，一次一密密码使用一次性乱码本(One-time Pad)。一次性乱码本是一个大的、不重复的真随机密钥字母集，这个密钥字母集被写在几张纸上，并粘成一个乱码本。发方用乱码本中的每一密钥字母加密一个明文字母。加密是明文字母和乱码本密钥字母的模 26 加法，然后销毁乱码本中用过的一页。收方有一个同样的乱码本，并依次使用乱码本上的每个密钥去解密密文的每个字母。收方在解密消息后销毁乱码本中用过的一页。新的消息则用乱码本的新的密钥加密。

设明文为 m，密钥是 k，可以使用异或运算对二进制位流进行加密：$c = m \oplus k$。例如：假设消息 m 为二进制形式 0111001101101000，需要一个和上面二进制串长度完全一致的密钥，设密钥 k 为 0110010101101010，则密文 c 为 0001011000000010。接收方通过 $m = c \oplus k$ 恢复出明文。

$$m = 0111001101101000$$
$$k = 0110010101101010$$
$$c = 0001011000000010$$

如果攻击者不能得到用来加密消息的一次性乱码本，那么这个方案是无条件安全的。但密钥必须是随机的，并且绝不能重复使用；密钥序列的长度等于消息的长度，需要发方和收方同步。一次一密密码在今天主要用于高度机密的低带宽信道。

3.3　分组密码

3.3.1　代换-置换网络

Shannon 在其 1949 年发表的论文中介绍了一个新思想：通过“乘积”来组合密码体制。所谓乘积密码就是采用 m 个函数 f_1，f_2，…，f_m 的复合，其中每个 f_i 可能是一个代换或置换。Shannon 建议交替使用代换和置换两种方法，即他称之为混乱(Confusion)和扩散(Diffusion)的过程，用来破坏攻击者对密码系统进行的各种统计分析。这种思想在

现代密码体制的设计中十分重要，深刻影响着数据加密标准(Date Encryption Standard，DES)和高级数据加密标准(Advanced Encryption Standard，AES)的设计，是设计现代分组密码的基础。

所谓扩散，是将明文的统计特性迅速散布到密文中，使得明文的每一位数字影响密文中多位数字的值，即密文中每一位数字受明文中多位数字影响；将密钥的每位数字尽可能扩散到更多个密文数字中，以防止对密钥进行逐段破译。根据扩散原则，分组密码应设计成明文的每个比特与密钥的每个比特对密文的每个比特都产生影响。混乱的目的在于使明文和密文之间的统计关系变得尽可能复杂。使用复杂的非线性代换算法可得到预期的混淆效果。

其他安全性原则还包括分组长度 n 应该足够大，从而实施 2^n 明文加密是不可能的，防止对明文穷举搜索。但分组越大加密速度就越慢。目前普遍认为 64 比特的密钥是不安全的，通常使用 128 比特的密钥。

常见的乘积密码是迭代密码。典型的迭代密码定义了一个轮函数和一个密钥编排方案，对明文的加密将经过多轮迭代。代换-置换网络 SPN(Substitution-Permutation Network)是一类特殊的迭代密码，只是在某些地方有一些小的变化。代换-置换网络的轮函数包括三个变换：代换、置换、密钥混合。

3.3.2　加密标准

1. 数据加密标准

为了建立适用于计算机系统的商用密码，美国国家标准局(NBS)向社会征求密码算法。IBM 公司设计的 Lucifer 算法被美国政府采用，1977 年 1 月作为数据加密标准向社会公布。DES 明文信息被分成 64 位的块，密钥也是 64 位(实际使用到 56 位，其中有 8 位是校验位)，经过 DES 加密的密文也是 64 位的块。为了增加密钥的长度，将一种分组密码进行级联，在不同的密钥作用下，连续多次对一组明文进行加密，通常把这种技术称为多重加密技术。3DES 算法是扩展 DES 密钥长度的一种方法，可使加密密钥长度扩展到 128 位(112 位有效)或 192 位(168 位有效)。

2. 高级加密标准

1997 年 1 月，美国国家标准技术研究所(NIST)，征集高级数据加密标准用于取代 DES。2000 年 10 月，NIST 选择 Rijndael 作为 AES 算法。AES 支持 128/192/256 bit(/32 = Nb)数据块大小；支持 128/192/256 bit(/32 = Nk)密钥长度。AES 比 DES 支持更长的密钥。假设一台一秒内可找出 DES 密钥的机器，如果用它来找出 128 位 AES 的密钥，大约需要 149 万亿年。

3. 国密 SM4 分组密码算法

我国分组密码算法标准是 SM1、SM4 和 SM7，分组长度和密钥长度都是 128 bit。其中 SM1、SM7 算法不公开，调用该算法时，需要通过加密芯片的接口进行调用。SM4 算法是我国发布的商用密码算法中的分组密码算法，于 2006 年公开发布，并于 2012 年 3 月作为密码行业标准，2016 年 8 月转化为国家标准 GB/T 32907—2016《信息安全技术

SM4 分组密码算法》。2021 年作为国际标准 ISO/IEC 18033—3:2010/AMD1:2021《信息技术 安全技术 加密算法 第 3 部分：分组密码 补篇 1：SM4》，由国际标准化组织(ISO)正式发布。SM4 分组密码算法是一种迭代分组密码算法，由加解密算法和密钥扩展算法组成，其分组长度和密钥长度均为 128 bit，加密算法和密钥扩展算法迭代轮数均为 32 轮。

3.3.3　工作模式

分组密码的工作模式是一个算法，它刻画了如何利用分组密码提供信息安全服务。分组密码的工作模式主要有电子密码本模式(Electronic CodeBook，ECB)、密码分组链模式(Cipher Block Chaining，CBC)、密码反馈模式(Cipher FeedBack，CFB)、输出反馈模式(Output FeedBack，OFB)和计数模式(Counter，CTR)。这里只介绍 ECB 和 CBC。

(1) 电子密码本模式(ECB)：一个明文分组加密成一个密文分组，相同的明文分组被加密成相同的密文分组。由于大多数消息并不是刚好分成 64 bit(或者任意分组长)的加密分组，通常需要填充最后一个分组，为了在解密后将填充位去掉，需要在最后一个分组的最后一个字节中填上填充长度。

(2) 密码分组链模式(CBC)：明文要与前面的密文进行异或运算后被加密，从而形成密文链(见图 3.3)。每一分组的加密都依赖于所有前面的分组。在处理第一个明文分组时，与一个初始向量(Ⅳ)组进行异或运算。Ⅳ不需要保密，它可以明文形式与密文一起传送。密文分组的计算为

$$C_i = E_k(P_i \oplus C_{i-1})$$

接收方明文分组的计算为

$$P_i = C_{i-1} \oplus D_K(C_i)$$

使用Ⅳ后，完全相同的明文被加密成不同的密文，敌手则无法用分组重放进行攻击。

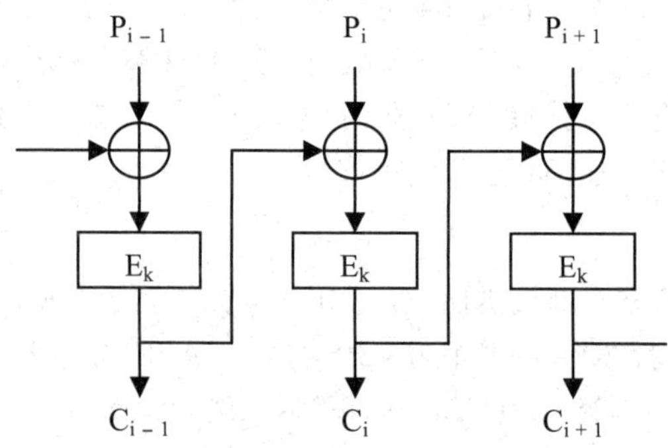

图 3.3　密码分组链模式

3.4　序列密码

序列密码一直是作为军方和政府使用的主要密码技术之一，它的主要原理是通过伪随机序列发生器产生性能优良的伪随机序列，使用该序列与明文序列逐位异或得到密文序列，所以，序列密码算法的安全强度完全决定于伪随机序列的好坏。伪随机序列发生

器是指输入真随机的较短的密钥(种子)通过某种复杂的运算产生大量的伪随机位流。

序列密码算法将明文逐位转换成密文，该算法最简单的应用如图 3.4 所示。密钥流发生器输出一系列比特流：K_1，K_2，K_3，…，K_i。密钥流跟明文比特流 P_1，P_2，P_3，…，P_i，进行异或运算产生密文比特流：

$$C_i = P_i \oplus K_i$$

在解密端，密文流与完全相同的密钥流异或运算恢复出明文流：

$$P_i = C_i \oplus K_i$$

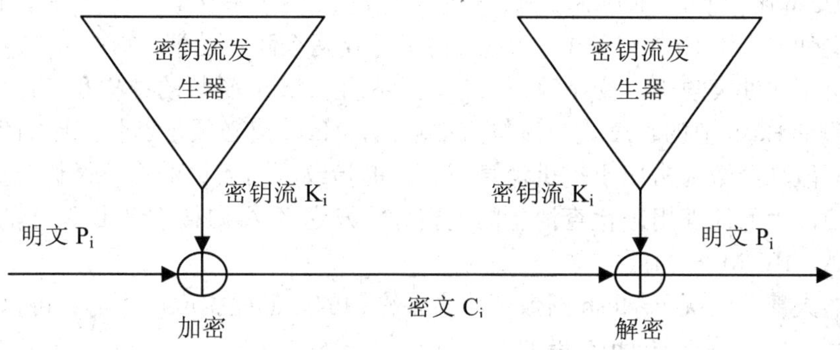

图 3.4 序列密码算法

一个序列如果对所有的 i 总有 $K_{i+p} = K_i$，则序列是以 p 为周期的，满足条件的最小的 p 被称为序列的周期。密钥流发生器产生的序列周期应该足够的长，如 2^{50}。基于移位寄存器的序列密码应用十分广泛。

我国的祖冲之算法(简称 ZUC)是一个面向字设计的序列密码算法，在 128 b 种子密钥和 128b 初始向量控制下输出 32 b 的密钥字流。2012 年 3 月，祖冲之算法成为国家密码行业标准(标准号为 GM/T 0001—2012)，2016 年 10 月成为国家标准(标准号为 GB/T 33133—2016)。2020 年，含有我国 ZUC 序列密码算法的 ISO/IEC 18033—4/AMD1《加密算法 第 4 部分：序列密码补篇 1：ZUC》成为 ISO/IEC 国际标准。

3.5 杂凑函数

杂凑(Hash)函数也称散列函数、哈希函数、摘要算法，是典型的多到一的函数，其输入为一可变长串 x(可以足够的长)，输出一固定长的串 h(一般为 160 位、256 位，比输入的串短)，该串 h 被称为输入 x 的 Hash 值(或称消息摘要、指纹、密码校验和或消息的完整性校验)，计作 h = H(x)。为防止传输和存储的消息被有意或无意地篡改，采用散列函数对消息进行运算生成消息摘要，附在消息之后发出或与信息一起存储，消息摘要在报文防伪中具有重要的作用。

消息摘要采用一种单向散列算法将一个消息进行换算。在消息摘要算法中，文件数据作为单向散列运算的输入，通过 Hash 函数产生一个散列值。如果改动了文件数据，散列值就会相应地改变，接收者即能检测到这种改动过的痕迹。Hash 函数可用于数字签名、消息的完整性检测和消息的起源认证检测等。

Hash 函数 H 一般满足以下三个基本要求：

(1) 输入的 x 可以为任意长度，输出的数据串 h 长度固定。

(2) 单向性。正向计算容易，即给定任何 x，容易算出 H(x)；反向计算困难，即给出一个 Hash 值 h，很难找出一特定的 x，使 h=H(x)。

(3) 抗冲突性(抗碰撞性)，包括两个含义，一是给出一消息 x，找出一消息 y，使 H(x)=H(y)在计算上是不可行的(弱抗冲突)；二是找出任意两条消息 x、y，使 H(x)=H(y)在计算上也是不可行的(强抗冲突)。

对 Hash 函数有两种穷举攻击。一是给定消息 x 的 Hash 函数值 H(x)，破译者逐个生成其他文件 y，使 H(x)=H(y)。二是攻击者寻找两个随机的消息 x、y，使 H(x)=H(y)，这就是所谓的冲突攻击。穷举攻击方法没有利用 Hash 函数的结构和任何代数弱性质，它只依赖于 Hash 值的长度。为对抗穷举攻击，Hash 值必须足够长，比如 160 位。

单向散列函数通常用于提供消息或文件的指纹，与人类的指纹类似。由于散列指纹是唯一的，因而能够用来检查消息的完整性。发送者 A 向接收者 B 发送消息 M 的基本过程为 A→B：M||H(M)。

虽然大部分情况下 Hash 函数是不需要密钥的，但根据应用不同，可以给 Hash 函数加上密钥，用于保护 Hash 结果的完整性，如 HMAC。

如果发送者使用带密钥的 Hash 函数来产生 Hash 值的话，由于攻击者不知道密钥，所以即使攻击者产生了假冒的 Hash 结果，接收者利用密钥进行验证，同样会发现文件遭到了修改。利用上述方法产生的 Hash 结果被称为消息认证码(Message Authentication Code，MAC)。

常见的散列算法有 MD5、SHA-1、SHA-2、SHA-3 和 SM3 等。我国商用密码标准中的密码杂凑算法是 SM3 算法，《SM3 密码杂凑算法》是 2012 年 3 月实施的一项密码行业标准，SM3 算法的输出长度固定为 256 比特。2018 年 11 月，含有我国 SM3 算法的 ISO/IEC 10118—3:2018《信息安全技术 杂凑函数 第 3 部分：专用杂凑函数》最新一版(第 4 版)由国际标准化组织(ISO)发布，SM3 算法正式成为国际标准。

3.6 消息认证码

消息认证码，又称消息鉴别码，是经过特定算法后产生的一小段信息，用于验证消息的完整性或身份认证。消息认证就是验证消息的完整性，当接收方收到发送方的报文时，接收方能够验证收到的报文是真实的、未被篡改的。消息认证包含两个含义：一是验证信息的发送者是真正的而不是冒充的，即数据起源认证；二是验证信息在传送过程中未被篡改、重放或延迟等。

为了防止人工操作和传输过程中的偶然错误，可采用多次输入和多次传输比较法进行校验，也可采用校验和进行检测。如使用校验和方法校验，接收数据后计算校验和，并将该校验和与接收到的校验和比较。若相等，说明数据没有改变；若不等，则说明数据传输可能出错。校验和方法可以查错，但不能保护数据。

数据完整性可以通过消息认证模式来保证。

一个消息认证方案是一个三元组(K, T, V)，其主要内容如下：

密钥生成算法 K：K 是一个生成密钥 k 的随机算法。

标签算法 T：由密钥 k 及消息 M 生成标签$\delta = T_k(M)$。

验证算法 V：由密钥 k、消息 M 和标签δ验证是否保持数据完整性，输出 1 位 d，$d = V_k(M, \delta)$。明文空间中的所有消息 M 要满足：当$\delta = T_k(M)$时，$V_k(M, \delta) = 1$，否则 $V_k(M, \delta) = 0$。

MAC 采用共享密钥，是一种广泛使用的消息认证技术。发送方 A 要发送消息 M 时，发送方 A 使用一个双方共享的密钥 k 产生一个短小的定长数据块，即消息校验码 $MAC = T_k(M)$，将 $M||T_k(M)$发送给接收方 B。

常用的构造 MAC 的方法包括三种：一是直接构造；二是利用已有的分组密码构造，如利用 DES 构造的 CBC-MAC；三是利用已有的 Hash 函数构造，如将一个密钥与一个现有的 Hash 函数结合起来构造的 HMAC(见 RFC2104)。

3.7　公钥密码

3.7.1　公钥密码概述

1976 年，美国学者 Diffie 和 Hellman 为解决密钥的分发与管理问题发表了著名论文“密码学的新方向”(New Direction in Cryptography)，提出了一种密钥交换协议——Diffie-Hellman 密钥交换协议，允许在不安全的信道上通过通讯双方交换信息，安全地传送秘密密钥，并提出了“公开密钥密码体制”(Public Key)的新概念。这篇文章中提出的公钥密码的思想是：若每一个用户 A 有一个加密密钥 k_a，不同于解密密钥 k_a'，k_a 公开，k_a' 保密，k_a 的公开不至于影响 k_a'的安全。若 B 要向 A 保密发送明文 m，可查 A 的公开密钥 k_a，用 k_a 加密 m 得到密文 c，A 收到 c 后，用只有 A 自己才掌握的解密密钥 k_a'对 c 进行解密得到 m。但当时他们并没有提出具体的算法。

Diffie-Hellman 算法发明于 1976 年，是第一个公开密钥算法。Diffie-Hellman 算法不能用于加密与解密，但可用于密钥交换。密钥交换协议(Key Exchange Protocol)是指两人或多人之间通过一个协议取得密钥并用于通信加密。在实际的密码应用中，密钥交换是很重要的一个环节。比如利用对称加密算法进行秘密通信，双方首先需要建立一个共享密钥。如果双方没有约定好密钥，就必须进行密钥交换。Diffle-Hellman 密钥交换协议就是最早利用公钥密码思想提出的一种允许陌生人建立共享秘密密钥的协议。Diffie-Hellman 密钥交换算法是基于有限域中计算离散对数的困难性问题之上的。对任意正整数 x，计算 $g^x \bmod P$(P 是素数，g 为模 P 的本原元)是容易的。离散对数问题是指已知 g、Y 和 P 求 x，使 $Y = g^x \bmod P$，一般来说，求解离散对数问题在计算上几乎是不可能的。

例如，当 Alice 和 Bob 要进行秘密通信时，他们可以按如下步骤建立共享密钥：

(1) Alice 选取大的随机数 x，并计算 $X = g^x (\bmod P)$，Alice 将 g、P 和 X 传送给 Bob。

(2) Bob 选取大的随机数 y，并计算 $Y = g^y (\bmod P)$，Bob 将 Y 传送给 Alice。

(3) Alice 计算 $K = Y^x (\bmod P)$；Bob 计算 $K' = X^y (\bmod P)$，易见，$K = K' = g^{xy} (\bmod P)$。

Alice 和 Bob 获得了相同的秘密值 K。双方以 K 作为加解密钥以对称密钥算法进行保密通信。

监听者可以获得 g、P、X 和 Y，但由于算不出 x、y，所以得不到共享密钥 K。

虽然 Diffie-Hellman 密钥交换算法十分巧妙，但由于没有认证功能，存在中间人攻击(见图 3.5)。

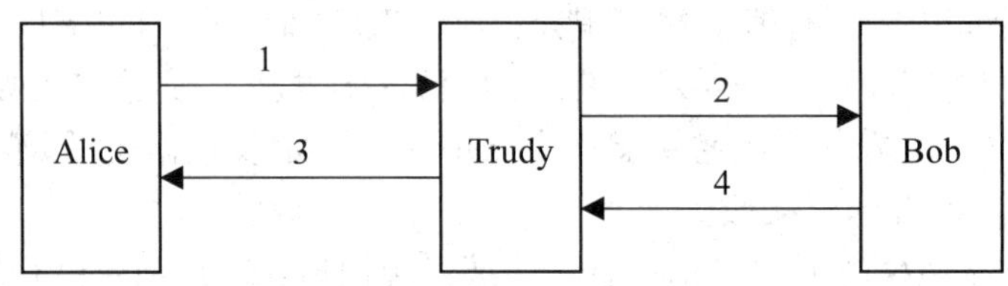

图 3.5　中间人攻击

例如，当 Alice 和 Bob 交换数据时，Trudy 拦截通信信息，并冒充 Alice 欺骗 Bob，冒充 Bob 欺骗 Alice。其过程如下：

(1) Alice 选取大的随机数 x，并计算 $X=g^x(\bmod P)$，Alice 将 g、P 和 X 传送给 Bob，但被 Trudy 拦截。

(2) Trudy 冒充 Alice 选取大的随机数 z，并计算 $Z=g^z(\bmod P)$，Trudy 将 Z 传送给 Bob。

(3) Trudy 冒充 Bob 选取大的随机数 z，并计算 $Z=g^z(\bmod P)$，Trudy 将 Z 传送给 Alice。

(4) Bob 选取大的随机数 y，并计算 $Y=g^y(\bmod P)$，Bob 将 Y 传送给 Alice，但被 Trudy 拦截。

通过中间人攻击，Alice 与 Trudy 共享了一个秘密密钥 g^{xz}，Trudy 与 Bob 共享了一个秘密密钥 g^{yz}。

正向计算容易，但求逆计算在计算上是不可行的函数称为单向函数。在密码学中最常用的单向函数有两类，一是公开密钥密码中使用的单向陷门函数；二是消息摘要中使用的单向散列函数。

我们可以利用具有陷门信息的单向函数构造公开密钥密码。单向陷门函数是有一个陷门的一类特殊单向函数。它首先是一个单向函数，在一个方向上易于计算而反方向却难于计算。但是，如果知道陷门信息，则也能很容易在另一个方向计算这个函数。即已知 x，易于计算 f(x)，而已知 f(x)，却难于计算 x。然而，一旦给出 f(x)和一些秘密信息 y(也称陷门信息)，就很容易计算 x。在公开密钥密码中，计算 f(x)相当于加密，陷门信息 y 相当于私有密钥，而利用陷门信息 y 求 f(x)中的 x 则相当于解密。

1978 年，美国麻省理工学院(MIT)的研究小组成员 Ronald L Rivest、Adi Shamir 和 Leonard Adleman 提出了一种基于公开密钥密码体制的加密算法——RSA 算法。RSA 的取名来自于这三位发明者姓氏的第一个字母，他们也是 2002 年图灵奖得主。RSA 算法是一种分组密码体制算法，它的安全性是基于大整数因子分解困难的基础上的。

RSA 算法是第一个能同时用于加密和数字签名的算法，易于理解和操作，被普遍认为它是目前最优秀的公钥方案之一。RSA 算法在世界上被广泛应用，1992 年国际标准化组织在其颁布的国际标准 X.509 中，将 RSA 算法正式纳入国际标准。

SM2 是国家密码管理局于 2010 年 12 月 17 日发布的椭圆曲线公钥密码算法，在我国商用密码体系中被用来替换 RSA 算法。2018 年 11 月，作为补篇纳入国际标准的 SM2/SM9 数字签名算法，以正文形式随 ISO/IEC 14888—3:2018《信息安全技术 带附录的数字签名 第 3 部分：基于离散对数的机制》最新一版发布。SM2 椭圆曲线公钥密码算法包括 SM2-1 椭圆曲线数字签名算法、SM2-2 椭圆曲线密钥交换协议和 SM2-3 椭圆曲线公钥加密算法，分别用于实现数字签名、密钥协商和数据加密等功能。SM2 算法与 RSA 算法不同的是，SM2 算法是基于椭圆曲线上点群离散对数难题，相对于 RSA 算法，256 位的 SM2 密码强度比 2048 位的 RSA 密码强度要高。

3.7.2 RSA 算法

素数是一个比 1 大，其因子只有 1 和它本身，没有其他数可以整除它的数。素数是无限的。例如 2，3，5，7 等。两个数互素指的是它们除了 1 之外没有共同的因子，也可以说这两个数的最大公因子是 1。例如 4 和 9，13 和 27 等。模运算，即求余运算，如 A 模 N 运算，结果为 A 除以 N 的余数，余数是从 0 到 N−1 的某个整数。

RSA 加密与解密算法的过程如下：

(1) 取两个随机大素数 p 和 q(保密)；

(2) 计算公开的模数 $n=pq$(公开)；

(3) 计算秘密的欧拉函数 $\varphi(n)=(p-1)(q-1)$(保密)，不再需要两个素数 p 和 q，应该丢弃，不能让任何人知道；

(4) 随机选取整数 e，满足 $\gcd(e, \varphi(n))=1$(公开 e，加密密钥)；

(5) 计算 d，满足 $de\equiv 1(\bmod\ \varphi(n))$(保密 d，解密密钥，陷门信息)；

(6) 将明文 x(其值的范围在 0 到 n−1 之间)按模为 n 自乘 e 次幂以完成加密操作，从而产生密文 y(其值也在 0 到 n−1 范围内)$y=x^e(\bmod\ n)$；

(7) 将密文 y 按模为 n 自乘 d 次幂，完成解密操作 $x=y^d(\bmod\ n)$。

下面用一个简单的例子来说明 RSA 公开密钥密码算法的工作原理。

取两个素数 $p=11$，$q=13$，p 和 q 的乘积为 $n=pq=143$，算出秘密的欧拉函数 $\varphi(n)=(p-1)\times(q-1)=120$，再选取一个与 $\varphi(n)=120$ 互质的数，例如 $e=7$，作为公开密钥，e 的选择不要求是素数，但不同的 e 的抗攻击性能力不一样，为安全起见要求选择为素数。根据 e 值可以算出另一个值 $d=103$，d 是私有密钥，满足 $e\times d\equiv 1(\bmod\ \varphi(n))$。

设想需要发送信息 $x=85$。利用 $(n,e)=(143,7)$ 计算出加密值：

$$y=x^e\ (\bmod\ n)=85^7 \bmod 143=123$$

收到密文 $y=123$ 后，利用 $(n,d)=(143,103)$ 计算明文：

$$x = y^d\ (\bmod\ n)=123^{103} \bmod 143=85$$

RSA 算法的安全性在理论上存在一个空白，即不能确切知道它的安全性能如何。我们能够做出的结论是：对 RSA 算法攻击的困难程度不比大数分解更难，因为一旦分解出 n 的因子 p、q，就可以攻破 RSA 密码体制。对 RSA 算法的攻击是否等同于大数分解一直未能得到理论上的证明，因为没能证明破解 RSA 算法就一定需要做大数分解。目前，RSA 算法的一些变种算法已被证明等价于大数分解。不管怎样，分解 n 是最显然的攻击方法。

RSA 算法的缺点主要有：产生密钥很麻烦；分组长度太大，为保证安全，目前要用 1024 b 的 n；由于进行的都是大数计算，使得 RSA 算法的最快速度也比 DES 算法慢 100 倍。

3.7.3　数字签名

1999 年，美国参议院通过立法规定数字签名与手写签名的文件、邮件在美国具有同等的法律效力。2004 年 8 月 28 日，我国发布《中华人民共和国电子签名法》规定：可靠的电子签名与手写签名或者盖章具有同等的法律效力。

1. 数字签名

数字签名主要用于对消息进行签名，以防消息的冒名伪造或窜改。每个实体拥有两个密钥，私钥用于对消息的签名，公钥用于对签名进行验证。

一个数字签名方案的主要内容包括：

(1) 消息空间 P：所有可能的消息组成的有限集。

(2) 签名空间 A：所有可能的签名组成的有限集。

(3) 签名密钥(私钥)空间 K：所有可能的签名密钥组成的有限集。

(4) 验证密钥(公钥)空间 K′：所有可能的验证密钥组成的有限集。

(5) 有效的密钥生成算法 Gen $N \to K \times K'$：这里的 K、K′分别是私钥、公钥空间。

(6) 有效的签名算法 Sign $M \times K \to S$：对任意的 $m \in M$，$k \in K$，记 m 的签名为 $s = \text{Sign}(k, m)$。

(7) 有效的验证算法 Verify $M \times S \times K' \to \{\text{True, False}\}$：对任意的 $m \in M$，$k \in K$，k′是 k 对应的公钥，若 m 的签名为 $s = \text{Sign}(k,m)$，则 Verify(m, s, k′) = True，否则 Verify(m,s,k′) = False。

数字签名具有以下特征：

(1) 公开可验证性。任何人都可以利用签名者的公钥验证签名的有效性。

(2) 不可伪造性。除了合法的签名者之外，任何人伪造其签名都是困难的。由于只有签名者知道自己的私钥，只有签名者能用自己的私钥生成签名，因此签名具有不可否认性，签名者事后不能否认自己的签名。

公钥算法的效率是相当低的，为此我们常采用 Hash 函数，将原文件 m 通过一个单向的 Hash 函数 H，生成相当短的串 h，即 $h = H(m)$，由 m 可以很快生成 h，但已知 h 很难计算出 m。签名者利用私钥 k 作用在 h 上生成签名 $s = \text{Sign}(k, H(m))$，签名者将 m||s 传给接收者，接收者收到 m||s 后，利用签名者公钥 k′验证 s 是否为消息 m 的签名(见图 3.6)。

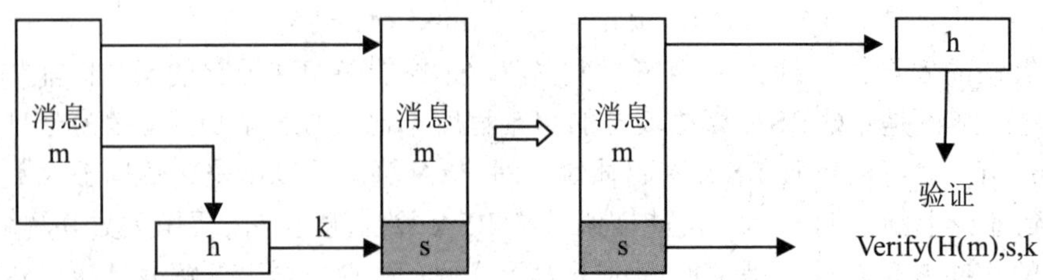

图 3.6　数字签名

2. RSA 签名

RSA 签名的过程如下：

(1) 签名者取两个随机大素数 p 和 q(保密)；

(2) 计算公开的模数 $n=pq$(公开)；

(3) 计算秘密的欧拉函数$\varphi(n)=(p-1)(q-1)$(保密)，不再需要两个素数 p 和 q，应该丢弃，不能让任何人知道；

(4) 随机选取整数 e，满足 $\gcd(e, \varphi(n))=1$(公开 e，验证密钥为(e, n))；

(5) 计算签名密钥 d，满足 $de\equiv 1(\mathrm{mod}\ \varphi(n))$(保密 d，签名密钥 d)；

(6) 将明文 m(其值的范围在 0 到 n−1 之间)按模为 n 自乘 d 次幂以完成签名操作，从而产生签名 s(其值也在 0 到 n−1 范围内)$s=m^d(\mathrm{mod}\ n)$。

RSA 签名的验证过程如下：验证者将 s 按模为 n 自乘 e 次幂，验证 $m=s^e(\mathrm{mod}\ n)$是否成立。

RSA 签名体制可伪造签名，因此是不安全的。例如，攻击者选取一个随机数 $s\in Z_N^*$，并计算 $m=s^e(\mathrm{mod}\ n)$，对这样事先准备好的消息签名对(m,s)，其验证结果为 True(因为 s 与 m 满足验证公式 $m=s^e(\mathrm{mod}\ n)$)。而且，可从已知的消息签名对伪造新的消息签名对，例如从现有的消息签名对(m1, s1)和(m2, s2)伪造一个新的消息签名对(m_1m_2, s_1s_2)。

伪造者通过 $m=s^e(\mathrm{mod}\ n)$生成的 m 看起来是随机的，因此在签名时常通过为 m 增加一些可识别的冗余信息，使其变得不随机或“是有意义的”来抗击这种存在性伪造。为消息增加可识别信息的最简单方法是使消息本身包含可识别的部分。例如 $m'=m\|I$，其中 m 是真正要签名的消息，I 为可识别的串(比如签名者的身份)，计算 $s=(m')^d(\mathrm{mod}\ n)$作为 m 的签名。验证时，首先计算 $m'=s^e(\mathrm{mod}\ n)$，若 m'包含签名者的身份信息 I，则认为 s 是 m 的签名，否则不是。

为消息增加可识别信息最常用的方法是利用杂凑函数。设杂凑函数 H，签名过程为 $s=H^d(m)(\mathrm{mod}\ n)$。通过检验 $H(m)=s^e(\mathrm{mod}\ n)$是否成立验证签名。如果成立，则 s 为 m 的签名。

3.7.4　数字证书

首先我们看下边的一个例子。Alice 和 Bob 准备进行如下的秘密通信：

Alice→Bob：我叫 Alice，我的公开密钥是 Ka，你选择一个会话密钥 K，用 Ka 加密后传送给我；

Bob→Alice：使用 Ka 加密会话密钥 K；

Alice→Bob：使用 K 加密传输信息；

Bob→Alice：使用 K 加密传输信息。

如果 Mallory 是 Alice 和 Bob 通信线路上的一个攻击者，并且能够截获传输的所有信息，Mallory 将会截取 Alice 的公开密钥 Ka 并将自己的公开密钥 Km 传送给 Bob。当 Bob 用“Alice”的公开密钥(实际上是 Mallory 的公开密钥)加密会话密钥 K 传送给 Alice 时，Mallory 截取它，并用她的私钥解密获取会话密钥 K，然后再用 Alice 的公开密钥重新加密会话密钥 K，并将它传送给 Alice。由于 Mallory 截获了 Alice 与 Bob 会话密钥 K，从而可以获取他们的通信内容并且不被发现。我们将 Mallory 的这种攻击称为中间人攻击。

上述攻击成功的本质在于 Bob 收到的 Alice 的公开密钥可能是攻击者假冒的，即无法确定获取的公开密钥的真实身份，从而无法保证信息传输的保密性、不可否认性和数据交换的完整性。为了解决这些安全问题，目前初步形成了一套完整的 Internet 安全解决方案，即广泛采用的公钥基础设施(Pubic Key Infrastructure，PKI)技术。PKI 技术采用证书管理公钥，通过第三方的可信任机构——认证中心 CA(Certificate Authority)，把用户的公钥和用户的其他标识信息(如名称、E-mail 和身份证号等)捆绑在一起，防止公钥被假冒。

从字面上理解，PKI 就是利用公开密钥理论和技术建立的提供安全服务的基础设施。所谓基础设施，就是在某个大环境下普遍适用的系统和准则。在现实生活中如电力系统，它提供的服务是电能，我们可以把电灯、电视和电吹风机等看成是电力系统这个基础设施的一些应用。公开密钥基础设施则是希望从技术上解决网上身份认证、信息的保密性、信息的完整性和不可抵赖性等安全问题，为网络应用提供可靠的安全服务。

CA 是 PKI 的核心。CA 是受一个或多个用户信任，提供用户身份验证的第三方机构，承担公钥体系中公钥的合法性检验的责任。

数字证书又称公钥证书，是由 CA(又称证书授权中心)发行的。证书一方面可以用来向系统中的其他实体证明自己的身份，另一方面由于每份证书都携带着证书持有者的公钥，所以证书也可以向接收者证实某人或某个机构对公开密钥的拥有，同时也起着公钥分发的作用。

从证书的用途来看，证书可分为签名证书和加密证书。简单地讲，公钥证书就是绑定实体身份(以及该实体的其他属性)及其公钥的，公钥证书最主要的内容包括实体身份、公钥和 CA 签名。证书存在很多种不同的类型，如 X.509 证书、PKI 证书、PGP 证书和属性证书等，这些证书具有各自不同的格式。

3.7.5　基于标识的密码

基于标识的密码也称为基于身份的密码。1984 年 Shamir 提出了基于标识的加密、签名和认证设想，其中标识可以是姓名、地址、电子邮件地址、手机号和身份证号，初衷是为了简化传统 PKI/CA 证书体系中复杂的通信过程和繁琐的密钥管理过程。

基于标识的密码算法的设计目标是让通信双方在不需要交换公私钥信息、不需要保存密钥的目录服务等基础设施、不需要使用第三方提供认证服务的情况下，保证信息交换的安全性并可以验证相互之间的签名。在现在的公钥密码系统中，每个用户都有一对公钥和私钥，在加密和签名验证时都要使用对方的公钥。公钥一般放在服务器中，需要时从服务器中取回。为了保证所取公钥的合法性、正确性，通常把公钥放在由 CA 颁发的证书中，证书含 CA 签名，这样可以保证证书的正确、完整。使用证书和证书服务器是目前解决公钥存储的主要手段，它是公开密钥设施 PKI 的一个基本组成部分。但使用证书带来了存储和管理开销的问题，而使用基于标识的密码系统，则不需要保存每个用户的公钥证书。系统中每个用户都有一个标识，用户的公钥可以由任何人根据其标识计算出来，或者说标识即公钥，而私钥则由可信中心统一生成。基于标识的密码方案包括基于标识的加密方案、基于标识的数字签名方案等。SM9 是我国的基于标识的密码算法。

2001 年，第一个真正实用的基于标识的加密方案是由美国密码学家 Boneh 和 Franklin 利用椭圆曲线上的双线性对设计的，该方案很好地实现了 Shamir 的思想，即公钥可以是任意的字符串，使将用户标识/身份直接用于密码通信过程中的密钥交换、数字签名验证成为可能。

Boneh 和 Franklin 的加密方案包含四个算法，分别是：

(1) 生成全局系统参数及私钥生成器(Private Key Generator，PKG)的主密钥；全局系统参数可以公开，而 PKG 的主密钥则用于生成用户标识所对应的私钥信息，须严格保密；

(2) 使用主密钥生成对应于任意公钥字符串的私钥；该私钥通过安全通道发放给用户；

(3) 使用公钥加密消息；

(4) 使用相应的私钥解密消息。

基于标识的数字签名方案的基本思想是：希望获得密钥的用户先递交自己的电子邮件地址、身份证号或电话号码等能代表其身份的有意义的信息，私钥生成中心通过某种渠道认证其身份后，利用 PKG 主密钥和用户提供的身份信息共同作用产生用户私钥并经秘密信道传送给该用户。在基于身份的数字签名方案中，签名者的公钥是用与其相关的、能代表其身份的一串有意义的字符组成，以一种不证自明的形式出现；签名者的私钥是由可信的私钥产生中心根据公钥产生并分发。这样能大大减弱密钥认证系统的复杂度，这对目前低带宽的网络有很大的吸引力；同时在密钥生成过程中，由于用户的主动参与避免了因用私钥生成公钥所导致的公钥随机化问题。

2016 年 3 月，国家密码管理局正式公开发布密码行业标准——GM/T 0044—2016 SM9 标识密码算法。2020 年 4 月，GB/T 38635.1—2020《信息安全技术 SM9 标识密码算法 第 1 部分：总则》、GB/T 38635.2—2020《信息安全技术 SM9 标识密码算法 第 2 部分：算法》两项国家标准获批发布，SM9 算法正式成为国家标准。2018 年 11 月，作为补篇纳入国际标准的 SM2/SM9 数字签名算法，以正文形式随 ISO/IEC 14888—3:2018《信息安全技术 带附录的数字签名 第 3 部分：基于离散对数的机制》最新一版发布。2021 年 2 月，我国 SM9 标识加密算法作为国际标准 ISO/IEC 18033—5：2015/AMD1：2021《信息技术 安全技术 加密算法 第 5 部分：基于标识的密码 补篇 1：SM9》正式发布。SM9 的加密强度等同于 3072 位密钥的 RSA 加密算法。

习 题 三

1. 在密码学中，被变换的原消息被称为(　　)。

A. 密文　　B. 算法　　C. 密码　　D. 明文。

2. 将明文转换为密文的过程称为(　　)。

A. 隐写术　　B. 置换　　C. 替换　　D. 加密

3. 判断：公元前 1 世纪，著名的(Caesar)密码被用于高卢战争中，这是一种替换密码。 (　　)

4. 判断：公元前 5 世纪，古斯巴达人使用的斯巴达密码，是在一根木棒上缠上皮绳，皮绳上写着的词语乍一看是荒谬的，但如果将皮绳缠在木棒上，便出现了特殊的意义。这是一种置换密码。 (　　)

5. DES 算法密钥是 64 位，因为其中一些位是用作校验的，密钥的实际有效位是(　　)位。

A. 60　B. 56　C. 54　D. 48

6. “公开密钥密码体制”的含义是(　　)。

A. 将所有密钥公开

B. 将私有密钥公开，公开密钥保密

C. 将公开密钥公开，私有密钥保密

D. 两个密钥相同

7. 以下密码学机制能提供防抵赖性的是(　　)。

A. 对称加密　B. 单向散列函数

C. 消息认证码　D. 数字签名

8. 下列对于对称密码与公钥密码描述正确的是(　　)。

A. 对称密码比公钥密码加/解密速度慢

B. 对称密码通常不用于大文件加/解密

C. 公钥密码通常不用于大文件加/解密

D. 公钥密码比对称密码安全

9. PKI 的主要理论基础是(　　)。

A. 对称密码算法　B. 公钥密码算法

C. 量子密码　D. 摘要算法

10. 从网站上下载文件或软件时，有时能看到下载页面中的文件或软件旁写有 MD5(或 SHA1)。它们的作用是什么？

11. 以下算法不是散列函数的是(　　)。

A. SHA-1　B. MD5　C. SM3　D. AES

12. 加密变换为 $c=5m+7 \pmod{26}$，解密变换是什么？明文 cryptography 对应的密文是什么?

13. 在 RSA 算法中，选择两个素数 $p=17$，$q=11$，加密密钥为 $e=7$，计算解密密钥 d。

14. 公钥数字证书的主要内容是什么？

15. 对于非常重要的敏感数据应使用(　　)算法加密。

A. MD5　B. AES　C. HASH　D. MAC

第 4 章　认证与访问控制

4.1　身份认证概述

身份认证(Entity Authentication)也称为实体鉴别，目的是证实一个实体就是所声称的实体。计算机系统中，对各种计算资源(如文件、数据库、应用系统)机密性和完整性的保护，其本质是防止用户对系统进行非授权的访问。在处理授权问题之前，首先需要确认用户的身份。身份认证通常是系统安全保护的第一道防线，是访问控制和责任追究的基础；认证的失败可能导致整个系统的失败。这里涉及三个概念：认证、授权及审计。

(1) 认证(Authentication)：对用户身份的证实。认证能防止攻击者假冒合法用户获取访问权限。

(2) 授权(Authorization)：当用户身份被证实后，赋予该用户进行资源访问的权限。

(3) 审计(Auditing)：每一个用户都应该为自己所做的操作负责，所以在每个操作后都要留下记录，以便事后核查。

身份认证分为单向认证和相互认证。如果通信的双方只需要一方(声称方)被另一方(验证方)鉴别身份，这样的认证过程是单向认证。在相互认证过程中，通信双方需要互相认证对方的身份。

用户的身份认证过程通常采用三类凭证验证实体身份：用户所知道的信息(如口令、密钥或记忆的图形、图像等)，用户持有的物品(如令牌、智能卡或 USB Key 等)，用户独一无二的特征或能力(如指纹、声音、视网膜血管分布图或签字等)。对主机的认证通常可以根据地理位置、IP 地址或者硬件地址(MAC 地址)、时间、特定场所等作为认证依据。每一种认证方法都存在一些问题，如对口令的认证，敌手可猜测、窃取口令；对用户持有的令牌的认证，敌手可以盗取令牌，用户也可能丢失令牌；至于使用生物特征进行认证，也存在误报和漏报、扰动攻击、用户的认可程度、使用成本和易用性等问题。因此，为提高认证系统的强度，可以使用多个因子的认证方式，如口令加智能卡，这种认证方式称为多因子认证。

4.2　基于对称加密算法的认证

GB/T 15843.2—2017 定义了采用对称加密算法的实体认证机制，其中有四种是两个实体间无可信第三方参与的认证机制，这四种机制中有两种是由一个实体针对另一个实体的单向认证，另两种是两个实体相互认证。其余的机制都要求有一个可信第三方参与，以便建立公共的秘密密钥，实现相互或单向的实体认证。这里只介绍没有可信第三方参与的单向实体认证，分为单次传递认证和两次传递认证。

1. 单次传递认证

这种认证机制中，由声称方 A 启动认证过程并被验证方 B 认证。唯一性和时效性是通过产生并检验时间戳或序号来控制的。传递的消息为

$$A \rightarrow B: Text_2 \parallel e_{KAB}(TN_A \parallel I_B \parallel Text_1)$$

A 和 B 在开始具体运行认证机制之前应共享一个公共的秘密鉴别密钥 K_{AB}。A 或者用序号，或者用时间戳作为时变参数 TN_A。可区分标识符 I_B 是可选的。

B 一旦收到 A 发送的认证消息，便将加密部分解密，并检验可区分标识符 I_B(如果有)以及时间戳或序号的正确性，从而验证发送方是否为 A。

2. 两次传递认证

这种认证机制中，由验证方 B 启动认证过程并对声称方 A 进行认证。唯一性和时效性是通过产生并检验随机数 R_B 来控制的。传递的消息为

$$B \rightarrow A: R_B \parallel Text_1$$

$$A \rightarrow B: Text_3 \parallel e_{KAB}(R_B \parallel I_B \parallel Text_2)$$

这里 I_B 是可区分标识符，$Text_1$ 是可选的。

A 收到 B 发送的 R_B 后，使用公共的秘密鉴别密钥 K_{AB} 生成认证消息，实体 B 一旦收到 A 发送的认证消息，便将加密部分解密，并检验可区分标识符 I_B(如果有)以及随机数 R_B 的正确性，从而验证发送方是否为 A。

4.3 基于数字签名技术的认证

GB/T 15843.3—2016 定义了采用数字签名技术的实体认证机制，分为单向认证和相互认证两种。单向认证按照消息传递的次数，又分为单次传递认证和两次传递认证；相互认证根据消息传递的次数，分为两次传递认证、三次传递认证、两次传递并行认证、五次传递认证。这里只介绍单次传递认证和两次传递认证。

1. 单次传递认证

这种认证机制中，声称方 A 启动认证过程并由验证方 B 对它进行认证。唯一性和时效性是通过产生并检验时间戳或序号来控制的。传递的消息为

$$A \rightarrow B: CertA \parallel TN_A \parallel B \parallel Text_2 \parallel S_{SA}(TN_A \parallel B \parallel Text_1)$$

A 使用序号或者用时间戳作为时变参数 TN_A。

B 收到认证消息后，首先验证 A 的数字证书确保拥有 A 的有效公开密钥，再通过检验 A 的数字签名，检验时间戳或序号，以及标识符字段 B 的值，如果都是正确的，则验证了发送者 A 的身份。

2. 两次传递认证

这种认证机制中，验证方 B 启动认证过程并对声称方 A 进行认证。唯一性和时效性

是通过产生并检验随机数 R_B 来控制的。传递的消息为

$B \rightarrow A: R_B \| Text_1$

$A \rightarrow B: Cert_A \| R_A \| R_B \| B \| Text_3 \| S_{SA}(R_A \| R_B \| Text_2)$

A 收到 B 发送的 R_B 后，使用私有密钥 SA 对 R_B 进行签名，形成认证消息，B 收到认证消息后，首先验证 A 的数字证书确保拥有 A 的有效公开密钥，通过检验 A 的数字签名，检验签名数据中的随机数 R_B，以及标识符字段 B 的值(如果有此可选项)，如果都是正确的，则验证了发送者 A 的身份。

4.4　基于文本口令的认证

4.4.1　对文本口令认证的攻击

基于文本口令的机制允许人们选择自己的口令(后文如不做特殊说明，出现的“口令”均指的是文本口令)，并且不需要辅助设备生成或储存，因此用户名加口令成为应用最广泛的一种身份认证方式。

基于口令的认证虽然简单便捷、费用低廉，但安全性上也存在风险。常见的对口令认证的攻击如下：

(1) 字典攻击(Dictionary Attack)：为了便于记忆，人们通常选用自己熟悉的事物构造口令，例如，身份证号、纪念日、其他有意义的单词或数字。攻击者会下载或构造黑客字典，使用字典中的单词来尝试破解用户的口令。

(2) 穷举攻击(Exhaust Search Attack)：也称蛮力破解(Brute Force Attack)，这是一种特殊的字典攻击，它使用字符串的全集作为字典。如果用户的口令较短，很容易被穷举出来，因而建议用户使用长口令。

(3) 网络数据流窃听(Network Traffic Eavesdropping)：如果口令使用明文传输，则可被非法截获。如 Telnet、Ftp 和 POP3 都使用明文口令，而攻击者只需通过窃听就能分析出口令。

(4) 认证信息拷贝/重放(Authentication Information Record/Replay)：有的系统会将口令进行杂凑处理后进行传输，攻击者可以使用拷贝/重放方式实现登录。

(5) 肩窥(Shoulder Surfing)：攻击者利用与被攻击系统接近的机会，安装监视器或亲自窥探合法用户输入口令的过程，以得到口令。

(6) 社会工程攻击(Social Engineering Attack)：也称社交工程攻击。社会工程攻击的核心是利用社交和欺骗，如冒充处长、网络管理员等，骗取用户信任得到口令。

(7) 间谍软件攻击(Spyware Attack)：如通过硬件或者软件键盘记录器窃取用户键盘输入的信息；通过鼠标记录器监听鼠标操作事件(移动、点击等事件)以及鼠标在屏幕上的移动轨迹和位置相对坐标等，窃取软键盘输入的信息；通过屏幕捕获器截获用户计算机屏幕上显示的全部或者部分区域的信息。

(8) 污迹攻击(Smudge Attack)：攻击者针对触摸屏设备利用用户在屏幕操作时留下的污迹来推断用户口令。对于文本口令来说，攻击者可以根据用户点击留下的污迹位置，

来猜测用户点击的数字。对于图形口令来说，攻击者可以根据用户绘制口令时留下的污迹图形来猜测用户口令。

(9) 拖库与撞库攻击(Dragbase Attack and Collision Attack)：拖库是指攻击者入侵网络服务器，把注册用户的口令数据库全部盗走的行为，因为谐音，也经常被称作“脱裤”。由于很多用户在不同网站使用的是相同的用户名和口令，因此，若攻击者获取用户在A网站的口令信息，就可以利用该口令信息尝试登录B网站。撞库是指攻击者通过收集已泄露的用户名和口令信息，生成对应的字典表，尝试批量登录其他网站后，得到一系列可以登录的用户账号。

(10) 垃圾搜索(Dumpster Diving)：攻击者通过搜索废弃物，得到与攻击系统有关的信息，如用户将口令写在纸上又随便丢弃。

无论口令认证存在多少安全方面的脆弱性，但它简便易用，依然是最通用的用户认证方式。为了提高口令认证的安全性，需要在口令设置、存储、交互和验证的不同阶段进行防护。

常用的口令破解工具包括以下三种：

(1) L0phtCrack 可以用来检测 Windows、UNIX 用户是否使用了不安全的口令，同时帮助用户暴力破解计算机系统口令。

(2) Cain&Abel 是 Windows 下的口令监听和破解工具，功能强大，不仅提供各种协议的口令监听、弱口令攻击，而且还支持大部分散列算法口令破解。

(3) John the Ripper/Johnny 是一款开源软件，支持 Linux、Windows 等多种不同类型系统运行，主要用于破解较弱的 UNIX/Linux 系统口令，Johnny 是 Linux 下的图形化版本。

4.4.2 口令安全

口令认证是应用最广泛的身份认证方法，但也存在针对口令认证的各种攻击。为增强口令安全，可以通过以下手段增强口令安全。

1. 基于单向哈希函数

服务器存储口令的哈希值，而不是存储口令。例如，当 Alice 将用户名、口令的哈希值传送给服务器后，服务器将收到的哈希值与以前存储的哈希值进行比较。如果一致，则通过认证。由于计算机不再存储口令表，所以大大降低了敌手侵入计算机偷取口令的威胁，但缺点是不能抵抗重放攻击。

2. 加盐口令

如果敌手获得了存储口令的哈希值文件，采用离线字典攻击是有效的。“加盐”是使这种攻击更困难的一种方法。盐值是一随机字符串，它与口令连接在一起，再用哈希函数对其运算，然后将盐值和哈希值存入服务器中。“加盐”只能防止对整个口令文件采用的字典攻击，不能防止对单个口令的字典攻击。

3. 强口令设置

在没有限制的情况下，多数用户选择的口令不是太短就是太容易被猜测，这种口令被称为弱口令。针对强口令的设置，建议用户参考如下的规则：

(1) 口令至少不少于 8 个字符，其中包括大写字母、小写字母、数字和特殊符号。

(2) 设置口令允许登录的次数，防止在线字典攻击或暴力破解，设置最长使用期限(即要定期更换口令)。

如果需要一个文本口令，则可以选择一个容易记忆、自己喜欢的“只言片语”来生成。下面举几个简单例子来说明(见表 4.1)。

表 4.1　口令的选择

只言片语	生成的口令	只言片语	生成的口令
我跟你半斤八两	Wgn0.5j8l	是可忍，孰不可忍？	4Kr,sbkr?
一星半点的东西	1*0.5.Ddx	有一说一，确实。	U1s1,qs.
星期六看三国演义	*76K3gyy	一行白鹭上青天	1hbl$qSKY 或 1hbl$qTIAN
买三斤肉	M@i3jinrou	2 + 7 = 9(QQ)	t + 7 = n(QQ)
飞流直下三千尺	~ Flzx3qc~	五花八门(微信)	5h8m(WX)

当然，有些“只言片语”可以生成多种不同的口令，只要选取自己喜欢的一种就行。使用这种方法可以生成容易记忆且不易被猜测的口令。

4.4.3　利用验证码增强安全

1. 验证码概述

许多专门的破解工具可以在线暴力破解口令，对口令认证造成了极大的安全威胁。在线口令猜测的威胁主要是来自机器人的自动程序猜测攻击。目前抵御在线口令猜测的主要方式是使用验证码，利用逆向图灵测试(Reverse Turing Test，RTT)区分人与计算机程序。RTT 是系统区分人与机器的方法，因为 RTT 很容易被人识别，但是对于自动程序来说很难识别。

验证码由服务器完成生成、分发、校验和后处理。首先，用户打开某个页面，发起获取验证码的请求，服务器接收到请求后，根据验证码生成规则，生成验证码图片并分发到客户端，用户输入验证码文本，服务器检查用户提交的验证码是否正确，如果正确则通过验证，如果不正确则需要进行后处理(如重新生成验证码)。验证码只是为防止程序猜测等目的而生成的无意义的随机字符串，不需要用户记忆。验证码只对当前服务有效，并具备时效性，即只在一定时间内有效。如一般网页规定验证码的有效时间为 5 分钟。

2. 验证码的分类

验证码的种类较多，可分为静态验证码、行为式验证码和间接式验证码。静态验证码是用户所能直接得到或间接分析得到的验证码的值，根据验证码所呈现的方式不同，分为文本、图片验证码(包括经过翻转、扭曲变形、添加背景等处理后的验证码)、问答式验证码和视频验证码等。

行为式验证码是需要用户直接的行为操作而得到的验证码。行为式验证码根据验证码的处理过程不同，又可分为拖动式验证码(通过拖动指定的图标到特定位置的验证码)和点击式验证码(点击选择对应图标的验证码)。

间接式验证码是指需要借助第三方工具获得的验证码，如手机短信验证码、手机语音验证码或邮箱验证码等。移动互联技术的快速发展，为手机短信验证码和语音验证码提供了技术支持和平台支撑。手机短信验证码和语音验证码逐渐成为主流的验证码。下面主要介绍九种常见的验证码。

1) 文本验证码

一个典型的RTT就是图形化的文本验证码(如图4.1)，由服务器随机产生文本序列，然后与背景图片进行信息融合生成最终的验证码。用户需要填写验证码的表单才能正常进入账号，由于每次页面访问的验证码都不相同，同时安全程度较高的验证码使得程序化的信息提取变得不可能，而必须由用户进行识别输入。由于人工因素的引入，使得原本单位时间内高密度的攻击骤减，由基于机器计算能力的高频攻击转化为基于人工输入的低频攻击，针对文本口令的穷举攻击和字典攻击都将会耗费大量的时间和人力，从而导致口令遍历猜测的攻击方式失效。

图4.1　图形化的文本验证码

图形化的文本验证码的安全强度主要基于图像识别的难度，根本就在于其具备一定的信息隐藏性，使得一般程序化手段难以进行提取。一方面，在信息传输和页面显示中，不存在直接可提取的验证码文本，要进行图像—文本的程序转换必须通过图像识别；另一方面，针对图像识别技术，可在信息融合过程中添加干扰信息，同时进行图像混杂、扭曲或变形处理，增加图像识别的难度。

2) 问答式验证码

问答式验证码是由服务器随机或根据某种规则选取问题，将该问题呈现给用户，用以区分用户是计算机还是人，也称基于问答的验证码。选取的问题需要用户根据自身知识得出答案，这些问题包括文学常识、历史知识、算术计算、单词补全、成语补全、技术知识、网站信息、个人信息和逻辑推理等。如图形显示变形的“8减去三是？”

与基于图像的验证码类似，基于问答的验证码要求问题库足够大，以避免攻击者反复刷屏获取所有问题，然后通过人工解答获取所有问题的解。如面积点选验证码(点击虚线围成面积最大的区域)；图标点选验证码(按照指定顺序点击正确的图标)；文字点选验证码(按照指定顺序点击文字)；语序点选验证码(按照常用成语、俗语的顺序点击正确的文字)；差异点选验证码(点击与其他同类型具有差异的文字或图案)；刮刮卡验证码(用户需刮开完整指定图案)和空间语义验证码(按照提示的空间信息点击正确的内容，如点击圆柱体)等。

3) 视频验证码

系统将数字、字母、中文等字符动态地嵌入到MP4、flv等格式的视频中，通过给用户播放视频让其进行验证。验证码视频从视频库中动态选取，视频中的验证码使用字母、数字等随机组合，字体的形状、大小变化，速度的快慢变化，显示效果和轨迹的动态变换，均增加了恶意抓屏破解的难度，具有较高的安全性。

4) 图像验证码

随机或根据某种规则选取若干图像，将这些图像呈现给用户，要求用户点击其中的某些图像，通常这些图像中有一个或一组具备某一个共同的特点，如“点击图中所有的西瓜”。图像验证码是一种基于图像分类的验证码，也是当前应用比较广泛的一种验证码。图像验证码的优势是验证过程简单，并且可以通过调整图片物品种类的相似度加强验证强度；缺点是用来验证的图像相似度不好控制，容易使本该通过的人类验证失败，因为过于相似人类也不易识别，同时它对图像库以及问题库的大小要求比较高，图像库越大，验证码的安全性也就越高。

5) 滑块验证码

动态认知游戏(Dynamic Cognitive Game，DCG)验证码要求用户进行一系列游戏式的认知任务以通过验证。动态认知游戏验证码的游戏形式多样，比如有在给定图案中选中并拖动到匹配位置的滑动拼图验证码；有识别图片方向并旋转到指定位置的旋转验证码。

滑块验证码是动态认知游戏验证码的典型代表，它要求用户拖动滑块到目标位置，这种验证方式的交互过程更为有趣，因此在很多主流平台上，滑块验证码日渐替代了先前流行的文本和图像验证码。

6) 鼠标手势验证码

在验证码图片中，系统给出一个带有箭头的折线，用户需要按照系统给出的有向折线(手势)，用鼠标绘制出相应的折线。系统获取到用户绘制的鼠标手势后，计算鼠标手势与图片中折线的相似度，当相似度大于给定阈值时，即认为该用户通过了验证。

7) 语音验证码

随机或根据某种规则选取一组经过处理的声音信息，如将一些单词的声音片段和一些随机选择的杂音放在一起输出，要求用户识别其中声音的内容，是利用人和计算机在语音识别方面的差异实现的。对于一些视觉存在弱化的人群来说，以语音验证码构建 RTT 系统是十分有用的。口音的不同，尤其是方言的引入，能够有效地防止计算机识别，如英式英语、美式英语和方言等。

8) 短信上行验证码

短信上行验证码是指用户需按要求发送指定的随机数字短信到指定号码进行验证。

9) No-CAPTCHA 系统

No-CAPTCHA 系统会记录每个用户的行为，进行一系列地无缝验证，从而判断用户是人类还是机器人。对用户来说可能看到的是一个复选标记，但是系统内部的算法却非常复杂。当正确的用户点击复选标记后就能直接通过测试，而不用再输入对应的字符；如果是被标记为可疑的用户，则将必须通过更详细的测试，以证明不是机器人。

攻击者对验证码的破解包括编程识别验证码和利用打码平台识别验证码。编程识别验证码是利用图像识别和机器学习等技术编写程序自动编制验证码。打码平台(网赚平台)利用低廉的佣金吸引闲暇时间比较多的人群来帮忙人工识别验证码，然后把识别出的结果回传给脚本。

4.5　基于图形口令的认证

基于文本口令的认证在设置口令时，需在可记忆性与抗破解能力之间权衡，如果设置易于记忆的短口令，攻击者可采用暴力破解或字典攻击的方法在有效的时间内找到口令。图形口令作为文本口令的替代者，是利用人类对图形记忆要优于对文本记忆的特点设计出来的一种新型口令，通过让用户在显示屏上显示的图像中按照特定的顺序进行选择，不用像文本口令那样记忆冗长的字符串，可解决文本口令面临的字典攻击、口令难于记忆和口令管理困难等问题。同时，攻击者使用间谍软件跟踪键盘输入容易，但是跟踪鼠标输入困难，并且由于用户输入图形操作和用户当前所使用的图形窗口位置、大小以及时间信息都有关，所以盗取图形口令更加困难。随着平板电脑、智能手机等触摸屏设备的普及，图形口令的优势愈发明显。

从技术上看，图形口令可以分为两类：基于识别的图形口令和基于回忆的图形口令。

4.5.1　基于识别的图形口令

基于识别的图形口令指系统要求用户注册的时候预先选定一些图片，在验证阶段，系统从图案库中随机产生一组图片，让用户从中间选择预先选定的图片，从而实现身份验证。这是基于系统提示和用户记忆的图形口令(见图 4.2)。

图 4.2　基于识别的图形口令

在采用图形口令方法时，需要防止肩窥攻击，这要求即使偷窥者看到用户输入过程，但仍然无法确定用户设定的图形。防止肩窥攻击的一种实现方式是由用户预先选择一些图形物体，在验证的时候系统显示出一个有许多图形组成的阵列，用户需要识别出这些物体，并且移动一个固定的框架使阵列中预先选择的物体全部落在框架中，通过多次重复此过程来防止随机选中的可能。例如，CHC 机制需要用户能从众多的图片中识别出口令图片，并能选中由口令图片构成的几何区域中的任意一个图标。

4.5.2　基于回忆的图形口令

基于无提示回忆(Recall-Based)的图形口令通常要求用户在注册阶段绘制一幅自由图形作为其图形口令，认证时要求用户在网格中画出先前绘制的图形。基于有提示回忆(Cued Recall-Based)的图形口令一般为用户提供一张背景图片，要求用户通过鼠标或者手写输入设备，选择背景图片上的某些位置，从而形成一个点击序列作为用户的图形口令。

1. 无提示回忆的图形口令

DAS(Draw A Secret)方案是一种无提示回忆的图形口令(图 4.3)。DAS 方案提供一个 N × N 的二维网格，每一个网格均对应一个二维坐标(x, y)，且满足 1≤x,y≤N。用户需要在这个网格上绘制图形来创建图形口令，主要操作分为两种：画线操作和提笔操作。用户在绘制过程中，笔画穿过网格的坐标将不断被记录并形成一组有序的坐标序列；当用户进行提笔操作时，DAS 方案将产生特殊的坐标(N + 1, N + 1)来标识此事件。例如，用户初次使用系统时，用户在 4 × 4 的二维栅格上画出图形口令，系统记录图形口令为序列(2, 2)、(3, 2)、(3, 3)、(2, 3)、(2, 2)、(2, 1)、(5, 5)，这里(5, 5)是结束符号。

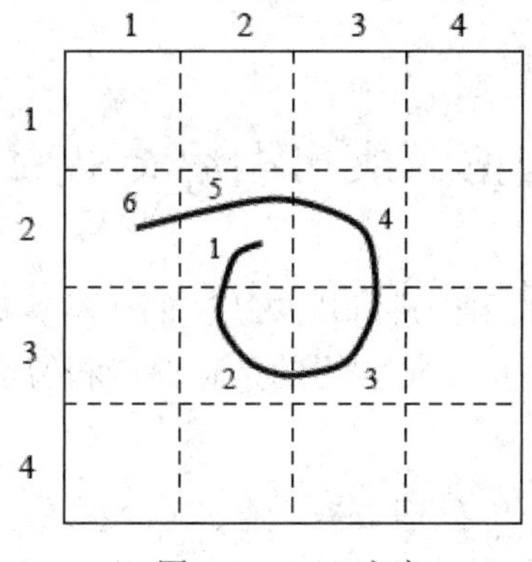

图 4.3　DAS 方案

DAS 方案目前广泛应用于带有触摸屏的移动设备上，如手机解锁、应用登录等。DAS 方案的主要优点是理论口令空间很大，可以有效地防止暴力攻击，具有很高的安全性。但是用户的习惯可能会降低它的安全性。因为，用户更倾向选择简单的、可预测的图形和更中心的位置，而且这种方案存在肩窥攻击。另外，DAS 方案使用手写输入，存在污迹攻击。污迹攻击是指通过检测用户手指在屏幕上留下的油性残留物来重建手机登录口令，这种方法只需使用普通的照相机和图像编辑软件即可。污迹攻击在破解 DAS 方案时相当有效，油性残留物上的条纹甚至能够显示出用户拖动手指的方向。

2. 有提示回忆的图形口令

有提示回忆的图形口令一般为用户提供一个虚拟环境，要求用户在虚拟环境中执行一系列的操作，这一系列操作作为用户的图形口令，在登录时，用户需按次序重复这些操作。例如，系统要求用户在一个图形上预先按顺序点击一些位置完成注册，在身份验证阶段重复此过程。如使用卧室场景，用户首先按照顺序选择了闹钟、手表、钱包和项链完成注册，在登录的时候如果按照同样顺序选择就通过了认证，但这种机制不能防止肩窥攻击。

4.5.3　混合型图形口令

混合型图形口令是为了克服单一类型图形口令的固有缺点，将两种或者两种以上的类型相结合而形成的图形口令机制。

这里介绍一种图形口令与文本口令结合的混合型图形口令。在混合型图形口令中，每个口令图标都有若干个变种(如图 4.4)，且每个口令图标及其变种都有唯一的文本编码。

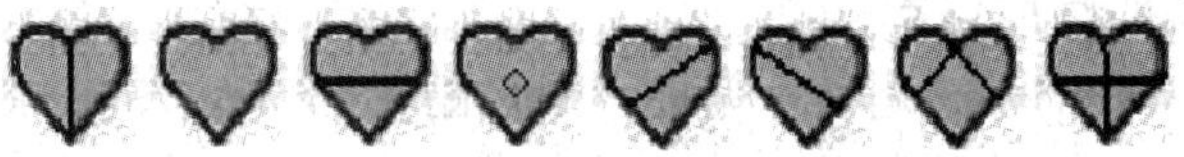

图 4.4　有微小变化的图标

首先，用户需要从图片当中选择四种图标，然后对这四种图标的每种变化指定一个代表的字符串，不同的用户为相同的图标指定的字符串可以是不同的。在认证过程中，系统会随机生成 11 × 11 个图标，其中有四个是用户事先指定的图标，而它们以何种变化出现是随机的。用户需要识别出这四个图标，然后在系统输入框中依次输入指定的字符串。

4.6　基于令牌的认证

令牌(Token)是用户持有的用于进行用户认证的一种凭证。可以用作令牌的常见凭证有磁卡、存储卡和智能卡，目前，最常用的是存储卡和智能卡。

1. 存储卡

存储卡只能存储数据而不能处理数据。存储卡可以单独用于物理访问，比如小区的门禁卡。存储卡的一种典型应用是银行的自动柜员机(ATM)，由于必须同时拥有存储卡和 PIN 码，具有较高的安全性。

2. 智能卡

智能卡的使用越来越普遍，其包含电子存储单元和嵌入式的微处理器。使用智能卡进行用户认证，常见的方式有动态口令、挑战/应答两种。下面举例说明。

(1) 动态口令。系统为用户发放口令牌的时候，口令牌与用户绑定建立一对一的对应关系。口令牌拥有内置芯片和一个可以显示 6 位数字的 LCD 窗口，口令牌使用 128 位种子将其初始化，其内部芯片每分钟都会使用该种子与当前时间生成一个动态口令。用户在登录以及重要操作时输入该动态口令，服务器则采取和这个口令牌相同的算法产生相同的随机数字，服务器对用户输入的动态口令进行验证。基于该动态密码技术的系统又称一次一密系统。需要注意的是，服务器和口令牌必须被初始化并保持同步。

(2) 挑战/应答。这种令牌包含 USB 接口且内置芯片。在认证过程中，远程系统发一个挑战，比如一个随机数给令牌，令牌用存储的私钥对挑战进行签名并发送给服务器，服务器用存放的用户公钥来验证该应答是否正确。

4.7　基于生物特征的鉴别

生物特征鉴别也称生物特征识别，指通过计算机与各种传感器和生物统计学原理等高科技手段的密切结合，利用人体固有的生理特性和行为特征，来进行个人身份鉴定的方法。生理特征与生俱来，多为先天性的；行为特征则是习惯使然，多为后天性的。生理特征和行为特征统称为生物特征。

并非所有的生物特征都可用于个人的身份鉴别。身份鉴别可利用的生物特征必须满足普遍性(即必须每个人都具备这种特征)、唯一性(即任何两个人的特征是不一样的)、可测量性(即特征可测量)和稳定性(即特征在一段时间内不改变)。

当然，在应用过程中，还要考虑其他的实际因素，比如识别精度、识别速度、对人体无伤害、被识别者的接受性等。生物特征识别可以分为生理特征识别和行为生物特征识别。生理特征识别主要包括人脸识别、指纹识别、虹膜识别、手形识别、掌纹识别和人耳识别等。行为生物特征识别主要包括步态识别、击键识别和签名识别等。

生物识别在非控制环境中很容易伪造，比如人脸识别系统可能被照相机拍摄的图片，或者甚至可能是素描欺骗。在便利性上也存在一些问题，因为生物识别需要用户配合，生物特征必须在注册和每次认证时安全获取，这就需要确认用户不是被其他人强迫进行自我认证的。生物认证在非控制的环境中必须谨慎使用，因为存在着滥用的可能，可能是攻击者假冒，也可能是强迫合法用户认证来获得访问系统的权限。

4.8　二维码认证

随着智能手机的普及，扫码登录得到了广泛应用。扫码登录无需输入用户名和口令，只需通过手机客户端扫描计算机上的网页便能完成登录。如微信、微博和淘宝等各种应用都已具有扫码登录的功能。

扫码登录使用便捷，通过扫码不需输入用户名和口令，减少了口令泄密的风险。以网页版微信登录说明扫码登录的基本过程：

(1) 在计算机浏览器地址栏输入 https://wx.qq.com/，按回车键后出现二维码；

(2) 打开微信手机客户端，点击“扫一扫”，扫描网页上的二维码；

(3) 浏览器与手机客户端界面几乎同时跳转，手机客户端跳转到网页版微信登录确认界面，电脑上显示出扫描成功提示；

(4) 手机客户端点击“确认登录”，网页跳转到用户的微信界面。

扫码登录的基本原理如下：

(1) 非授信设备请求访问服务器，服务端生成一个全局唯一的 Token，并将 Token 通过二维码显示在非授信设备界面上；

(2) 授信设备扫描非授信设备上的二维码，获取 Token；

(3) 授信设备使用 Token 访问服务端获取非授信设备的设备信息，将非授信设备的设备信息展示在界面上，待用户确认；

(4) 用户在授信设备上确认后，授信设备将 Token 已被用户确认的信息发送给服务器。非授信设备轮询服务端，一直使用 Token 尝试登录，直到成功。

需要注意的是，访问需要使用 https。Token 有效期较短，且一次有效，用过即失效。扫码端必须是授信设备。

4.9　访问控制概述

1. 访问控制的概念

访问控制是以认证服务为基础，依据预先定义的访问控制策略，授予主体访问客体的权限，并对主体使用权限进行有效控制的过程。访问控制保障客体只能被合法主体执行合法操作，避免非授权访问。主体是对客体提出请求访问的主动实体，通常指用户或代表用户执行的程序。客体是接受主体访问的被动实体，是需要保护的资源。访问控制策略是主体对客体的访问规则集，也就是主体能对哪些客体执行什么操作。权限是主体可对客体执行的动作。比如，在文件系统中常见的访问模式有读、写、执行、删除和创建等。授权是指资源的所有者或控制者将权限授予给他人，准许他人访问资源。任何主体对客体的访问都必须根据访问控制策略进行仲裁，使得主体对客体的任何操作都处于系统的监护范围内，从而保证系统资源的合法使用。

访问控制的主要目标是对抗涉及系统的非授权操作的威胁，如非授权使用、泄露、修改、破坏和拒绝服务等，它决定主体能做什么，不能做什么。

访问控制可以分为两个层次：物理访问控制和逻辑访问控制。物理访问控制是用物理手段实现的访问控制，是对用户、设备、门、锁和安全环境等方面的要求，而逻辑访问控制则是在数据、应用、系统、网络和权限等层面实现的。

访问控制包括三个任务：一是授权，即确定可给予哪些主体访问客体的权限；二是确定访问权限(读、写、执行、删除和追加等访问方式的组合)；三是实施访问权限。

访问控制的发展大致可分为四个阶段：第一阶段(20 世纪 70 年代)是应用于大型主机系统中的访问控制，代表性工作是分别保障机密性和完整性的 BLP 和 Biba 模型。第二阶段(20 世纪 80 年代)，随着对计算机可信要求度的提高，美国国防部提出可信计算机系统评估准则，根据该标准，依据访问权限管理者角色的不同，访问控制可分为自主访问控制(Discretionary Access Control，DAC)和强制访问控制(Mandatory Access Control，MAC)。第三阶段(20 世纪末)，随着信息系统在企事业单位的大规模应用和互联网的日趋繁荣，DAC 和 MAC 的有限扩展等本质特征使得其难以处理日益复杂的应用层访问需求，作为一种有效的解决手段，基于角色的访问控制(Role-Based Access Control，RBAC)应运而生。第四阶段(21 世纪初)，随着云计算、物联网等新型计算环境的出现，传统的面向封闭环境的访问控制模型如 DAC、MAC 和 RBAC 等难以直接适用于新型计算环境，基于用户、资源、操作和运行上下文属性提出了基于属性的访问控制(Attribute-Based Access Control，ABAC)，ABAC 将主体和客体的属性作为基本的决策要素，灵活利用请求者所具有的属性集合决定是否赋予其访问权限，实现了动态的、细粒度的授权机制，具有更好的灵活性和扩展性。

2. 访问控制的基本原则

访问控制的基本原则包括最小特权原则和职责分离原则。

1) 最小特权原则

最小特权原则(Least Privilege)是系统安全中最基本的原则之一。所谓最小特权，指的是“在完成某种操作时所赋予主体必不可少的特权”。最小特权原则按照主体所需权限的最小化原则分配主体权限，赋予主体权限不能超过主体执行操作时所需的权限。最小特权原则一方面给予主体“必不可少”的特权，保证了所有的主体都能在所赋予的特权之下完成所需要完成的任务或操作；另一方面，它只给予主体“必不可少”的特权，就是尽可能只给主体分配最小的特权，限制了每个主体所能进行的操作。在日常生活中，最小特权的例子也很多。例如，外出旅游前只给邻居报箱的钥匙以便帮忙取报纸而不是自己家的所有钥匙；每个用户并不需要使用所有的网络服务，因此要关闭不使用的网络服务。

2) 职责分离原则

职责分离(Segregation of Duties)原则是指遵循不相容职责相分离的原则，实现合理的组织分工。例如一个公司的授权、签发、核准、执行和记录工作，不应该由一个人担任。在职责分离原则下，将不同的责任分派给不同的人员以期达到互相牵制，消除一个人执行两项不相容的工作的风险。例如收款员、出纳员、审计员应由不同的人担任；直系亲属回避制度；上下级牵制，下级受上级监督，上级受下级制约。计算机环境下也应遵循职责分离原则，以避免安全上的漏洞，如操作员、复核员不能同时被同一用户获得。

3. 访问控制策略

访问控制策略也称安全策略，是为了满足应用的需要制定的主体对客体访问的一系列规则，它反映信息系统对安全的需求。安全策略的制定和实施是围绕主体、客体和安全控制规则集三者之间的关系展开的。访问控制机制是实现访问控制策略的方法、手段和规程，也就是为了检测和防止系统中的未经授权访问，对资源予以保护所采取的软硬件措施和一系列管理措施等。访问控制策略一般分为以下四类模型。

1) 自主访问控制

自主访问控制是指资源的拥有者可以自主确定其他用户对该资源的访问权限，也就是可以授权用户对该文件的访问。这种策略是自主的。从访问判定因素上考虑，策略是以主体的身份标识作为判定因素，属于基于身份的访问控制。

2) 强制访问控制

根据客体中信息的敏感标签和访问敏感信息的主体的访问等级，对客体的访问实行限制的一种方法。在强制访问控制中，用户的权限和客体的安全属性都是固定的，由系统决定一个用户对某个客体能否进行访问。所谓“强制”，就是安全属性由系统管理员人为设置，或由操作系统自动地按照严格的安全策略与规则进行设置，用户和他们的进程不能修改这些属性。所谓“强制访问控制”，是指访问发生前，系统通过比较主体和客体的安全属性来决定主体能否以他所希望的模式访问一个客体。例如，信息按照保密程度划分为多个级别，用户按照职务层次划分了多个等级，访问许可的判断依据是信息的保密级别和用户的等级，客体不能自主确定其他主体对客体资源的权限。多级安全策略的现实需要最初来源于军事领域。如果从访问判定因素上看，策略以安全标签作为判定因素，属于基于标签的访问控制。

3. 基于角色的访问控制

把岗位职责抽象成角色(Role)，根据角色进行授权，用户通过担当某个角色来获得该角色所获得的权限。当用户调离岗位，他就自动失去分配到相应岗位角色上的授权。

4. 基于属性的访问控制

进行授权时，系统需要进一步考虑用户、被访问资源及当前上下文环境这些实体的属性约束。基于属性的访问控制将各类属性(包括用户属性、资源属性、环境属性等)组合起来用于用户访问权限的设定。它通过对全方位属性的考虑，以实现更加细粒度的访问控制。

4.10　自主访问控制

自主访问控制(Discretionary Access Control，DAC)也称为基于身份的访问控制(Identity Based Access Control，IBAC)，它的特点是主体能够自主地将具有的某种访问权授予其他主体。通用的商业操作系统如 Linux、UNIX、Windows 都提供了自主访问控制手段。

任何访问控制策略都能表示成最基本的<主体、客体、权限>三元组，因此可以被形式化成访问矩阵。在访问矩阵中，行对应于主体，列对应于客体，每个矩阵元素规定了主体对相应客体的访问权限。

表 4.2 是访问控制矩阵的一个简单例子。矩阵中的 r 代表读权限，w 代表写权限，x 代表执行权限，o 代表拥有该文件。

表 4.2　访问控制矩阵

	File1	File2	File3
User1	rw	r	rwo
User2	rwxo	r	
User3	rx	rwo	w

实践当中，访问矩阵通常都是稀疏的，可以将矩阵按列进行分解，产生访问控制列表(Access Control List，ACL)，或者按行进行分解，产生能力列表(Capabilities List，CL)。

1. 访问控制列表

访问控制列表是访问控制矩阵的列构成的集合。它是一种成熟且有效的访问控制实现方法，许多通用的操作系统使用这种方法来提供自主访问控制服务。

将访问控制矩阵中所有客体所代表的列存储下来，每一个客体与一个序对的集合相关联，而每一序对包含一个主体和权限的集合，特定的主体就可以使用这些权限来访问相关联的客体。

表 4.2 表示的访问控制矩阵所对应的访问控制列表为：

acl(File1) = {(User1,rw), (User2, rwxo), (User3,rx)}

acl(File2) = {(User1,r), (User2, r), (User3,rwo)}

acl(File3) = {(User1,rwo), (User3,w)}

利用访问控制列表，能够很容易地判断出对于特定客体，哪些主体可以以哪些权限访问。

例如，UNIX 操作系统中的文件保护位访问控制是一种简化的访问控制列表，如图 4.5 所示。UNIX 操作系统将用户集合分成三类，即文件的拥有者、文件的组拥有者和其他用户。每一类都有一个独立的权限集合。组是具有类似访问权限的用户的集合。UNIX 操作系统提供读(r)、写(w)、执行(x)的权限。当用户 User1 创建了一个文件，而 Alice 是组 Group1 的成员。最初，User1 要求有文件的读写权，组成员允许有对文件的读权，其他用户则不能访问这个文件。UNIX 的许可权限分为三个三元组。第一个三元组是拥有者的权限，第二个三元组是组的权限，第三个三元组是其他用户的权限。每一个三元组中，如果读权限允许，第一个位置是 r，否则是 -，如果写权限允许，第二个位置是 w，否则是 -，如果执行权限允许，第三个位置是 x，否则是 -，对 User1 创建的文件的许可权限将是 rw-r-----。

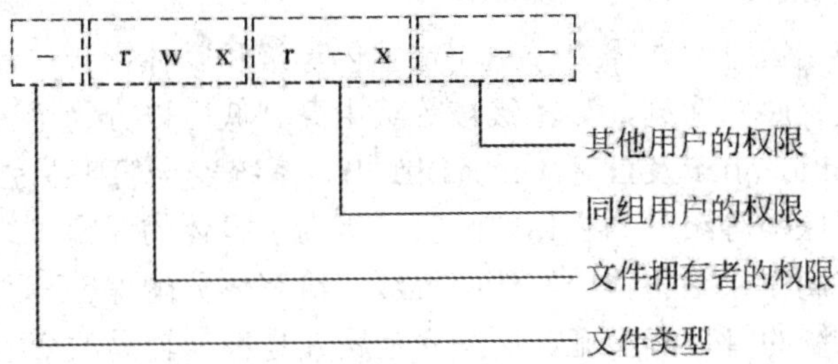

图 4.5　UNIX 系统的文件权限表

2. 能力表

能力表是访问控制矩阵的行构成的集合。每一个主体都与一个序对集合关联，每一序对都包含一个客体与一个权限的集合。与此表关联的主体能够根据序对中指示的权限访问序对中的客体。表 4.2 表示的访问控制矩阵所对应的能力表为：

cap(User1) = {(File1,rw), (File2,r), (File3,rwo)}

cap(User2) = {(File1,rwxo), (File2,r)}

cap(User3) = {(File1,rx), (File2,rwo), (File3,w)}

能力表中封装了客体的身份。当用户提交能力表时，系统要检验能力表，确定主体是否可以访问客体，且是否具有访问权限。在能力机制中，能力拥有者可以在主体中转移能力。在转移的能力中有一种叫做“转移能力”，它允许接受能力的主体继续转移能力。比如，进程 A 将某个能力拷贝转移给进程 B，B 又将这个能力拷贝传递给进程 C。如果 B 不想让 C 继续转移这个能力，就在转移给 C 的能力拷贝中去掉“转移能力”，这样 C 就不能转移能力了。主体为了在能力取消时从所有主体中彻底清除自己的能力，需要跟踪所有的转移。为了确保安全，要采用硬件、软件或加密技术对系统的能力表进行保护，防止非法修改。

DAC 灵活易用，在商业和工业环境中被大量采用。但是，DAC 容易被非法用户绕过而获得访问，因为信息在移动过程中其访问权限关系会被改变，因而 DAC 不能对系统资源提供充分的保护，不能抵御特洛伊木马的攻击。假设一个合法程序中隐藏了木马，就可能造成敏感信息的泄露，因为如果木马模块获得合法程序的权限，就可以修改文件的访问权限或对敏感信息进行复制。因此，对安全性要求更高的系统，强制访问控制是一个更好的选择。

4.11　强制访问控制

自主访问控制负责实体本身的访问管理，不管理实体中的信息和它所涉及的内容，缺乏对信息流动的保护，因此会造成信息泄露。强制访问控制(Mandatory Access Control，MAC)是一种基于主客体的安全级标签的访问控制方法，它不能只根据主体的身份标识做访问决定，而是需要根据信息的安全级别和主体的安全等级进行判断，因此也称为基于标签的访问控制，通过分级的安全标签实现信息的单向流动，防止信息的泄露。

1. MAC 基本策略

在强制访问控制策略中，需要分别制定主体等级和客体密级，保密级别是按机密程度高低排列的线性有序的序列，如密级按等级由高到低可以分为绝密(Top Secret)、机密(Secret)、秘密(Confidential)及公开(Unclassified)。系统安全管理员强制为主体分配涉密等级，为客体分配保密等级，当主体的涉密等级高于客体的保密等级时，才允许访问。

在强制访问控制中，给主体分配涉密等级，给客体分配保密等级的过程就是授权过程。这通常是由系统的管理者实施，这些安全属性是不能轻易改变的，不像 DAC 那样，可以由用户或用户进程直接或间接修改。

在现实中，很难在安全目标的保密性、完整性和可用性之间做出完美的平衡。因此，我们要介绍比较有代表性的两种 MAC 访问控制模型：加强机密性的 BLP(Bell-LaPadula)模型和加强完整性的 Biba 模型。

2. BLP 模型

BLP 模型是最早的一种计算机多级安全模型，侧重于保护信息的机密性。

BLP 模型遵循两个规则：简单安全属性和*属性(读作星属性)，这两者主要涉及机密信息的流动。

(1) 简单安全属性(不上读)：主体的保密级不小于客体的保密级时，客体可被读取。

(2) *属性(不下写)：客体的保密级不小于主体的安全级别时，主体对客体可写。

BLP 模型保证了客体的高度安全性，它使得系统中的信息流成为单向不可逆的，保证了信息流总是低安全级别的实体流向高安全级别的实体，避免了在自主访问控制中的敏感信息泄漏情况。它的缺点是限制了高安全级别主体向非敏感客体写数据的合理要求，而且高安全级别的主体拥有的数据永远不能被低安全级别的主体访问，降低了系统的可用性。BLP 模型的“向上写”策略使得低安全级别的主体篡改敏感数据成为可能，破坏了系统的数据完整性。

BLP 模型在实际应用中的一个例子是防火墙所实现的单向访问机制，它不允许敏感数据从内部网络(安全级别为“机密”)流向 Internet(安全级别为“公开”)，所有内部数据被标志为“机密”。防火墙提供“不上读”功能来阻止 Internet 对内部网络的访问，提供“不下写”功能来限制机密数据的流出，限制进入内部的数据流只能经由由内向外发起的连接流入；允许 HTTP 的 GET 操作，拒绝 POST 操作；允许接收邮件，禁止外发邮件。

3. Biba 模型

Biba 模型设计主要为了保护信息的完整性。与 BLP 模型不同，Biba 模型的设计定义了信息的完整性级别，而不是保密性级别。在信息流动方面，不允许信息从级别低的实体流向级别高的实体，防止低完整性的信息污染高完整性的信息。

Biba 模型只允许信息从完整性高的实体向完整性低的实体流动。与 BLP 模型类似，Biba 模型遵循两个规则：简单完整性属性和完整性*属性。

(1) 简单完整性属性(不下读)：主体 s 可以读客体 o，仅当客体的安全级大于等于主体的安全级。

(2) 完整性*属性(不上写)：主体可以写客体 o，仅当主体的安全级大于等于客体的安全级。

Biba 模型在实际应用中的一个例子是对 Web 服务器的访问过程，Web 服务器上发布的资源安全级别为“秘密”，Internet 上的用户安全级别为“公开”，依照 Biba 模型，Web 服务器上数据的完整性将得到保障，Internet 上的用户只能读取服务器上的数据而不能更改它。该模型实现了信息完整性中防止数据被未授权用户修改这一要求。

信息流在 BLP 和 Biba 模型中的流动方向是由每个模型中所寻求保护的需求而决定的。BLP 模型侧重信息的保密性，信息流是从低安全等级流向高安全等级。Biba 模型中信息流方向与 BLP 模型正好相反，信息流是从高安全等级流向低安全等级。

4.12　基于角色的访问控制

在强制访问控制中，允许的访问控制完全是根据主体和客体的安全级别决定的。其中，主体的安全级别是由系统管理员赋予用户的，而客体的安全级别则由系统根据创建它们的用户的安全级别决定。因此，强制访问控制的管理策略是比较简单的，只有安全管理员能够改变主体和客体的安全级别。强制访问控制配置粒度大，虽可以提供更高的安全性，但缺乏灵活性。自主访问控制具有配置粒度小的优点，但配置的工作量大，效率低，随着系统内客体和用户数量的增多，增加了用户管理和权限管理的复杂性。比如，对于流动性高的组织，自主访问控制策略适合用 ACL 表示，但随着人员流动，管理员必须频繁地更改某个客体的 ACL，这些问题对 MAC 同样存在，这两种访问控制模型不能适应大型系统中的数量庞大的访问控制。20 世纪 90 年代以来，“角色”的概念逐渐形成，并逐步产生了基于角色的访问控制模型(Role-Based Access Control，RBAC)，RBAC 现已得到广泛的商业应用。

对于特定的应用，并非所有的 RBAC 特征都是必要的，可以通过对功能组件和同一功能组件内的特征进行选择，以组装构成所需要的 RBAC 特征。GB/T 25062—2010 通过使用 RBAC 模型来定义基于角色的访问控制的特征。RBAC 参考模型包括四个 RBAC 模型组件——核心 RBAC、角色层次 RBAC、静态职责分离关系、动态职责分离关系。核心 RBAC 定义了能够完整地实现一个 RBAC 系统所必需的元素、元素集和关系的最小集合。核心 RBAC 对于任何 RBAC 系统而言都是必需的，其他 RBAC 组件是可选的，它们彼此相互独立并且可以被独立地实现。

1. 核心 RBAC

核心 RBAC 包含 5 个基本的数据元素：用户集(USERS)、角色集(ROLES)、对象集(OBJS)、操作集(OPS)、权限集(PRMS)。RBAC 的基本思想是权限被分配给角色，角色被分配给用户。此外，核心 RBAC 中还包含用户会话集，用户建立会话，通过会话激活角色。会话是从用户到该用户的角色集的某个激活角色子集的映射。核心 RBAC 的元素集和关系见图 4.6。

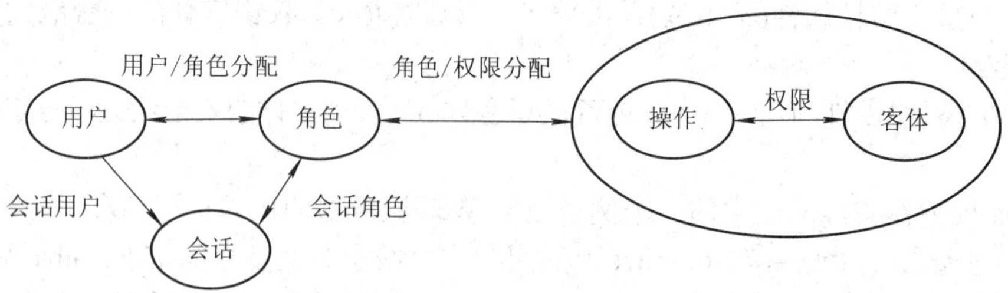

图 4.6　核心 RBAC 的元素集和关系

RBAC 系统给角色而不是给单独的用户分配权限。角色是指一个组织中的一项工作职能，被授予了角色的用户将具有相应的权威和责任。权限是对某个或某些受 RBAC 保护的对象执行操作的许可。操作是一个程序的可执行映像，被调用时能为用户执行某些功能。

RBAC 中一个很重要的概念是角色的相关分配关系。图 4.6 中给出了用户分配关系和权限分配关系。图中的双箭头表示关系是多对多的。例如，一个用户可以被分配给多个角色，一个角色可以被分配给多个用户；一个角色可以拥有多种权限，一种权限可以由多个角色拥有。这种安排带来了给角色分配权限和给角色分配用户时的灵活性和细粒度，有助于最小特权原则的实施。最小特权原则要求用户所拥有的权限不能超过他执行工作时所需要的权限，在 RBAC 中都是依据企业或组织内的规章制度、岗位工作内容，确定角色的最小权限集和用户拥有的角色，从而能够更灵活地控制对资源的访问权限。如果没有这些分配关系，就有可能造成给用户分配过多的对资源的访问权限。

用户与会话是一对多关系，用户在建立一个会话的时候可以激活被分配的角色的某个子集。一个会话只能与一个用户关联，一个用户可能同时拥有多个会话。一个会话构成一个用户到多个角色的映射，即会话激活了用户授权角色集的某个子集，这个子集称为活跃角色集。活跃角色集决定了本次会话的权限集，即在这次会话中，用户可以执行的操作就是该会话激活的角色集对应的权限所允许的操作。

在商业环境中，用户集改变频繁，给一个用户分配角色的方案可能也是动态的。但因为系统的功能相对稳定，所以，角色集一般是静态的，仅有偶尔的添加和删除。每个角色对一个或多个客体具有特定的访问权，这种映射关系也可能很少改变。

RBAC 对访问权限的授权由管理员统一管理，RBAC 根据用户在组织内所处的角色作出访问授权与控制，授权规定是强加给用户的，用户不能自主地将访问权限传给他人，这是一种非自主型集中式访问控制方式。例如，在医院里，医生这个角色可以开处方，但他无权将开处方的权力传给护士。

2. 层次 RBAC

层次 RBAC 引入了角色层次，角色层次可以有效地反映组织内权威和责任的结构。在 RBAC 核心模型上引入“角色继承”概念，从而形成了角色层次关系，通过角色层次关系可以反映一个组织中的职权和责任的偏序关系。因为在一般的公司或单位中，特权和职权一般存在继承关系，上级访问权限高于下级。继承通常是从权限的角度来说的，例如，如果角色 r_1“继承”角色 r_2，角色 r_2 的所有权限都同时为角色 r_1 所拥有。角色层次支持多重继承，从而使得一个角色可以从两个或者更多其他角色继承权限。

通过角色继承，管理员也能更好地制定访问控制策略，因为不同用户之间的权限可能有相同部分，如果不使用角色继承，则需要对这些权限重复授予不同角色，通过使用角色继承，能较好地减少角色冗余。

3. 带约束的 RBAC

带约束的 RBAC 模型增加了职责分离关系。职责分离关系可以被用来实施利益冲突(Conflict of Interest)策略，即防止某个人或某些人同时对于不同的某些个人、集团或组织以及某种事物，在忠诚度和利害关系上发生矛盾的策略，以防止组织中用户的越权行为。在 RBAC 中，职责分离很容易通过角色互斥来实现。

(1) 静态职责分离(Static Separation of Duty，SSD)。在 RBAC 系统中，一个用户获得了相互冲突的角色的权限就会引起利益冲突。阻止这种利益冲突的一个方法是静态职责分离，即对用户/角色分配施加约束。相互冲突的角色也称互斥角色。

静态约束主要是作用于角色，特别是用户/角色分配关系。也就是说，如果用户被分配了一个角色，他将不能被分配另一些特定的角色(即相互冲突的角色)，我们说，这个角色与另一些特定的角色存在静态角色互斥关系。例如收款员、出纳员、审计员这 3 个角色应由不同的人担任。从策略的角度，静态约束关系提供了一种有效的在 RBAC 元素集上实施职责分离和其他分离规则的有效手段。当一个角色与用户所属的其他角色互斥时，这个角色不能授权给该用户。在存在角色层次的情况下，必须注意，除了用户直接分配的角色，间接继承的角色也要考虑职责分离，不要让用户成员的继承违反静态职责分离。

(2) 动态职责分离(Dynamic Separation of Duty，DSD)。静态职责分离和动态职责分离的目的都是限制用户的可用权限，不过它们施加约束的上下文不同。静态职责分离定义并且施加约束到用户总的权限空间上，而动态职责分离通过约束一个用户会话可以激活的角色来限制用户的可用权限。只有当一个角色与主体的任何一个当前活跃角色都不互斥时，该角色才能成为该主体的另一个活跃角色。如果一个角色与主体的一个当前活跃角色互斥，我们称这两个角色存在动态角色互斥关系。动态职责分离使用户可以在不同的时间拥有不同的权限，从而进一步扩展了对最小特权原则的支持。动态职责分离能够保证权限的有效期不超过完成某项职责所需要的时间段，这通常被称为信任的及时撤销。

静态职责分离解决在给用户分配角色的时候可能存在的利益冲突问题，动态职责分离解决用户会话激活角色可能存在的利益冲突问题。动态职责分离允许用户同时拥有两个或者更多这样的角色：这些角色在各自独立地被激活时不会产生安全威胁，而同时被激活时就可能会产生违反安全策略的行为。

4.13 基于属性的访问控制

传统的访问控制模型在某些情况下比较有效，但不能完全满足当前开放网络环境的要求，主要体现在以下三个方面：

(1) 海量性。在封闭环境中，用户和资源的数量有限，但在新型计算环境下，终端数量和用户数量庞大，维护和存储一个庞大的访问控制列表会带来极大的存储和管理负担，同时在对用户权限查询时效率非常低；如果业务逻辑变化，就只有建立更多的角色来满足业务的要求，这就必须维护更多的“用户—角色”关系和“角色—权限”关系，大大加重了系统管理的负担。

(2) 动态性。传统的应用系统只能处理系统的已知用户，用户也只能访问已知的应用系统，然而在当前开放的分布式网络环境中，节点和用户在不断移动，访问数据对象实时变化，同时，节点可能不断接入和退出，体现出很强的动态性，潜在的服务消费者与服务提供者通常来自不同的应用域，彼此之间只知道对方的部分信息甚至是陌生的，他们之间建立的也只是一种临时性的动态访问与被访问关系，无法提前预设“用户—权限”的对应关系。

(3) 强隐私性。随着公共平台上信息的共享程度越来越高，对个人隐私和数据隐私的保护提出了更高的要求。如具有汉语言专业、高级职称的用户允许访问某类古籍资源，由于不提供用户 ID，保护了用户隐私。为了使用户可以放心地将自己的数据交付于数据服务提供商，需考虑对数据本身的保护，如数据加密后存储在云端，只有满足某些条件的用户才可以访问，保护了数据隐私。

现实生活中的实体可以通过实体的特性进行区分，这种可以对实体进行区分的实体特性称为实体属性。基于属性的访问控制(Attribute Based Access Control，ABAC)把实体属性概念贯穿于访问控制策略、模型和实现机制三个层次，把与访问控制相关的时间、实体空间位置、实体行为、访问历史等信息当作主体、客体、权限和环境的属性来统一建模，通过定义属性之间的关系描述复杂的访问授权和访问控制约束，能够灵活地表达细粒度、复杂的访问授权和访问控制策略，从而增强访问控制系统的灵活性和可扩展性，具有丰富的策略表达能力，可以更好地支持大规模信息化系统的细粒度访问控制。同时，环境属性的引入使得 ABAC 增加了对动态的访问控制的支持。ABAC 的核心思想是基于属性来授权，这种基于属性的方法尤其适合于开放和分布式系统的访问控制。

ABAC 是一个四元组(S，O，P，E)，其中 S，O，P 和 E 分别是由主体属性、客体属性、权限属性和环境属性确定的主体、客体、权限和环境集合。S 表示主体(Subject)

属性，即主动发起访问请求的所有实体具有的属性，如年龄、姓名、职业、组织、职务、职称、IP 地址、物理位置等；O 表示客体(Object)属性，即系统中可被访问的资源具有的属性，如文件、数据、服务、系统设备等，客体属性包括身份、位置(URL)、大小、值，这些属性可从客体的“元数据"中获取；P 表示权限(Permission)属性，即对客体资源的各类操作，如文件或数据库等的读、写、新建、删除等操作，云存储文件的上传、下载、删除、在线浏览、在线解压、离线下载等操作；E 表示环境(Environment)属性，即访问控制过程发生时的环境信息，是与事务(或业务)处理关联的属性，这一属性独立于访问主体和被访问资源，通常与身份无关，但适用于授权决策，如时间、日期、系统状态(如当前访问量、CPU 利用率)、安全级别、是否有对同一信息的并发访问等。例如，矿大教师和学生只有在工作日或在特定地点才能访问矿大巡课系统，当巡课系统负荷很重时，只有校级教学督导才被允许访问。

ABAC 授权是一个四元组($<s.v_1, s.v_2, \cdots, s.v_n>, <o.v'_1, o.v'_2, \cdots, o.v'_m>, <p.v''_1, p.v''_2, \cdots, p.v''_k>, E$)，表示属性值为 $v_1, v_2, \cdots, v_n$ 的主体 s 对属性值为 $v'_1, v'_2, \cdots, v'_m$ 的客体 o 在环境属性集合 E 满足条件下，实施属性值为 $v''_1, v''_2, \cdots, v''_k$ 的操作。

例如，在一个网上组播系统中，ABAC 模型包含的主体属性有{用户类型，年龄，费用余额，IP 地址，管理域}，客体属性有{资源类型，所需费用，应用域}，权限属性有{操作类型}，环境属性为{访问量}。其中用户类型＝{管理员，高级用户，普通用户，未注册用户}；管理域＝{清华大学，北京大学}；资源类型＝{L1，L2，L3}；应用域＝{清华大学，北京大学}；操作类型＝{在线观看，下载，上传，编辑，删除}。访问控制策略定义为：普通用户通过付费的方式或者年龄大于 13 小于 21 的高级会员可以收看电影类型 L2 的节目；年龄大于 21 的高级用户可以下载或在线观看所有类型的电影；管理员具有管理域内的资源进行所有的操作权限；对于未注册用户，只有当访问客户端的 IP 为 202 开头且服务器的访问用户数量不足 50 人时，才能在线观看 L1 的资源。

ABAC 系统按其执行操作种类的不同可分为两个阶段：准备阶段和执行阶段。

准备阶段主要负责收集构建访问控制系统所需的属性集合以及对访问控制策略进行描述。

(1) 属性权威(Attribute Authority，AA)生成、存储和管理访问控制所需的主体属性、客体属性、权限属性和环境属性以及属性-权限之间的对应关系。

(2) 当获取属性集合以及属性权限对应关系后，策略管理点(Policy Administration Point，PAP)利用这些信息对访问控制策略进行形式化描述。不同的访问控制策略描述方法有不同的表达能力。通常，表达能力的提升伴随着访问控制策略复杂度的提高。因此设计复杂度较低且具有丰富表达能力的访问控制描述语言可以保证 ABAC 系统高效准确运行。

执行阶段主要负责对访问请求的响应及对访问策略的更新。

(1) 当接收到原始访问请求之后，策略实施点(Policy Enforcement Point，PEP)向 AA 请求主体属性、客体属性以及相关的环境属性。

(2) PEP 根据所返回的属性结果集构建基于属性的访问请求，并传递给策略决策点(Policy Decision Point，PDP)。

(3) PDP 根据 AA 所提供的主体属性、客体属性以及相关的环境属性，对用户的身份信息进行判定。通过与 PAP 进行交互，根据 PAP 提供的策略查询结果对 PEP 转发来的访问请求进行判定，决定是否对访问请求授权，并将判定结果传给 PEP。最终由 PEP 执行判定结果。

习　题　四

1. 以下不可以防范口令攻击的是(　　)。

A. 设置的口令要尽量复杂，最好由字母、数字、特殊字符混合组成

B. 在输入口令时应确认无他人在身边

C. 定期改变口令

D. 选择一个安全性强、复杂度高的口令，所有系统都使用其作为认证手段

2. 你使用的手机支持何种方式解除锁屏？

3. 认证方式中最常用的技术是(　　)。

A. 数字签名　　B. DNA 识别　　C. 指纹认证　　D. 口令和账户名

4. 防止用户被冒名所欺骗的方法是(　　)。

A. 对信息源发方进行身份验证

B. 进行数据加密

C. 对访问网络的流量进行过滤和保护

D. 采用防火墙

5. 访问控制是指确定(　　)以及实施访问权限的过程。

A. 用户权限　　B. 可给予哪些主体访问权利

C. 可被用户访问的资源　　D. 系统是否遭受入侵

6. 思考：若让你设计成绩管理系统，需要设置哪些角色？

第 5 章　网 络 安 全

5.1　漏 洞 扫 描

5.1.1　漏洞的分类和分级

网络安全(Network Security)是指网络信息系统的硬件、软件及其系统中的数据受到保护，不因偶然的或者恶意的破坏、更改和泄露，系统能连续、可靠、正常地运行，服务不中断。计算机网络的根本目的在于资源共享，通信网络是实现网络资源共享的途径，因此，网络安全是计算机网络为用户提供信息交换与资源共享保障的。从广义的角度看，凡是涉及网络信息的保密性、完整性、可用性、真实性和可控性的相关技术和理论，都是网络安全的研究领域。网络安全包括网络攻击与网络防御两个方面。网络攻击包括信息收集、缓冲区溢出、恶意代码、网络监听、僵尸网络、网络钓鱼和 DNS 欺骗等多种攻击技术。网络防御包括防火墙、入侵检测、虚拟专用网和蜜罐技术等。

简单来说，网络安全是在网络环境下能够识别和消除不安全因素的能力。国家标准 GB/T 28458—2020《信息安全技术 网络安全漏洞标识与描述规范》中对网络安全漏洞的定义为：“网络产品和服务在需求分析、设计、实现、配置、测试、运行、维护等过程中，无意或有意产生的、有可能被利用的缺陷或薄弱点。这些缺陷或薄弱点以不同形式存在于网络产品和服务的各个层次和环节中，一旦被恶意主体所利用，就会对网络产品和服务的安全造成损害，从而影响其正常运行。”从访问控制的角度看，当系统授权和安全策略之间相冲突时，就产生了漏洞。

我们称已经被发现(有可能未被公开)而官方还没有相关补丁的漏洞叫 0DAY 漏洞，又称“零日漏洞”，是指除了漏洞发现者，没有其他的人知道这个漏洞的存在，因此可以有效地利用 0DAY 漏洞发起攻击。在黑市上针对主流 PC 端操作系统的 0DAY 漏洞价格高达上万美金，移动端操作系统的价格更高达 10 万美金。美国军方长期举办国际黑客大赛并提供高额奖金，让世界各地的黑客对美国的网络软件、武器设备、或者重要的程序进行攻击，让这些黑客找出漏洞，然后采取事后补救，消除漏洞。2019 年 8 月份举办的“DEFCON”黑客大会上，美国空军就直接拿出了 F-15 喷气式战斗机的数据系统，让这些黑客找出漏洞。结果，7 名黑客仅用了两天的时间就成功入侵了美军 F-15 战机的关键飞行支持系统，掌控了 F-15 战机的一些控制权。在 2020 年 8 月 9 日美军举办的“Hack-A-Sat”实时捕获卫星黑客挑战赛决赛中，参赛的一个黑客团队控制了美国国防部的一颗卫星，并向卫星发送了代码，让卫星拍摄了一张月球的照片。

1. 漏洞分类

在 GB/T 30279—2020《信息安全技术 网络安全漏洞分类分级指南》中基于漏洞产生或触发的技术原因对漏洞进行了划分，分为代码问题漏洞、配置错误漏洞、环境问题漏洞和其他漏洞。

1) 代码问题漏洞

代码问题漏洞指网络产品和服务的代码在开发过程中因设计或实现不当而导致的漏洞。代码问题漏洞主要包括因对系统资源(如内存、磁盘空间、文件和 CPU 使用率等)的错误管理导致的资源管理错误漏洞；因对输入的数据缺少正确的验证而产生的输入验证错误漏洞(缓冲区错误漏洞、注入漏洞)；因未正确计算或转换所产生的数字，导致的整数溢出、符号错误等漏洞；在并发运行环境中，一段并发代码需要互斥地访问共享资源时，因另一段代码在同一个时间窗口可以并发修改共享资源而导致安全问题的竞争条件问题漏洞；在设计实现过程中，因处理逻辑实现问题或分支覆盖不全面等原因造成的处理逻辑错误漏洞；因未正确使用相关密码算法导致的内容未正确加密、弱加密和明文存储敏感信息等问题的加密问题漏洞；因信任管理、访问控制等原因产生的授权问题漏洞；程序处理上下文因对数据类型、编码、格式和含义等理解不一致导致的安全问题的数据转换问题漏洞；通过测试接口、调试接口等可执行非授权功能的未声明功能漏洞。

2) 配置错误漏洞

配置错误漏洞指网络产品和服务或组件在使用过程中因配置文件、配置参数或因默认不安全的配置状态而产生的漏洞。

3) 环境问题漏洞

环境问题漏洞指因受影响组件部署运行环境的原因导致安全问题的漏洞。环境问题漏洞主要包括在运行过程中，因配置等错误导致的受影响组件信息被非授权获取的信息泄露漏洞；通过改变运行环境(如温度、电压、频率等，或通过注入强光等方式)，可能导致代码、系统数据或执行过程发生错误的故障注入漏洞。

4) 其他漏洞

其他漏洞指一切可能对系统安全造成威胁的因素，暂时无法将漏洞归入上述任何类别，或者没有足够充分的信息对其进行分类的漏洞，均归入其他漏洞。如人员审核不认真，导致不称职人员入职；管理不严格，导致管理制度不规范；硬件缺陷等。

2. 漏洞分级

根据漏洞分级的场景不同，漏洞分级分为技术分级和综合分级两种分级方式。技术分级反映特定产品或系统的漏洞危害程度，用于从技术角度对漏洞危害等级进行划分，主要针对漏洞分析人员、产品开发人员对特定产品或系统的漏洞评估工作。综合分级反映在特定时期、特定环境下的漏洞危害程度，用于在特定场景下对漏洞危害等级进行划分，主要针对用户对产品或系统在特定网络环境中的漏洞评估工作。

漏洞分级指标包括被利用性、影响程度和环境因素。被利用性分级反映网络安全漏洞触发的技术可能性。影响程度分级反映网络安全漏洞触发造成的危害程度。环境因素分级反映在参考环境下漏洞的被利用成本、修复成本和影响范围等指标。

漏洞技术分级由被利用性和影响程度两个指标决定，漏洞被利用可能性越高(被利用性分级越高)、影响程度越严重(影响程度分级越高)，漏洞技术分级的级别越高(漏洞危害程度越大)。

漏洞综合分级由被利用性、影响程度和环境因素三个指标决定。漏洞被利用可能性越高(被利用性分级越高)、影响程度越严重(影响程度分级越高)、环境对漏洞影响越敏感(环境因素分级越高)，漏洞综合分级的级别越高(漏洞危害程度越大)。

技术分级、综合分级均包括超危、高危、中危和低危四个等级。

(1) 超危：漏洞可以非常容易地对目标对象造成特别严重后果。

(2) 高危：漏洞可以容易地对目标对象造成严重后果。

(3) 中危：漏洞可以对目标对象造成一般后果，或者比较困难地对目标造成严重后果。

(4) 低危：漏洞可以对目标对象造成轻微后果，或者比较困难地对目标对象造成一般严重后果，或者非常困难地对目标对象造成严重后果。

5.1.2 漏洞管理

1. 漏洞标识与描述

GB/T 28458—2020《信息安全技术 网络安全漏洞标识与描述规范》给出了针对每一个漏洞进行标识与描述的框架，分为标识项和描述项两大类，标识项中仅有“标识号”一项内容。“标识号”是用来对每个漏洞进行唯一标识的代码，其格式为：CNCVD-YYYY-NNNNNN，其中CNCVD为固定编码前缀，YYYY为4位十进制数字，表示漏洞发现的年份，NNNNNN为6位十进制数字序列号，表示YYYY年内漏洞的序号。序列号位数默认采用6位，从“000001”开始编号。描述项包括名称、发布时间、发布者、验证者、发现者、类别、等级、受影响产品或服务、相关编号和存在性说明等十项必须项，并可根据需要扩展检测方法、解决方案和其他描述等扩展项，扩展项为可选项。

2. 国内外常用的漏洞库

国内常用的漏洞库包含中国国家信息安全漏洞库(China National Vulnerability Database of Information Security，CNNVD)、国家信息安全漏洞共享平台(China National Vulnerability Database，CNVD)、SCAP中文社区以及一些大型安全厂商自主维护的漏洞库。CNNVD于2009年10月18日正式成立，隶属于中国信息安全测评中心，是中国信息安全测评中心为切实履行漏洞分析和风险评估的职能，负责建设运维的国家级信息安全漏洞库，为我国信息安全保障提供基础服务，其官方网址为 http://www.cnnvd.org.cn/。CNVD由国家计算机网络应急技术处理协调中心(中文简称国家互联网应急中心，英文简称CNCERT)联合国内重要信息系统单位、基础电信运营商、网络安全厂商、软件厂商和互联网企业建立的国家网络安全漏洞库，其官方网址为 https://www.cnvd.org.cn/。CNVD目前涉及的行业包含电信行业、移动互联网行业、工业控制系统行业、电子政务行业(未公开)和区块链行业，面向的重点行业客户包括政府部门、基础电信运营商和工业控制系统行业客户等，为其提供量身定制的漏洞信息发布服务，从而提高重点行业客户的安全事件预警、响应和处理能力。SCAP中文社区是一个安全资讯聚合与利用平台，当前的社区中集成了 SCAP 框架协议中的 CVE、OVAL、CCE 和 CPE 等四种网络安全相关标准数据库。

国外主流的漏洞库包括通用漏洞披露(CVE)以及美国国家漏洞数据库(NVD)等。CVE 由美国国土安全部资助的 MITRE 公司负责维护。CVE 就好像是一个字典表，为广泛认同的信息安全漏洞或者已经暴露出来的弱点给出一个公共的名称。在一个漏洞报告中指明的一个漏洞如果有 CVE 名称，就可以快速地在任何其他 CVE 所兼容的数据库中找到相应修补的信息，从而解决安全问题。NVD 是美国政府使用安全内容自动化协议(SCAP)表示的基于标准的漏洞管理数据的存储库，这些基于标准的漏洞管理数据实现了漏洞管理、安全测量和合规性的自动化，NVD 包括安全核对表参考、与安全相关的软件缺陷、错误配置、产品名称和影响度量的数据库。

3. 漏洞管理

GB/ T 30276—2020《信息安全技术 网络安全漏洞管理规范》规定了网络安全漏洞管理流程各阶段(包括漏洞的发现、报告、接收、验证、处置、发布和跟踪等)的管理流程、管理要求以及证实方法。网络安全漏洞管理包含以下六个阶段：

(1) 漏洞发现和报告：漏洞发现者通过人工或者自动的方法对漏洞进行探测、分析，证实漏洞存在的真实性，并由漏洞报告者将获得的漏洞信息向漏洞接收者报告。

(2) 漏洞接收：通过相应途径接收漏洞信息。

(3) 漏洞验证：收到漏洞报告后，进行漏洞信息的技术验证，满足相应要求可终止后续漏洞管理流程。

(4) 漏洞处置：对漏洞进行修复，或制定并测试漏洞修复或防范措施，可包括升级版本、补丁和更改配置等方式。

(5) 漏洞发布：通过网站、邮件列表等渠道将漏洞信息向社会或受影响的用户发布。

(6) 漏洞跟踪：在漏洞发布后跟踪监测漏洞修复情况、产品或服务的稳定性等，视情况对漏洞修复或防范措施做进一步改进，满足相应要求可终止漏洞管理流程。

5.1.3 漏洞扫描

漏洞即使存在也不一定会被发现，未被发现则无法得到修补。如果漏洞被发现，黑客就可以利用该漏洞发起攻击。因此，系统维护者应尽可能地在黑客发现之前找到漏洞并及时修补，以避免将来可能的损失。最有效发现漏洞的方式是漏洞扫描(Vulnerability Scanning)。

漏洞扫描是利用扫描器对本地主机或者目标主机，或者整个网络进行检测，发现存在的弱点隐患。漏洞扫描是一种主动防御技术，其思想是在受到攻击前发现系统中的弱点并进行修补，属于预防机制。

扫描器的工作思想是通过构造探测数据包，发送到目标主机，通过反馈信息获取端口开放信息、网络中主机的资产信息和操作系统类型版本等，并进一步探测与漏洞有关的内容。

1. 主机漏洞扫描

主机漏洞扫描又叫做单机扫描。在目标主机上安装扫描器，扫描器对系统的文件进行探测，查看系统的配置文件、日志文件、注册表的异常和监视数据库等，收集主机相关的安全信息。之后与本地漏洞库比较，或将数据上传到服务器，由服务器进行匹配识别，最后发现主机的漏洞信息。

2. 网络漏洞扫描

网络扫描器向远程目标主机发送特征数据包，获取目标主机目标端口的响应数据包，然后拆分数据包解析字段，提取特征与漏洞库相匹配，然后根据匹配结果判断是否存在漏洞。网络漏洞扫描不仅能检测一个目标主机，也可以设定地址范围进行检测。

(1) 主机扫描：目的是确定在目标网络上的主机是否可达。这是信息收集的初级阶段。

(2) 端口扫描：发现目标主机的开放端口，端口通常对应着系统提供的服务。当确定了目标主机可达后，就可以使用端口扫描技术。一个端口就是一个潜在的通信通道，也就是一个入侵通道。端口扫描技术主要包括以下三种：开放端口扫描(TCP 连接扫描)，会产生大量的审计数据，容易被发现，但可靠性高；隐蔽端口扫描(TCP FIN 扫描、分段扫描等)，能有效地避免对方入侵检测系统和防火墙的检测，但这种扫描使用的数据包在通过网络时容易被丢弃从而产生错误的探测信息；半开放端口扫描(TCP SYN 扫描)，隐蔽性和可靠性介于前两者之间。

(3) UDP 扫描：扫描服务器向目标主机 UDP 端口发送数据包，主机收到数据包之后，如果目标端口是开放的，则该数据包会被接收；如果目标端口是不开放的，目标主机会给服务器反馈数据包以表示端口不可用。

(4) 操作系统识别：不同操作系统运行的服务类型具有较大差异，所以可以检测目标主机开放端口上运行的服务识别操作系统；很多应用在提供服务时会有反馈信息，在这些信息中包含了服务运行设备的操作系统类型。

(5) 漏洞识别：通过端口和服务扫描，确定开放的端口和监听服务之后，再根据扫描到的相关信息与漏洞库进行特征匹配，确定漏洞。

3. 漏洞扫描器

一款好的漏洞扫描器可以节省网络安全人员的时间，提高工作效率，同时帮助网络安全人员发现更多的安全问题。这里主要介绍五款主流的漏洞扫描器。

1) Nmap

Nmap(Network Mapper 网络映射器)是一款开放源代码的网络探测和安全审核工具。它的设计目标是快速地扫描大型网络，当然用它扫描单个主机也没有问题。Namp 常用的功能有：检测网络上的存活主机，检测目标主机的开放端口，检测端口上相应服务版本和主机操作系统。

2) Nessus

Nessus 是全球使用人数最多的系统漏洞扫描与分析软件，通常包括成千上万的最新的漏洞以及各种各样的扫描选项，检测速度快，准确性高。

3) OpenVAS

OpenVAS 是开放式漏洞评估系统，也可以说它是一个包含着相关工具的网络扫描器。其核心部件是一个服务器，包括一套网络漏洞测试程序，可以检测远程系统和应用程序中的安全问题。

4) IBM Security AppScan Standard

IBM Security AppScan Standard 是一个适合安全专家的 Web 服务和应用程序渗透测试解决方案。该软件支持中文，仅支持 Windows 平台；内置强大的扫描引擎，可以测试和评估 Web 服务和应用程序的风险检查，有助于防止破坏性的安全漏洞。

5) Acunetix Web Vulnerability Scanner

Acunetix Web Vulnerability Scanner(简称 AWVS)是用于测试和管理 Web 应用程序安全性的平台，能够自动扫描互联网或者本地局域网中是否存在漏洞，并报告漏洞。AWVS 可以扫描任何通过 Web 浏览器访问和遵循 Http/Https 规则的 Web 站点。

5.2 网络攻击

5.2.1 网络攻击概述

GB/T 37027—2018《信息安全技术 网络攻击定义及描述规范》对网络攻击(Network Attack)进行了定义和描述："通过计算机、路由器等计算资源和网络资源，利用网络中存在的漏洞和安全缺陷实施的一种行为。"

网络攻击具有多个属性特征，主要包括攻击源(谁发动网络攻击)、攻击对象(谁遭受网络攻击并可能导致损失)、攻击方式(采用什么方法或技术进行攻击)、安全漏洞(利用什么安全脆弱性或弱点进行攻击)和攻击后果(对目标环境和攻击对象造成什么影响和结果)。

(1) 攻击源：发动网络攻击的源，可能为组织、团体或个人。

(2) 攻击对象：可能是计算机、工控设备、网络设备、操作系统、服务器软件、用户软件、网络基础设施等。

(3) 攻击方式：可能是拒绝服务(如瘫痪主机、瘫痪网络)、信息收集(如踩点、漏洞扫描、业务信息收集)、代码利用(如缓冲区溢出、SQL 注入、病毒、木马、口令破解)、消息欺骗(如伪造邮件、网络钓鱼)、物理攻击(如物理安全旁路、物理窃取、物理破坏)、硬件攻击(如破坏硬件锁、插入硬件木马等)。

(4) 安全漏洞：包括软件 bug、系统配置不当、设计缺陷、输入验证缺陷等。

(5) 攻击后果：可能是网络故障、通信异常、内容窃取、配置变更、设备故障、非法侵入、非法占有、权限提升、应用故障、信息泄露、信息篡改、信息丢失、信息泛滥、信息展示等。

网络攻击的严重程度用于反映网络攻击的严重性，可以定性或定量表示。严重程度可通过多个攻击属性综合评价获得。例如，从攻击后果影响和攻击可利用程度两方面进行评价，也可考虑时间、环境对网络攻击的影响综合判断获得。按照攻击后果，网络攻击分五级描述，如第一级为损害公民、法人和其他组织的合法权益；第五级表示对国家安全造成特别严重的损害。

5.2.2 网络攻击的典型过程

网络攻击的典型过程是信息收集→攻击工具研发→攻击工具投放→脆弱性利用→后门安装→命令与控制→攻击目标达成。

1. 信息收集

在实施网络攻击前，攻击者通过技术手段或社会工程学方法，收集目标系统的各种信息。如通过搜索引擎或者工具收集公司的注册资料、公司的性质、网络拓扑结构、配置情况、邮件地址、网络管理员的个人爱好、社交关系等，为实施攻击做准备。信息收集主要包括踩点、扫描和查点等步骤。

(1) 踩点(Footprinting)：从公开渠道查出目标使用的域名、网络地址块、IP 地址以及与信息安防现状有关的其他细节等，比如公司的 Web 网页(如网络配置、招标文件等)、相关组织、地理位置细节、电话号码、联系人名单、电子邮件地址、详细的个人资料、近期重大事件(如合并、收购、裁员等)、可以表明现有信息安防机制的隐私/安防策略和技术细节、已归档的信息、心怀不满的员工和让人感兴趣的其他信息。

(2) 扫描(Scanning)：探测扫描目标主机并且对其工作状态进行识别。对于正在运行的主机，能够识别开放的端口的状态及提供的服务；识别目标主机系统及服务程序的类型和版本，获取相应主机的系统信息；根据已知漏洞信息，进行脆弱性分析。

(3) 查点(Enumeration)：对识别出来的服务进行更为充分的探查。寻找的信息包括用户账号名(用于随后的口令猜测攻击)、错误配置的共享资源(如不安全的文件共享)、具有已知安全性漏洞的旧版本软件(如存在远程缓冲区溢出的 web 服务器)等。

2. 攻击工具研发

根据收集到的详细信息，攻击者确定入侵目标系统的最佳途径，针对性地研制攻击工具并进行测试验证。

3. 攻击工具投放

最常见的三种攻击工具投放方式是电子邮件附件、网站挂马和移动存储介质。

4. 脆弱性利用

攻击工具被投放到目标系统后，在目标系统中触发攻击代码运行。可以利用目标系统的应用程序漏洞或操作系统漏洞来触发执行，也可利用社会工程学方法或系统的机制来触发执行。

5. 后门安装

当攻陷目标系统以后，在目标系统上安装木马、后门等，使攻击者能够长期控制目标系统。后门是指攻击者再次进入目标系统的隐蔽通道。一次成功的入侵通常要耗费攻击者大量的时间与精力，所以精于算计的攻击者在退出系统之前会在系统中安装后门，以保持对已经入侵主机的长期控制。攻击者安装后门一般采用放宽系统许可权、重新开放不安全的服务、修改系统的配置、替换系统本身的共享库文件以及安装各种木马等。

6. 命令与控制

攻击者控制目标系统与攻击者建立的C&C(Command and Control，命令与控制)服务器进行通信，以便长期控制目标系统。

7. 攻击目标达成

攻击者通过对目标系统实施攻击，实现攻击的目标。常见的攻击目标包括窃取数据、破坏数据或者破坏系统、将目标系统当作跳板攻击其他系统。

一次成功入侵之后，攻击者的活动通常会被记载在一些日志文档中，如攻击者的IP地址、入侵的时间以及进行的操作等等，这样很容易被管理员发现。攻击者为了自身的隐蔽性，须隐藏踪迹，往往在入侵完毕后会清除登录日志等攻击痕迹。

我们将通过模拟恶意黑客的攻击方法，来评估计算机网络系统安全的评估方法称为渗透测试(Penetration Test)。渗透人员在不同的位置(比如从内网、从外网等位置)利用各种手段对某个特定网络进行测试，以期发现和挖掘系统中存在的漏洞，然后给出解决这些安全问题的技术解决方案，并形成完整的渗透测试报告提交给网络所有者。网络所有者根据渗透人员提供的渗透测试报告，可以清晰知晓系统中存在的安全隐患和问题，这将促使网络所有者开发操作规划来减少攻击或误用的威胁。

Metasploit框架(MetaSploit Framework，MSF)是一款开源安全漏洞利用和测试工具，集成了各种平台上常见的溢出漏洞和流行的Shellcode(一段用于利用软件漏洞而执行的代码)，并持续保持更新，旨在方便渗透测试，它是由Ruby程序语言编写的模板化框架，具有很好的扩展性，便于渗透测试人员开发、使用定制的工具模板。Metasploit框架涵盖了渗透测试的全过程，在这个框架下可以利用现有的Payload(攻击载荷)进行一系列的渗透测试。

5.2.3　恶意代码

恶意代码(Malicious Code)也称恶意软件(Malicious Software)，它是一种程序，是能够在信息系统上执行非授权进程能力的代码。恶意代码具有各种各样的形态，能够引起计算机不同程度的故障，破坏计算机的正常运行。恶意代码具有如下特征：恶意的目的、本身是程序、通过执行发生作用。有些恶作剧程序或者游戏程序也被看做是恶意代码。早期的恶意代码主要是指计算机病毒，但目前，蠕虫、特洛伊木马等其他形式的恶意代码日益兴盛。这些恶意代码通常具有不同的传播、加载和触发机制，并且有逐渐融合的趋势。当前，手机病毒已成为移动互联网的巨大隐患，以特定目标为攻击对象的高级持续性威胁攻击方兴未艾。恶意代码主要包括以下十二种：

(1) 计算机病毒(Computer Virus)。《中华人民共和国计算机信息系统安全保护条例》第二十八条对计算机病毒的定义：计算机病毒，是指编制或者在计算机程序中插入的破坏计算机功能或者毁坏数据，影响计算机使用，并能自我复制的一组计算机指令或者程序代码。破坏性和传染性是计算机病毒的最重要的两大特征。

(2) 特洛伊木马(Trojan Horses)。特洛伊木马可以伪装成他类的程序。看起来像是正常程序，一旦被执行，将进行某些隐蔽的操作。特洛伊木马具有隐蔽性和非授权性的特点。隐蔽性是指木马的设计者为了防止木马被发现，会采用多种手段隐藏木马。非授权性是指这个未经授权的程序提供了一些用户不知道的(也常常是不希望实现的)功能，如窃取口令、远程控制、键盘记录、破坏和下载等。

(3) 下载者木马(Trojan Downloader)。下载者木马程序通过下载其他病毒来间接对系统产生安全威胁，此类木马程序通常体积较小，并辅以诱惑性的名称和图标诱骗用户使用。

(4) 根工具箱(Rootkit)。Rootkit 是内核套件，是一个远程访问工具。攻击者可以使用 Rootkit 隐藏入侵活动痕迹，保留 ROOT 访问权限，还能在操作系统中隐藏恶意程序。Rootkit 通过加载特殊的驱动，修改系统内核，达到隐藏信息的目的。

(5) 逻辑炸弹(Logic Bombs)。逻辑炸弹是一种只有当特定事件出现才进行破坏的程序，例如某一时刻(一个时间炸弹)，或者是某些运算的结果。逻辑炸弹在不具备触发条件的情况下深藏不露，系统运行情况良好，用户也感觉不到异常。但当触发条件一旦被满足，逻辑炸弹就会“爆炸”。病毒具有传染性，而逻辑炸弹是没有传染性的。

(6) 网络蠕虫(Network Worm)：网络蠕虫能够利用网络漏洞进行自我传播，不需要用户干预即可触发执行的破坏性程序或代码，其通过不断搜索和侵入具有漏洞的主机来自动传播，不需要借助其他宿主。如红色代码、SQL 蠕虫王、冲击波、震荡波和极速波等。

(7) 肉机(Zombie)。肉机也被称为肉鸡、傀儡机、僵尸机，是指被其他计算机秘密控制的程序或计算机。僵尸网络(Botnet)是一个由傀儡机组成，用来实施网络攻击的机器人网络。僵尸网络几乎可以感染任何直接或无线连接到互联网的设备。个人电脑、笔记本电脑、移动设备、数字视频录像机、智能手表、安全摄像头和智能厨房电器都可能落入僵尸网络。

(8) 间谍软件(Spyware)。间谍软件是一种像特工一样工作的软件。间谍软件的主要目标是在不知情的情况下利用互联网收集信息。通常，当受害者安装网上下载的免费软件时，间谍软件也被偷偷安装在后端，攻击者通过该后端从受害者的系统获取信息。

(9) 恶意广告软件(Adware)。恶意广告软件是一种支持嵌入在应用程序中的广告软件。程序运行时，会显示一则广告。广告软件与恶意软件相似，因为它利用广告使电脑感染致命病毒。弹出窗口持续出现在用户工作的屏幕上。通常，恶意广告软件通过从 Internet 下载的免费软件程序和实用程序进入系统。

(10) 恐吓软件(Scareware)。恐吓软件的主要目的是在用户或受害者中制造担忧，诱使他们下载或购买不相关的软件。例如，当用户在网上浏览时，屏幕上弹出一个广告，警告该计算机感染了几十种病毒，需要下载或购买杀毒软件来删除它们。

(11) 勒索软件(Ransomware)。勒索软件即攻击者限制用户对系统的访问，然后要求在线支付一定数量的比特币，方可解除该限制。勒索软件会对受害者系统上的一些重要文件进行加密，并要求支付一定的费用来解密这些文件。2017 年 5 月 13 日，大规模的全球勒索软件“WannaCry”攻击震惊了全世界，它通过夺取受影响计算机系统的控制权，打击了世界各地的医疗中心、行业和政府机构。

(12) 后门(Backdoors)。后门指一类能够绕开正常的安全控制机制，从而为攻击者提供访问途径的一类恶意代码。攻击者可以通过使用后门工具对目标主机进行完全控制。后门攻击是指绕过传统的计算系统入口，创建一个新的隐藏入口来规避安全策略。

在此攻击中，攻击者安装密钥记录软件或任何其他软件，并通过这些软件访问受害者的系统。

5.2.4 网络监听

网络监听(Sniffer)也称嗅探器、网络侦听，是一种监视网络状态、数据流程以及网络上信息传输的管理工具，它可以截获网络上传输的明文信息，如用户姓名、口令和邮件内容等。网络监听工具的主要用途是进行数据包分析，通过网络监听软件，管理员可以观测、分析实时经由的数据包，从而快速地进行网络故障定位。但是网络监听工具也是攻击者们常用的收集信息的工具。

网络监听之所以能够捕获网络报文，关键在于以太网的通信机制和网卡的工作模式。一般情况下，每块网卡都具有一种称为混杂模式(Promiscuous)的工作方式，在此工作方式下，网卡将接收所有到达的数据包，而不再进行 MAC 地址的匹配。

在网络上进行监听要考虑网络拓扑环境，网络拓扑环境有两种：共享网络和交换网络。在共享网络中，互联设备为集线器(Hub)。共享网络的工作方式是将要传送的数据包发往本网段的所有主机，这种以广播方式发送数据包的形式使得任何网络接收设备都可接收到所有正在传送的通讯数据。在交换网络中，交换机(Switch)代替了 Hub，交换机不是把数据包进行端口广播，而是通过地址解析协议(Address Resolution Protocol，ARP)缓存来决定数据包传输到哪个端口上。因此，在交换网络中，即便把主机设置为混杂模式，也不能收到所有数据包。利用 MAC 洪水包、交换机的镜像功能和 ARP 欺骗可以实现对交换网络环境下的数据包进行侦听。

1. MAC 洪水包

MAC 洪水包即向交换机发送大量含有虚构 MAC 地址和 IP 地址的 IP 包，使交换机无法处理如此多的信息，致使交换机进入所谓的“打开失效”模式，也就是开始类似于集线器的工作方式，向网络上所有的机器广播数据包。

2. 交换机的镜像功能

端口镜像就是把交换机一个端口的数据镜像到另一个端口的方法，可以在镜像端口上使用监听工具收集被镜像端口的通信数据。

3. ARP 欺骗

ARP 的基本功能就是通过目标设备的 IP 地址，查询目标设备的 MAC 地址，以保证通信的顺利进行。交换网络环境下的 ARP 欺骗工具主要有 Cain&Abel、Ettercap 和 NetFuke 等，它们都是基于 ARP 欺骗原理实现网络监听。

Wireshark 是目前世界上最受欢迎的协议分析软件，利用它可将捕获到的各种各样协议的网络二进制数据流翻译为人们容易读懂和理解的文字和图表等形式。它有十分丰富和强大的统计分析功能，可在 Windows、Linux 和 UNIX 等系统上运行。TCPDump 是 Linux 中强大的网络数据采集分析工具。TCPDump 可以将网络中传送的数据包截获下来并提供分析，同时支持针对网络层、协议、主机、网络或端口的过滤，并提供 and、or、not 等逻辑语句帮助用户过滤无用的信息。

5.2.5 僵尸网络

僵尸网络(Botnet)是指感染了僵尸程序的主机形成的一个可被攻击者控制的网格。

僵尸网络的创建通常不仅仅是为了攻击一台设备，而是用来感染数百万台设备。僵尸网络的控制人被称为僵尸主人(Botmaster)或机器人牧人。Botmaster经常通过木马病毒在计算机上部署僵尸网络，如要求用户通过打开电子邮件附件、点击恶意弹出广告或从网站下载危险软件。

随着物联网的不断发展，越来越多的设备连接到网络，僵尸网络可以感染任何联网设备，而物联网设备的安全防御却很少，因此，冰箱、WIFI路由器、婴儿监控器、安全摄像机、恒温器、冰箱、咖啡机都可能在不知情的情况下参与到网络犯罪。更复杂的僵尸网络甚至可以自我传播，自动发现和感染设备。这类自主机器人执行“寻找并感染”任务，不断在网上搜索缺乏操作系统更新或杀毒软件的易受攻击的联网设备。僵尸网络很难被发现，因为它们只使用少量的计算能力，以避免干扰正常的设备功能而引起用户注意。有的僵尸网络具有自我更新的功能，更新后的变种加大了网络安全软件的检测难度。

利用僵尸网络进行的攻击主要有以下九种类型：

(1) 拒绝服务(Denial of Service，DoS)攻击。DoS攻击也称洪水攻击，是一种网络攻击手法，其目的在于使目标电脑的网络或系统资源耗尽，使服务暂时中断或停止，导致其正常用户无法访问。黑客使用网络上两个或以上被攻陷的计算机作为“僵尸”向特定的目标发动“拒绝服务”式攻击，被称为分布式拒绝服务(Distributed Denial of Service，DDoS)攻击。DDoS攻击发起者一般针对重要服务和知名网站进行攻击，如银行、信用卡支付网关甚至根域名服务器等。DDoS攻击可以具体分成两种形式：带宽消耗攻击以及资源消耗攻击。它们都是透过大量合法或伪造的请求占用大量网络以及计算资源，以达到瘫痪网络以及系统的目的。带宽消耗攻击主要包括泛洪攻击和放大攻击，泛洪攻击的主要特点是利用僵尸程序发送大量流量至受损的受害者系统，目的在于堵塞其宽带，例如典型的UDP洪水攻击(User Datagram Protocol floods)、ICMP洪水攻击(ICMP floods)；放大攻击与泛洪攻击类似，是通过恶意放大流量限制受害者系统的宽带，其特点是利用僵尸程序通过伪造的源IP(即攻击目标IP)向某些存在漏洞的服务器发送请求，服务器在处理请求后向伪造的源IP发送应答，由于这些服务的特殊性导致应答包比请求包更长，因此使用少量的宽带就能使服务器发送大量的应答到目标主机上，典型例子当属“死亡之ping”。资源消耗攻击的典型例子为“SYN洪水攻击”。

(2) 传播恶意软件。为了创建、扩大和维持僵尸网络，恶意软件必须不断地被安装到新的计算机中，大多数是经过一个嵌入到邮件中的附件或链接来传播。攻击者也会利用僵尸网络传播其他类型的恶意软件，如银行恶意软件或勒索软件。

(3) 监控。僵尸主机也可以被用于监控和“嗅探”主机中特定类型的文本和数据，如用户名和密码。如果一个主机感染了几个不同僵尸网络的恶意软件，从这个主机上可以嗅探到其他僵尸网络的消息数据，可以收集关键数据，甚至是控制其他僵尸网络。

(4) 键盘记录器。在键盘记录软件的帮助下，僵尸主机收集和键盘有关的具体信息，如和某些关键词有关的字母、数字或特殊字符序列。

(5) 垃圾邮件和网络钓鱼邮件。利用僵尸网络，成千上万的计算机在同一时间可以传播大量的垃圾邮件和网络钓鱼邮件。

(6) 点击欺诈。Botmaster 可以利用僵尸网络实施欺诈。例如，Botmaster 通过命令数千台受感染的设备“点击”广告，从而构建广告欺诈方案，赚取广告费。

(7) 出租或出售。僵尸网络甚至可以在互联网上出售或出租。当犯罪份子在租用了一个僵尸网络以后，通过利用僵尸网络传播恶意软件、垃圾邮件、钓鱼攻击或是发动 DDoS 攻击，便可以很快从中得到回报。

(8) 在线民意调查和社会媒体操纵。由于僵尸网络中的每个“僵尸”都拥有不同的 IP，所以通过利用僵尸网络，可人为影响社会媒体的网上投票和热门话题。

(9) 抢票。这种类型的僵尸网络软件能使网络犯罪分子在多个不同的活动或活动日期中抢到更多质量最好的活动门票。

5.2.6　缓冲区溢出攻击

缓冲区(Buffer)或数据缓冲区是一个物理内存存储区，用于在将数据从一个位置移到另一位置时临时存储数据。缓冲区通常位于 RAM 内存中。计算机经常使用缓冲区来提高性能。例如，在线视频传送服务经常使用缓冲区以防止中断，连接速度的小幅下降或快速的服务中断都不会影响视频流的性能。缓冲区溢出(Buffer Overflow)是一种异常现象，当软件向缓冲区中写入数据使缓冲区容量溢出时，会导致相邻存储器位置被覆盖。造成缓冲区溢出的原因是程序中没有仔细检查用户输入数据的长度，导致超过缓冲区长度的字符串置入缓冲区。

向一个有限空间的缓冲区中置入过长的字符串可能会带来两种后果，一是过长的字符率覆盖了相邻的存储单元引起程序运行失败，严重的可导致系统崩溃；二是利用这种漏洞可以执行任意指令甚至可以取得系统特权，从而攻击系统。2014 年，互联网安全协议 OpenSSL 被曝存在一个十分严重的缓冲区溢出漏洞，CVE 系统中编号为 CVE-2014-0160 漏洞的名称来源于“心跳”(heartbeat)，因此被命名为“心脏出血”，表明网络上出现了“致命内伤”。此问题产生的原因是在实现 TLS 的心跳扩展时没有对输入进行适当验证(缺少边界检查)。利用该漏洞，黑客可以获取约 30%的 https 开头网址的用户登录账号密码，其中包括购物、网银、社交、门户等类型的知名网站。

5.2.7　SQL 注入攻击

SQL 注入(SQL Inject)攻击是通过把 SQL 命令插入到 Web 表单提交或输入域名或页面请求的查询字符串中，最终达到欺骗服务器执行恶意 SQL 命令的目的。具体来说，它是利用现有应用程序，实现将恶意的 SQL 命令注入到后台数据库引擎执行的能力，它可以通过在 Web 表单中输入恶意 SQL 语句得到一个存在安全漏洞的网站上的数据库，而不是按照设计者意图去执行 SQL 语句。SQL 注入原理见图 5.1。

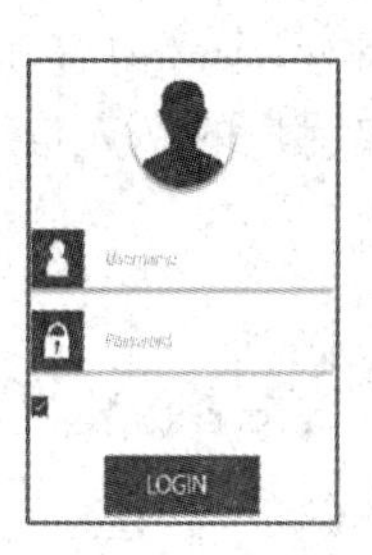

图 5.1　SQL 注入原理

SQL 注入漏洞形成的主要原因是在数据交互中，前端的数据传入到后台处理时，没有做严格的判断，导致其传入的“数据”在拼接到 SQL 语句之后，被当作 SQL 语句的一部分执行，从而导致数据库受损(被拖库、被删除，甚至整个服务器权限沦陷)。为防止 SQL 注入，可以对传入 SQL 语句里面的变量进行过滤，不允许危险字符传入，或者使用参数化查询。

5.2.8　跨站脚本攻击

为不和层叠样式表(Cascading Style Sheets，CSS)的缩写混淆，跨站脚本攻击(Cross Site Scripting)的缩写为 XSS。XSS 是一种 Web 应用程序的安全漏洞，主要是由于 Web 应用程序对用户的输入过滤不足而产生的。恶意攻击者在 Web 页面里插入恶意的脚本代码，当用户浏览该页面时，嵌入 Web 页面的恶意的脚本代码会被执行，攻击者便可对受害用户采用 Cookie 资料窃取、会话劫持和钓鱼欺骗等攻击手段。

XSS 漏洞形成的主要原因是程序对输入和输出的控制不够严格，导致“精心构造”的脚本输入后，在输出到前端时被浏览器当作有效代码解析执行从而产生危害。攻击者利用网站漏洞把恶意的脚本代码注入到网页中，当用户浏览或者访问这些网页时，Web 应用程序对用户的输入过滤不严导致页面存在 XSS 漏洞，就会执行攻击者输入的恶意代码。

5.2.9　DNS 欺骗

DNS 欺骗(DNS Spoofing)是通过拦截域名解析请求(称为 DNS 域名重定向或域名劫持)或篡改域名服务器上的数据(称为 DNS 缓存污染或 DNS 缓存投毒)，使得用户在访问相关域名时，指向不正确的 IP 地址。

对于攻击者来说，攻击者通过某种方法把目标机器域名对应的 IP 改成攻击者所控制的机器的 IP，这样所有外界对目标机器的请求将涌向攻击者的机器，这时攻击者可以转发所有的请求到目标机器，让目标机器进行处理，再把处理结果发回到发出请求的客户机。实际上，就是把攻击者的机器设成目标机器的代理服务器，这样，所有外界进入目标机器的数据流都在攻击者的监视之下，攻击者可以任意窃听甚至修改数据流里的数据。

5.2.10　网络钓鱼

网络钓鱼(Phishing，与钓鱼的英语“fishing”发音相近)是攻击者利用欺骗性的电子邮件(称为钓鱼邮件)和伪造的 Web 站点(称为钓鱼网站)来进行网络诈骗活动，受骗者往往会泄露自己的私人资料，如信用卡号、银行卡账户、身份证号、账户和口令等内容。攻击者通常会将自己伪装成网络银行、在线零售商和信用卡公司等，骗取用户的私人信息。当前网络钓鱼已超过木马病毒成为互联网第一大安全威胁。

1. 钓鱼网站

钓鱼网站属于 Web 欺骗。Web 欺骗有多种方式，都与网站访问相关。攻击者伪装为合法网页，通过在网页上提供虚假信息，从而实施网络攻击。例如，钓鱼网站仿冒真实网站的 URL 地址和页面内容，或利用真实网站的漏洞插入有害的 HTML 代码，获取用户的银行卡、信用卡账号等敏感信息。

从钓鱼网站的类型分布来看，虚假购物类网站数量最多，包括假冒淘宝、手机充值欺诈网站、网游交易欺诈网站，以及模仿知名品牌的山寨购物网站等。其他钓鱼网站还包括虚假中奖、金融证券欺诈和虚假招聘网站等。

钓鱼网站最主要的传播途径是邮件、短信、搜索引擎、聊天工具(一对一或群聊)、分类信息交易网站、网络论坛、微博等社交网站。钓鱼网站通过搜索引擎进行传播的方式主要有两种，一种是黑链植入 SEO(搜索引擎优化)，另一种是直接利用竞价排名系统。其中，利用竞价排名系统进行推广的行为极为恶劣，由于某些搜索引擎审查不严，欺诈分子可以直接在竞价排名系统中购买关键词，让钓鱼网站排在搜索结果的前列，网民如不仔细甄别，很容易误入钓鱼网站。

2. 钓鱼邮件

钓鱼邮件属于电子邮件欺骗，其利用伪装的邮件欺骗收件人。攻击者伪装为系统管理员，使用与系统管理员相同的邮件地址，进行各种欺骗性攻击。例如，给目标用户发送邮件要求用户修改口令，或在看似正常的附件中加载病毒或其他木马程序。只要目标用户按照邮件提示进行操作，攻击者就可以对目标系统实施攻击。

例如，攻击者伪装为银行工作人员对可能的受害者群发钓鱼邮件，这封电子邮件从表面上看是某个银行发给用户的，因为某种原因需要用户登录银行网站，在电子邮件中还有一个指向“银行网站”的链接，只要用户点击这个链接就可以访问银行网站并登录。但实际上这封电子邮件完全是攻击者伪造的，而指向“银行网站”的链接实际上指向的是攻击者假冒的网站。钓鱼邮件附件包含恶意软件，如勒索软件。

3. 鱼叉式网络钓鱼

鱼叉式网络钓鱼(Spear Phishing)是锁定特定目标的攻击。鱼叉式网络钓鱼锁定的对象并非一般的个人，而是特定公司、组织的成员，故偷窃的信息并非一般的个人资料，而是其他高度敏感性资料，如知识产权及商业机密。

例如，一名流程工程师收到一份来自自动化合作伙伴或者供应商的电子邮件通知；一名财务分析师收到带有当前项目数据的电子邮件表格；一名经理收到一个关于竞争对手收购活动的网站链接。攻击者的目的是引诱受害人进入一个不能信任的网络位置，典型的方法是引诱受害人打开一份被感染的 PDF 文件、文档文件、表格、Java 应用或者网站。

商业电子邮件诈骗(Business Email Compromise，BEC)是一种具有高度针对性的鱼叉式网络钓鱼，通过冒充决策者的邮件，下达与资金、利益相关的指令，其目标并不只是窃取个人信息，而是直接窃取资金。BEC是一种复杂的骗局，通常针对公司财务相关人员，通过社会工程学和网络入侵等各种方式，诱骗相关人员将资金转入看起来是可信赖的合作伙伴但实际上却是犯罪分子的银行账户。《2020年网络犯罪报告》显示，2020年商业电子邮件泄露诈骗给企业造成的损失超过18亿美元。根据FBI公布的统计结果，BEC攻击造成的损失比勒索软件造成的损失严重64倍。

一般情况下，当受害者收到一封包含钓鱼链接的电子邮件，点击链接后，会下载运行恶意软件，恶意软件会自动收集受害者的密码和财务账号信息等。目前发现的BEC主要有以下四种类型：

类型1：伪造邮件、电话，要求转账到另一个账户。

类型2：高管的E-mail被盗用，向财务部门发送资金申请的邮件。

类型3：员工E-mail被盗用，向所有联系人发送付款要求。

类型4：诈骗者冒充律师来处理机密或时间紧急的事件，或资金转移。这种形式会给受害者带来心理压力，通常发生在工作日快结束时，或财务机构快关门时。

在BEC中，攻击者一般通过鱼叉式网络钓鱼、社会工程学和恶意软件等方式实施攻击，攻击者会提前了解受害者的基本信息，同时了解高管信息、公司的组织架构和汇报流程机制等内容。明白针对谁，冒充谁，怎么说，什么时候说等，攻击者可以把邮件骗局编造得真实可信，受害者很难发现和识破。

5.2.11 社会工程学攻击

社会工程学(Social Engineering)也称社交工程学，是用于解决各种社会问题的社会技术体系。人的本质是一切社会关系的总和，人是安全防范措施中最为关键也最为薄弱的环节，可以通过行贿收买、威胁恐吓、绑架勒索、严刑拷打和欺骗说服等各种手段攻破人的心理防线。社会工程学攻击(Social Engineering Attacks)是利用人际关系的互动性所发出的攻击，通常以威胁、欺骗、影响和劝导等手段使人们顺从攻击者的意愿，满足攻击者的欲望。

传奇黑客凯文·米特尼克在《欺骗的艺术》(The Art of Deception)一书中提到，社会工程学攻击是针对受害者心理弱点、本能反应、好奇心、信任、贪婪等心理陷阱等所进行的诸如欺骗、伤害等攻击。上一节介绍的网络钓鱼就属于社会工程学攻击，其他常见的社会工程学攻击手段如下。

1. 水坑攻击

水坑攻击(Watering Hole)是一种计算机攻击策略，其受害者是特定群体(如组织、行业或地区等)。在此攻击中，攻击者首先通过猜测或观察该群体经常访问的网站，随后在其中一个或多个网络植入恶意软件，一旦攻击目标访问该网站就会“中招”。

2. 信任攻击

信任攻击(Trust Attack)有两种：一是通过身份欺骗来进行攻击，使用这类信任关系伪造信息，最终使受害者信任并且响应，攻击者通常会冒充为受害者认识或信任的权威机构人员，如单位负责人、网络管理员、警察、银行职员等。二是攻击者向受害者提供真正有价值的东西，并以蠕虫的方式侵入目标网络。例如，攻击者冒充技术支持人员，帮助受害者解决所遇到的问题，但同时也说服其输入一行代码(后门)。切记不能仅仅因为某人有能力解决服务器或网络问题就轻信他人，因为这并不意味他们不会借此来窃取资料数据。

3. 诱饵攻击

诱饵攻击(Baiting Attack)是指攻击者通过激发好奇心或说服受害者运行带有隐藏恶意软件的硬件或软件。线下下饵可以通过在显眼地方放置带有木马的移动存储介质(如U盘、手机)或硬件钱包进行。线上下饵一般以回报诱人的广告和竞赛方式出现。

4. 收买攻击

收买攻击(Bribery Attack)类似于诱饵攻击。例如，2021年2月8日，央视主持人成蕾，因涉嫌为境外非法提供国家机密，被我国正式批准逮捕。澳大利亚为了收买成蕾，2014年给她发了澳中杰出校友奖，她还被澳大利亚评为全球教育品牌大使。此外，有的大学生为赚零花钱做兼职拍照泄露国家机密。

5. 好感攻击

好感攻击(Friendship Attack)即通过与受害者建立虚假的友谊而进行攻击。例如，攻击者首先通过各种手段成为受害者经常接触的熟人，然后逐渐取得被受害者企业的其他同事的认可，赢得信赖，之后便可以在受害者的企业中获得许多权限来实施计划，比如在本不应允许出入的区域活动或者下班后还能进入办公室等。

6. 伪装高级身份攻击

伪装高级身份(Posing as an Important User)是指在特定环境中攻击者伪装成受信任的人欺骗受害者。例如，在现实生活中，穿着电信工作人员的制服，就可借此进出保安系统完备的企业大楼；如果要求出示证件，则伪造一张类似的，并在进出表上填写虚假个人信息。或者伪装成面试者，在面试交流中获得信息。因此，企业就需要确保面试过程中给出的信息没有机密资料，尽量简单标准；还要防范那些伪装成送外卖的、打扫卫生的、捡垃圾的、维修水电的、合作单位人员来访的、找熟人的人骗过警卫进入大楼。

7. 内部攻击

如果想要非常明确地获取企业信息，黑客还可以通过应聘等渠道打入公司内部，发起内部攻击(Insider Attack)，这也是每个新员工在应聘时都必须要进行背景调查的原因之一。因此，对新员工的工作环境也应有所限制，这听起来有些无情，但必须给新员工一段时间来证明，他们对公司重要的核心资产来说是值得信任的。

8. 尾随攻击

尾随(Piggybacking)攻击是攻击者借助门禁系统或员工的疏忽采取的具有针对性的攻击措施。这个方法简单而常见。例如，当目标企业的员工用自己的密码开门后，攻击者会紧随其后进入企业。

9. 垃圾搜索

垃圾搜索(Dumpster Diving)是指攻击者通常伪装成清洁工，在垃圾桶内翻捡废弃物并希望发现组织成员无意中扔掉的一些关键性的文件或信息，如电话号码本、组织成员名单、写有用户名和密码的即时贴、日程安排表、打印效果不佳而废弃的文件等。未经过完善的处理而丢弃的废旧硬盘、U 盘、手机等，也可能留存有价值的信息。

10. 肩窥攻击

肩窥(Shoulder Surfing)攻击是指攻击者利用与被攻击系统接近的机会，安装监视器或亲自窥探敏感信息。若员工能够保持良好的工作习惯和安全意识就能有效防止肩窥攻击。例如，临时离开办公室的片刻要随时锁门；敏感文件不要随意摊开在办公桌上；手机设置锁屏，计算机设置带有锁定功能的屏幕保护；输入账号密码注意观察周围情况，不要让其他人员靠近。

防止和避免社会工程学攻击最有效的方法是提高安全意识和安全素质，并建立严密的管理制度。

5.3 网 络 防 护

5.3.1 防火墙

防火墙(Firewall)是一种安全机制，用来隔离两个安全信任度不同的网络，可以保护一个受信任网络免受非受信任网络的攻击，它可以通过监测、限制、更改跨越防火墙的数据流，尽可能地对非信任网络屏蔽受信任网络内部的信息、结构和运行状况，以此来实现网络的安全保护，同时还必须允许两个网络之间可以进行合法的通信，如图 5.2 所示。在逻辑上，防火墙是一个分离器，一个限制器，也是一个分析器，其有效地监控内部网和 Internet 之间的任何活动，保证内部网络的安全。

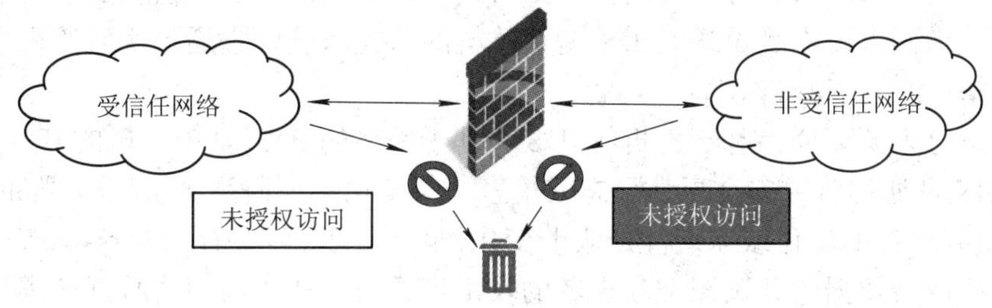

图 5.2 防火墙

防火墙分为软件防火墙、硬件防火墙以及专用防火墙。软件防火墙主要有 Windows 系统防火墙和著名安全公司 Check Point 推出的 ZoneAlarm Pro 防火墙；硬件防火墙是指把防火墙程序做到芯片里面，由硬件执行这些功能，以减少 CPU 的负担。目前市场上大多数防火墙都是硬件防火墙，专用防火墙则是为了专门防范某种网络风险的防火墙，比如 Web 应用防火墙(Web Application Firewall，WAF)，就是专门防范 Web 攻击，如注入攻击等针对 Web 攻击的防火墙。

防火墙的功能包括最基本的访问控制功能、内置 VPN 功能、地址转换功能(Network Address Translation，NAT)、负载均衡、日志审计、报警功能和上网行为管理等功能。防火墙发展至今一共经历了 5 代，分别为包过滤防火墙、应用代理防火墙、状态检测防火墙、统一威胁管理(Unified Threat Management，UTM)网关以及下一代防火墙(Next Generation FireWall，NGFW)，以下是详细介绍。

(1) 包过滤防火墙：监视并过滤网络上流入流出的 IP 包，拒绝发送可疑的数据包。

(2) 应用代理防火墙：当内部计算机与外部主机连接时，将由代理服务器(Proxy Server)担任内部计算机与外部主机的连接中继者。优点是隐藏内部主机的地址和防止外部不正常的连接。

(3) 状态检测防火墙：在网络层有一个检查引擎，截获数据包并抽取出与应用层状态有关的信息，并以此为依据决定对该连接是接受还是拒绝。

(4) UTM 网关：是一个功能全面的安全产品，它能防范多种威胁。UTM 网关集防火墙、虚拟专用网、入侵防御系统、防病毒、上网行为管理、内网安全、反垃圾邮件、抗拒绝服务攻击和内容过滤等多种安全技术于一身。

(5) 下一代防火墙：是一种整合式的网络平台，将多种功能整合在其之上。除了传统的防火墙功能之外，还包括线上深度包检测(Deep Packet Inspection，DPI)、入侵防御系统、应用层侦测与控制、SSL/SSH 检测、网站过滤以及 QoS/带宽管理等功能，使得这个系统能够应对复杂而高智慧的网络攻击行动。

5.3.2　入侵检测与入侵防御系统

1. 入侵检测系统

入侵检测系统(Intrusion Detection System，IDS)是通过对计算机网络或计算机系统中若干关键点收集信息并对其进行分析，从中发现网络或系统中是否有违反安全策略的行为和被攻击的迹象。部署方式采用旁路部署模式，通过在核心交换机上设置镜像口，将镜像数据发送到入侵检测设备。IDS 是计算机的监视系统，它通过实时监视系统，一旦发现异常情况就发出警告。

根据信息来源可分为基于主机的 IDS 和基于网络的 IDS。基于主机的 IDS(Host-based IDS，HIDS)是通过监视安全事件日志或检查系统变化实现监视主机(服务器)的活动，例如，系统重要文件的变化或系统注册表的变化。基于网络的 IDS(Network-based IDS，NIDS)是通过监视网络数据包并试图把攻击者的攻击模式与已知攻击模式数据库进行匹配来发现入侵者。

根据检测方法又可分为异常入侵检测(Anomaly Intrusion Detection)和误用入侵检测(Misuse Intrusion Detection)。异常入侵检测的过程是先定义一组系统“正常”情况的数值，如 CPU 利用率、内存利用率、文件校验和等，然后将系统运行时的数值与所定义的“正常”情况的数值比较，得出是否有被攻击的迹象，这种检测方式的核心在于如何定义所谓的“正常”情况。误用入侵检测的基本原理是将已知的入侵行为和企图进行特征抽取，提取共同模式并编写进规则库，再将监测到的行为与库进行模式匹配，如果特征相同或相似，就认为是入侵行为或者企图，并触发警报。

2. 入侵防御系统

入侵防御系统(Intrusion Prevention System，IPS)可以深度感知并检测流经的数据流量，对恶意报文进行丢弃以阻断攻击，对滥用报文进行限流以保护网络带宽资源。IPS将数据包进行深度包检测，对蠕虫、病毒、木马、拒绝服务等攻击进行查杀及阻断。IPS是专门为提供主动响应而设计的，部署方式是串接在网络链路上。

防火墙可以根据IP地址或服务端口过滤数据包。但是，它对于利用合法IP地址和端口而从事的破坏活动则无能为力。因为防火墙极少深入数据包检查内容，即使使用了深度包检测技术，其本身也面临着许多挑战。入侵防御系统深入网络数据内部，查找它所认识的攻击代码特征，过滤有害数据流，丢弃有害数据包并进行记载，以便事后分析。另外，大多数入侵防御系统同时结合考虑应用程序或网络传输中的异常情况，来辅助识别入侵和攻击。比如，用户或用户程序违反安全策略、数据包在不应该出现的时段出现等。应用入侵防御系统的目的在于及时识别攻击程序或有害代码及其克隆和变种，采取预防措施，先期阻止入侵，或者使其危害性充分降低。入侵防御系统一般作为防火墙和防病毒软件的补充使用。

5.3.3 虚拟专用网

在Internet公网进行的数据传输中，绝大部分数据的内容都是采用明文方式进行的。这样就会存在很多潜在的危险，比如银行账户、密码，或者其他一些敏感信息被一些别有用心的人非法窃取、篡改，最终可能导致用户的身份被冒充，银行账户被非法取现等。若搭建物理专网保证数据的安全传输，则其费用会非常昂贵，且专网的搭建和维护十分困难，因此产生了虚拟专用网的概念。

虚拟专用网(Virtual Private Network，VPN)是在公共数据网络上，通过采用数据加密技术和访问控制技术，实现两个或多个可信内部网之间的互联。VPN的构筑通常都要求采用具有加密功能的路由器或防火墙，以实现数据在公共信道上的可信传递。

利用VPN技术能够在不可信任的公共网络上构建一条专用的安全通道，经VPN传输的数据在公共网上具有保密性。VPN和传统的数据专网相比具有安全、价廉和可扩展性等优点。将VPN按照应用方式或者场景分类可以分为Access VPN、Intranet VPN、Extranet VPN。其中Access VPN指的是客户端到网关，使用公网作为骨干网在设备之间传输VPN数据流量，适用企业的内部人员移动或远程办公；Intranet VPN指的是网关到网关，通过公司的网络架构连接来自同公司的资源，适用于企业内部各分支机构的互联；Extranet VPN指的与合作伙伴企业网构成外部网，适用于一个公司与另一个公司的资源连接。

5.3.4 蜜罐

蜜罐(Honeypots)是一种网络安全资源，可以是真实的网络系统或是真实网络环境的模拟，其作用是引诱黑客扫描、攻击并最终攻陷，从而获取攻击者的信息以及他们的攻击技术、手段。蜜罐属于网络欺骗技术，是为黑客设下的诱饵。蜜罐看起来是一个真实的计算机系统，其中包含应用程序和数据，用来吸引黑客攻击，欺骗网络犯罪分子以为这是一个合理的目标，从而获取网络犯罪分子的信息以及监控他们的攻击行为方式。

电子邮件陷阱或垃圾邮件陷阱将伪造的电子邮件地址放置在隐藏位置，只有自动地址收集器才能找到它。由于该地址除了是垃圾邮件陷阱外，没有任何其他用途，因此可以百分之百确定发送到该地址的任何邮件都是垃圾邮件。所有与发送到垃圾邮件陷阱的邮件内容相同的邮件都可以被自动阻止，并且将发件人的源 IP 添加到黑名单中。

蜜罐也可以模仿公司的客户计费系统，这是想要找到信用卡号码的网络犯罪分子经常攻击的目标。一旦黑客进入，就可以对他们进行追踪，并对他们的行为进行评估，以获取如何使真实网络更安全的线索。

蜜罐通过刻意构建安全漏洞来吸引攻击者。例如，蜜罐可能具有响应端口扫描或弱密码的端口。脆弱的端口可能保持开放，以诱使攻击者进入蜜罐环境。蜜罐并未像防火墙或反病毒软件一样设置为解决特定问题。相反，它是一种信息工具，可以帮助使用者了解企业的现有威胁，并发现新出现的威胁。利用从蜜罐获得的情报，可以确定安全工作的优先级和重点。同时，当有真正的黑客想攻击计算机网络系统时，蜜罐在拖延黑客攻击真正目标上也能起到一定的拖延作用。

5.4 新兴网络安全

5.4.1 工业控制系统安全

1. 工业控制系统概述

随着工业控制系统接入互联网，越来越多的黑客开始将攻击目标转向工业控制系统。工业控制系统(Industrial Control Systems，ICS，简称工控系统)是由各种自动化控制组件以及对实时数据进行采集、监测的过程控制组件共同构成的确保工业基础设施自动化运行、过程控制与监控的业务流程管控系统。ICS 核心组件包括监视控制与数据采集系统(Supervisory Control And Data Acquisition，SCADA)、分布式控制系统(Distributed Control Systems，DCS)、可编程逻辑控制器(Programmable Logic Controller，PLC)、远程终端(Remote Terminal Unit，RTU)、人机交互界面设备(Human Machine Interface，HMI)，以及确保各组件通信的接口技术。

SCADA 主要由一系列的远程终端单元(RTU)和中心控制主站系统组成。RTU 用于搜集现场数据，并通过通信系统反馈给主站，主站显示采集的数据并允许操作人员执行远程控制任务。DCS 主要是由过程控制和过程监控组成的以通信网络为纽带的多级计算机系统，综合计算、通信、显示和控制等四项技术，其基本设计思路是分散部署、集中控制、分级管理、配置灵活、组态方便。DCS 用于控制工业过程，如发电，炼油，废水处理，以及化学、食品和汽车生产。PLC 用于在监控系统中接收控制命令或返回传感器状态。PLC 广泛应用于工业过程。HMI 允许系统管理员创建更新配置，运行新算法到控制器上。HMI 和 PLC 进行组态之后，可以通过 HMI 对 PLC 通信控制以达到控制终端设备的目的。

ICS 是电力、交通、能源、水利、冶金和航空航天等国家重要基础设施的“大脑”和“中枢神经”，超过 80%的涉及国计民生的关键基础设施都需要依靠它来实现自动化作业。这些系统一般封闭隔离、高度内联、重在操作。传统上，ICS 部署在隔离的区域，主要注重系统功能，在设计时未考虑信息和网络安全性。当前，为实现基础设施的远程控制和监督，越来越多的工控系统连接到企业网。ICS 暴露到公网中，会增加遭受网络攻击的风险，对人们的生命、安全生产带来威胁。2010 年，震网病毒摧毁了伊朗 1000 多台离心机；2011 年，美国伊利诺伊州城市供水系统的供水泵遭到破坏；2014 年，德国钢铁厂遭受 APT 攻击；2015 年，波兰航空公司操作系统遭遇黑客攻击；2016 年，美国东海岸大面积断网；2019 年，委内瑞拉遭遇全国大规模停电；2021 年，美国最大燃油管道运营商 Colonial Pipeline 遭到网络攻击，被迫关闭了其位于美国东部沿海各州供油的关键燃油网络。

可在在线数据库和专业的搜索引擎网络中获取工控设备的信息。常用的面向工控设备的公共搜索引擎包括撒旦(Shodan)、钟馗之眼(Zoomeye)和 Censys 等。

2. 工业控制系统与传统 IT(信息技术)系统之间的区别

工业控制系统的安全通常可分为功能安全、物理安全和信息安全三类。功能安全是当任一随机故障、系统故障或共因失效发生时，都不会导致安全系统故障，从而避免人员伤害或死亡、环境破坏、设备财产损失；物理安全是减少由于电击、火灾、机械危险、辐射和化学危险等因素造成的危害；信息安全是保持信息的机密性、完整性、可用性，另外还有真实性、可核查性、不可否认性和可靠性等。

工控系统与传统 IT 系统安全防护存在本质区别。传统 IT 系统关注的是信息安全，而工业控制系统通常关注更多的是物理安全与功能安全，尤其是功能安全，系统的安全运行由相关的生产部门负责，信息部门仅处于从属的地位。在信息安全的三个属性(机密性、完整性、可用性)中，传统 IT 系统的优先顺序是机密性、完整性、可用性，而工业控制系统则是可用性、完整性、机密性。

3. 工业控制网络与传统 IT 网络的区别

不同于传统 IT 网络安全，工业控制网络安全是要防范和抵御攻击者通过恶意行为人为地制造生产事故、损害或伤亡。可以说，没有工业控制网络安全就没有工业控制系统的生产安全。只有保证了系统不遭受恶意攻击和破坏，才能有效地保证生产过程的安全。虽然工业控制网络安全问题同样是由各种恶意攻击造成的，但是工业控制网络安全问题与传统 IT 网络安全问题有着很大的区别，具体包括以下三个方面：

(1) 在工控部件生命周期方面。传统 IT 网络设备一般只使用 3～5 年，而工业网络设备的生命周期长达 15～20 年。

(2) 工业控制网络的通信协议基本上是使用专门的工业协议，例如 Modbus、DNP3、Profibus、CC-Link、EtherCAT 和 HSE 等，传统 IT 网络使用 TCP/IP 协议进行通信。

(3) 工业控制系统中要求设备具备高可用性，能够持续工作，一年 365 天不间断，若有中断必须要提前进行规划并制定严格的时间表，而 IT 网络中的设备一旦出现异常可关机再重新启动。

4. 我国工业控制系统安全现状

据国家计算机网络应急技术处理协调中心发布的《2020 年中国互联网网络安全报告》指出，我国工业控制系统安全现状是：

(1) 工业企业最担心的攻击后果是造成生产设备损坏、业务停滞，当前拒绝服务漏洞排名第一。工业控制设备自身操作系统漏洞、应用软件漏洞及工业协议的安全性缺陷等工业系统自身的漏洞突出，特别是拒绝服务、缓冲区溢出、信息泄露和代码执行等问题。

(2) 针对工业控制环境的攻击涉及智能制造、能源、交通、水利、电力、医疗和食品等重要行业，其中智能制造行业更易受攻击。

(3) 工业领域因运营成本高、数据价值大、社会影响广，成为勒索软件攻击的首选。工业控制环境里大量的工业主机是通用的计算机设备，其中 Windows XP 的使用比例超过 40%，Windows 7 的使用量占据首位。工业主机安全问题已经成为工业控制环境的首要安全风险。

(4) 钓鱼邮件成为工业控制网络攻击的常用手段，主要目的为数据窃取，攻击者常常以将窃取的数据公开作为要挟进行勒索，获取利益。

5. 工业控制系统安全威胁

工业控制系统安全威胁主要体现在以下四个方面：

(1) 工控网络未进行安全域划分，安全边界模糊。大多数行业的工控系统各子系统之间没有隔离防护，未根据区域重要性和业务需求对工控网络进行安全区域划分，系统边界不清晰，边界访问控制策略缺失，重要网段和其他网段之间缺少有效的隔离手段，一旦出现网络安全事件，安全威胁无法控制在特定区域内。

(2) 工控系统环境中大量使用遗留的老式系统。工控系统跟国家经济、政治、民生、民运紧密相连，但是大都存在年久失修、不打补丁、防御薄弱等问题，有的甚至还在使用 Windows XP 系统。一旦接入互联网或者局域网，就可能成为一攻就破的靶子，为网络攻击和病毒、木马的传播创造了有利环境。

(3) 通信协议的安全性考虑不足，容易被攻击者利用。工控设备供应商已逐渐公开其私有协议，目的是使第三方设备制造商可以开发互相兼容的产品，从而获得更多的经济和技术优势，但同时也使得工控系统面临更多攻击的风险。专用的工控通信协议或规约在设计之初一般只考虑通信的实时性和可用性，很少或根本没有考虑安全性问题。例如，缺乏强度足够的认证、加密或授权措施等，特别是工控系统中的无线通信协议，更容易受到中间人的窃听和欺骗性攻击。为保证数据传输的实时性，Modbus/TCP、OPC Classic、IEC 60870-5-104、DNP 3.0、Profinet 和 EtherNet/IP 等工控协议多采用明文传输，易于被劫持和修改。

(4) 安全策略和管理制度不完善，人员安全意识不足。目前大多数行业尚未形成完整且合理的信息安全保障制度和流程，对工控系统规划、设计、建设、运维和评估等阶段的信息安全需求考虑不充分，配套的事件处理流程、人员责任体制、供应链管理机制有所欠缺。同时，缺乏相关的安全宣传和培训，对人员安全意识的培养不够重视，工控系统经常会接入各种终端设备，感染病毒、木马等的风险极大，给系统安全可靠运行埋下隐患。例如，多数工控系统工程师缺乏必要的安全方面的培训，在实际作业过程中经常使用免密登录或者使用常见的密码登录；很多公司将工控网络与公网连接起来，目的是为了公司管理者可以方便地远程访问生产系统，直接给设备发送指令，这种方式带来便利的同时，也增加了工控系统遭受外部非法连接的脆弱性。

6. 网络安全等级保护基本要求

在国标 GB/T 22239—2019《信息安全技术　网络安全等级保护基本要求》中，将工控安全分为安全物理环境、安全通信网络、安全区域边界、安全计算环境以及安全建设管理。

1) 安全物理环境

针对安全物理环境，涉及两点要求：一是室外控制设备应放置于箱体或装置中，箱体或装置还要具备散热、防火和防雨等能力；二是设备远离强电磁干扰、强热源等环境。

2) 安全通信网络

工业控制系统与企业其他系统之间应划分区域，区域间应采用技术隔离手段，而在工业控制系统内部，又需要根据业务特点划分为不同的安全域。

针对安全通信网络，要注意两个关键点：一是工控系统与企业其他系统之间要隔离；二是工控系统内部又需要隔离。涉及实时控制和数据传输的工业控制系统，应使用独立的网络设备组网，在物理层面上实现与其他数据网及外部公共信息网的安全隔离。

3) 安全区域边界

安全区域边界涉及访问控制、拨号使用控制和无线使用控制。在访问控制方面，规定“应在工业控制系统与企业其他系统之间部署访问控制设备，配置访问控制策略，禁止任何穿越区域边界的 E-Mail、Web、Telnet、Rlogin、FTP 等通用网络服务”。在边界防护机制失效时，需要及时报警。

在拨号使用控制方面，第三等级中增加“拨号服务器和客户端均应使用经安全加固的操作系统，并采取数字证书认证、传输加密和访问控制等措施。”在第四等级中，提到“涉及实时控制和数据传输的工业控制系统禁止使用拨号访问服务”。

在无线使用控制方面，则要求对用户(人员、软件进程或设备)进行标识、鉴别、授权和传输加密。网络安全等级保护制度 2.0 标准(简称等保 2.0)提到，“应对所有参与无线通信的用户(人员、软件进程或者设备)提供唯一性标识和鉴别、授权以及执行使用进行限制”。同时，在第三等级和第四等级中，提到“应对无线通信采取传输加密的安全措施”和“对采用无线通信技术进行控制的工业控制系统，应能识别其物理环境中发射的未经授权的无线设备”。

4) 安全计算环境

在等保 2.0 中提到“应在经过充分测试评估后，在不影响系统安全稳定运行的情况下对控制设备进行补丁更新、固件更新等工作”和“应关闭或拆除控制设备的软盘驱动、光盘驱动、USB 接口、串行口或多余网口等，确需保留的应通过相关的技术措施实施严格的监控管理”。

5) 安全建设管理

安全建设管理涉及产品采购和使用、外包软件开发。比如，采购工业控制系统的重要设备，需要通过专业机构的安全性检测。

5.4.2 移动互联网安全

1. 移动互联网概述

随着移动通信技术和移动应用的普及，移动终端不管是在设备持有量，还是在用户数量上，都已经超越传统 PC 端；与此同时，移动互联网普及性、开放性和互联性的特点，使得移动终端正在面临传统的互联网安全问题，特别是新冠肺炎疫情期间，远程办公大规模兴起，移动攻击面也急剧扩大。

移动互联网是指用户通过智能移动终端，采用移动无线通信方式获取移动通信网络服务和互联网服务。

移动互联网恶意程序是指在用户不知情或未授权的情况下，在移动终端系统中安装、运行以达到不正当的目的，或具有违反国家相关法律法规行为的可执行文件、程序模块或程序片段。移动互联网恶意程序一般存在以下一种或多种恶意行为，包括恶意扣费类、信息窃取类、远程控制类、恶意传播类、资费消耗类、系统破坏类、诱骗欺诈类和流氓行为类。其中，流氓行为类的恶意程序数量居首位。目前，移动互联网地下产业的目标趋于集中，Android 平台用户成为最主要的攻击对象。

2. 移动互联网恶意程序行为属性分类

行业标准《移动互联网恶意程序描述格式》将移动互联网恶意程序行为属性分为八类，以下是具体内容。

(1) 恶意扣费：在用户不知情或未授权的情况下，通过隐蔽执行、欺骗用户点击等手段，订购各类收费业务或使用移动终端支付，导致用户经济损失的，具有恶意扣费属性。

(2) 信息窃取：在用户不知情或未授权的情况下，获取涉及用户个人信息、工作信息或其他非公开信息的，具有信息窃取属性。

(3) 远程控制：在用户不知情或未授权的情况下，能够接受远程控制端指令并进行相关操作的，具有远程控制属性。

(4) 恶意传播：自动通过复制、感染、投递、下载等方式将自身、自身的衍生物或其他恶意程序进行扩散的行为，具有恶意传播属性。

(5) 资费消耗：在用户不知情或未授权的情况下，通过自动拨打电话、发送短信、彩信、邮件、频繁连接网络等方式，导致用户资费损失的，具有资费消耗属性。

(6) 系统破坏：通过感染、劫持、篡改、删除、终止进程等手段导致移动终端或其他非恶意软件部分或全部功能、用户文件等无法正常使用的，干扰、破坏、阻断移动通信网络、网络服务或其他合法业务正常运行的，具有系统破坏属性。

(7) 诱骗欺诈：通过伪造、篡改、劫持短信、彩信、邮件、通讯录、通话记录、收藏夹、桌面等方式，诱骗用户，而达到不正当目的的，具有诱骗欺诈属性。

(8) 流氓行为：执行对系统没有直接损害，也不对用户个人信息、资费造成侵害的其他恶意行为，具有流氓行为属性。如在用户不知情或未授权的情况下，长期驻留系统内存的；长期占用移动终端中央处理器计算资源的；自动捆绑安装的；自动添加、修改、删除收藏夹、快捷方式的；弹出广告窗口的；导致用户无法正常退出程序的；导致用户无法正常卸载、删除程序的；在用户未授权的情况下，执行其他操作的。

3. 移动互联网恶意程序传播方式

移动互联网恶意程序传播方式主要有以下十二种：

(1) 预装软件：如“山寨手机”预装木马。

(2) 第三方 ROM：水货刷机(水货商通过与第三方 ROM 制作商、恶意软件开发者等合作)、行货刷机(手机销售前拆包被刷 ROM)、刷机爱好者(为系统升级或者提升手机性能等原因，通过论坛、手机资源网站等渠道下载植入病毒的第三方 ROM)、手机维修(维修点刷机)。

(3) 第三方应用市场：86%的病毒来自于第三方应用市场，伪装成热门应用，重打包流行应用，通过延迟攻击、更新攻击、免杀技术绕过应用市场的安全检测系统。

(4) 短信链接：传播成本低，传播速度快，结合社会工程学手段可以形成爆发，如 XXShenqi(又名：超级手机病毒、蝗虫木马)。

(5) 伪基站：又称假基站、假基地台，是一种利用 GSM 单向认证缺陷的非法无线电通信设备，主要由主机和笔记本电脑组成，能够搜取以其为中心、一定半径范围内的 GSM 移动电话信息，并任意冒用他人手机号码强行向用户手机发送诈骗、推销等垃圾短信。伪基站运行时，用户手机信号被强制连接到该设备上，无法连接到公用电信网络，影响手机用户的正常使用。

(6) 社交网络：根据 Lookout 的研究，有 25%的推文包含恶意链接，并通过 Facebook 的好友请求传播，当用户点击“Contact Profile”中的链接时，会被重定向到病毒下载链接。

(7) 即时聊天软件：恶意软件传播者疯狂加 QQ 群并上传恶意软件到“群共享”，诱骗网友下载安装。

(8) Drive-By 下载(路过式下载)：用户没有主动点击，后台自动下载恶意软件。

(9) USB 连接：当 Android 手机使用 USB 连接到 PC 时，PC 上的程序将手机病毒自动安装到手机上。

(10) 二维码：二维码技术成熟、制作简单。充分利用用户“扫码”的习惯，只要扫一下二维码，就会打开病毒下载链接，迷惑性强，人工无法识别。

(11) 伪淘宝清单(SmForw.CJ)病毒：在淘宝交易过程中，“伪淘宝”应用通过诱骗用户下载、安装手机病毒，窃取并拦截用户的短信验证码。

(12) 恶意广告平台：以广告 SDK 形式集成进第三方应用。如 BadNews 被设计成一个广告平台，嵌入到正常的应用程序中，该广告平台展示的广告链接直接指向扣费短信病毒。

5.4.3 物联网安全

1. 物联网概念

物联网(Internet of Things，IoT)是指通过射频识别(RFID)、红外感应器、全球定位系统和激光扫描器等信息传感设备，按照一定的协议，将任何物品与互联网连接起来进行信息交换和通信，以实现智能化识别、定位、跟踪、监控和管理的一种网络概念。物联网作为战略性新兴产业，已经开始在社会生产生活中大规模部署，广泛应用于车联网、运输和物流、工业制造、健康医疗、智能环境(如家庭、办公室和工厂等)、智慧城市、智能家居、智能监控、智能穿戴和智慧能源领域，万物互联的时代正在到来。然而，在物联网给社会提供便利和服务的同时，也面临严峻的安全威胁和挑战。

2. 物联网的基本架构

物联网从架构上可以分为感知层、网络层和应用层。

1) 感知层

物联网感知层通过对信息的采集、识别和控制，达到全面感知的目的。由感知设备和网关组成，感知设备可为RFID装置、各类传感器(如红外、超声、温度、湿度、速度等)、图像捕捉装置(如摄像头)、全球定位系统(GPS)、激光扫描仪、融合部分或全部上述功能的智能终端等。物联网中的终端设备种类繁多，如RFID芯片、读写扫描器、温度压力传感器、网络摄像头、智能可穿戴设备、无人机、智能空调、智能冰箱、智能汽车等，体积、大小不一，功能复杂多样。感知层是实现物联网全面感知的核心能力，是物联网中亟待突破的部分，关键在于具备更精确、更全面的感知能力，并解决低功耗、小型化和低成本的问题。感知层面临的安全问题包括物理破坏、传感设备替换、传感阻塞、DDoS攻击、资源耗尽攻击、信息泄露和非授权访问等。

2) 网络层

网络层是将感知层采集的信息通过传感网、移动网和互联网等进行传输，对应的是设备之间，以及设备、云平台、手机 App 这三类实体之间的通信。网络层是利用无线和有线网络对采集的数据进行编码、认证和传输，广泛覆盖的移动通信网络是实现物联网的基础设施，是物联网三层中标准化程度较高、产业化能力较强、较成熟的部分，关键在于为物联网应用特征进行优化和改进，形成协同感知的网络。网络层面临的安全问题包括网络节点和网络线路的物理破坏、DDoS攻击、终端病毒攻击、漏洞攻击、对网络节点窃听、假冒基站攻破网络通信，伪装成网络实体截获业务数据和用户信息。

3) 应用层

应用层是物联网与用户的接口，负责向用户提供个性化服务、身份认证、隐私保护和接收用户的操作指令等。应用层主要是负责提供丰富的基于物联网的应用，是物联网发展的根本目标，将物联网技术与行业信息化需求相结合，实现广泛智能化应用的解决方案，关键在于行业融合、信息资源的开发利用。应用层面临的安全问题包括应用层智能终端的网络破坏、应用程序漏洞攻击、隐私泄露和窃取业务数据等。

3. GB/T 37044—2018 物联网安全参考模型

GB/T 37004—2018《信息安全技术 物联网安全参考模型及通用要求》从物联网系统参考安全分区、系统生存周期和基本安全防护措施三个维度描述了物联网安全参考模型。

物联网系统参考安全分区从物联网系统的逻辑空间维度出发，基于物联网参考体系架构，依据每一个域及其子域的主要安全风险和威胁，归纳相应的安全防护需求，形成感知安全区、网络安全区、应用安全区和运维安全区等安全责任逻辑分区。

系统生存周期从物联网系统存续时间维度出发，将物联网系统划分为规划设计、开发建设、运维管理、废弃退出四个阶段，并定义各阶段的安全任务目标和安全防护需求。

基本安全防护措施从物理安全、网络安全、系统安全、应用安全、运维安全和安全管理等方面，采取技术手段和管理手段并重的措施。

4. 物联网面临的安全威胁

物联网面临的安全威胁主要体现在以下十二个方面。

(1) 隐私泄露将会直接影响终端用户，如通过对燃气表、电表用量的计算，可以精准计算出房屋内是否有人居住、居住人数等。通过观察智能电表的仪表读数来推断出住户的特定活动或行为模式。再如，在手机终端中，通过公共 WIFI 可以判断用户位置，也可以窃取密码和隐私信息，这类攻击的隐蔽性非常强，防范难度高。

(2) 大量可远程控制的智能设备方便了人们的生活，同时也给网络犯罪分子打开了新的“牟利之门”。不同于 PC 端、手机端，物联网设备的安全防护水平通常不高。智能家居是物联网技术运用的典型代表，智能家居设备部署在私密的家庭环境中，如果设备存在的漏洞被远程控制，将导致用户隐私完全暴露在攻击者面前。例如，智能家居设备中摄像头的不当配置(缺省密码)与设备固件层面的安全漏洞可能导致摄像头被入侵，进而引发摄像头采集的视频隐私遭到泄露。2017 年 8 月，浙江某地警方破获了一个在网上制作和传播家庭摄像头破解入侵软件的犯罪团伙，查获被破解入侵家庭摄像头 IP 近万个。近日，中央网信办、工业和信息化部、公安部、市场监管总局联合发布了《关于开展摄像头偷窥等黑产集中治理的公告》，自 2021 年 5 月至 2021 年 8 月，在全国范围组织开展摄像头偷窥黑产集中治理。

(3) 智能家居系统的安全漏洞将不仅给用户带来隐私泄露风险，还可能造成用户财产损失，甚至威胁用户人身安全。例如，窃贼可以通过控制智能门锁进行盗窃活动；纵火犯可以通过控制智能烤箱致使受害者遭受火灾威胁；攻击智能灯泡可以窃取用户隐私；攻击者可以控制智能灯泡发光的颜色、强度和频率，这可能诱发患有光敏性癫痫病的人癫痫发作；英国某医疗公司推出的便携式胰岛素泵被黑客远程控制，黑客可以通过控制注射计量威胁使用者的生命安全；2017 年，日本出现多起针对智能电视的勒索病毒事件；我国也爆发了多起黑客利用漏洞入侵控制家用摄像头，并非法获取用户敏感视频对用户进行敲诈的安全事件。

(4) 物联网设备认证机制的缺失会对用户安全与隐私造成极大危害。例如，由于智能音箱缺乏对使用者声音的认证，研究人员发现电视里播放的汉堡王广告可以触发 Google Home 音箱的语音控制指令，使其访问维基百科网页；卡通动画(南方公园 South Park)可以触发 AmazonEcho，使其访问 Amazon 商城并自动填满用户购物车；甚至，攻击者可以通过将恶意语音命令嵌入歌曲中完全控制用户的语音助手或智能音箱。

(5) 人们通过与智能音箱进行语音交互，可以点播歌曲、上网购物，还可以对智能家居设备进行控制，比如打开窗帘、打开电灯、设置冰箱温度等，其已经成为与移动 App 并驾齐驱的智能家居控制中心。一旦攻破智能音箱，攻击者可以完全控制家庭中所有智能家居设备。

(6) 近年来，研究者开始关注于语音识别以及智能音箱的安全与隐私问题。如使用人耳无法听到的超声波指令攻击智能音箱的语音识别系统，从而能够使用任意命令完全控制音箱；利用语音识别系统中人工智能算法的漏洞，将控制指令嵌入到歌曲中，构造成恶意的对抗样本欺骗语音识别系统，从而控制智能音箱。

(7) 可穿戴设备中传感器收集的身体活动水平信息与无线信道的变化密切相关，而无线信道的变化恰好可以通过测量被窃听帧的信号强度来捕获，因而导致佩戴者的身体活动信息通过物理层泄露给窃听者。通过分析 Nest 恒温器及烟雾二氧化碳检测器的网络流量信息，可获取家中的敏感信息。视频监控已被广泛采用以确保家庭安全，攻击者可以根据加密视频流的流量大小数据容易地推断出用户的日常基本活动。

(8) 物联网设备数量众多，规模庞大，一旦被攻击者攻破，就可以组建成巨大的僵尸网络。在攻击者眼中，IoT 设备就是完美的僵尸网络节点，因为它无处不在，需要联网，用户从不更改预装的密码，软件漏洞成堆，而且人们很容易遗忘它们的存在。由于物联网设备存在设备分散、责权不清，早期设备无法远程升级等问题，这就导致这些设备部署之后基本处于无人监管状态，既没有软件或固件升级，也不会打补丁。另外，由于物联网设备的计算能力弱，导致对于攻击的追踪难度提高。黑客通过感染和控制不安全的物联网设备，如路由器、烤面包片机、摄像头、智能家电或其他联网设备，形成 IoT 僵尸网络，僵尸网络的控制者能够发动 DDoS 攻击，发送垃圾邮件，让物联网设备成为“比特币挖矿奴隶”。如黑客曾利用 Mirai 僵尸网络发动了规模巨大的 DDoS 攻击，让包括 Twitter 和 CNN 在内的许多网站都陷入了瘫痪。

(9) 由于感知终端或节点通常无人值守，处于不安全物理环境，有可能被偷盗，非法位置移动、人为破坏，以及自然环境引发的威胁可能造成感知终端或节点的丢失、位置移动或无法工作。

(10) 物联网节点携带电池容量有限，攻击者可以通过连续发送无用的数据包消耗节点的能量，缩短节点的使用寿命，同时浪费大量的网络带宽。

(11) 当多个应用在同一场景下被使用时，它们在“交点”上可能产生不可预期的执行冲突，而这种冲突会改变应用或服务的执行结果。例如，智能家居场景中部署的两条服务，分别为“如果检测到烟雾，则打开水阀”和“如果检测到漏水，则关闭水阀”，当厨房发生火灾时，烟雾传感器命令水阀打开，同时开启屋顶喷水器(第一条服务生效)，但是漏水传感器检测到水流后命令水阀关闭(第二条服务生效)，最终这种冲突将导致自动灭火的规则失效，引起人身财产损失。

(12) 物联网应用层的信息大部分是自动化处理，按照设定好的规则进行过滤和判断，对恶意指令信息的判断有限，攻击者可以通过技术手段避开这些规则。应用层的安全风险很可能导致信息处理失控。

习　题　五

1. (　　)指攻击者通过对目标组织或个人进行有计划、有步骤的信息收集，从而了解攻击目标的网络环境和信息安全状况。

A. 扫描　　B. 入侵　　C. 踩点　　D. 监听

2. 用户收到了一封可疑的电子邮件，要求用户提供银行账户及密码，这种攻击手段是(　　)。

A. 缓存溢出攻击　　B. 钓鱼攻击

C. 后门攻击　　D. DDoS 攻击

3. 病毒和逻辑炸弹相比，其特点是(　　)强。

A. 破坏性　　B. 传染性　　C. 隐蔽性　　D. 攻击性

4. 为了防御网络监听，最常用的方法是(   )。

A. 采用物理传输(非网络)　　B. 信息加密

C. 无线网　　D. 使用专线传输

5. 拒绝服务攻击具有极大的危害，其后果一般是(   )。

A. 大量木马在网络中传播　　B. 被攻击目标无法正常服务甚至瘫痪

C. 能远程控制目标主机　　D. 黑客进入被攻击目标进行破坏

6. 向有限的空间输入超长的字符串是(   )攻击手段。

A. 缓冲区溢出　B. 网络监听　C. 拒绝服务　D. IP 欺骗

7. 计算机病毒通常是(   )。

A. 一段程序　B. 一个命令　C. 一个文件　D. 一个标记

8. 网络后门的功能是(   )。

A. 保持对目的主机长期掌握　　B. 防止管理员密码丢失

C. 为了定期维护主机　　D. 为了防止主机被非法入侵

9. 某网站的流量突然激增，访问该网站响应变慢，则该网站最有可能受到的攻击是(   )。

A. SQL 注入攻击　　B. 特洛伊木马

C. 端口扫描　　D. DoS 攻击

10. 一个端着热咖啡托盘的人站在门前，因为要尽力维持平衡，她似乎无法将她的门卡放在读卡器附近，那么你该怎么办？为她开门还是帮助她端起托盘？

11. 你偶然收到了一封据称是熟人的电子邮件，从主题行看，这是一封个人电子邮件，在邮件中，他说明了附件中包含发件人最近前往巴哈马群岛的照片，附件照片采用的压缩文件 ZIP 格式。要不要打开呢？

12. 安全领域内最关键和最薄弱的环节是(   )。

A. 技术　B. 策略　C. 管理制度　D. 人

13. 举例说明如何利用贪婪、狂妄等人性的缺点，以及自信、怜悯等人性的优点进行社会工程学攻击。

14. 下面不属于网络钓鱼行为的是(   )。

A. 以银行升级为诱饵，欺骗客户点击“金融之家”进行系统升级

B. 黑客利用各种手段，可以将用户的访问引导到假冒的网站上

C. 用户在假冒的网站上输入的信用卡号都进入了黑客的银行

D. 网购信息泄露，财产损失

15. 人是最薄弱的环节。虽然企业可能配备了最好的防护技术和忠诚的员工，该有的安全设备都有了，但带有恶意的黑客不需要用不光彩的计算机技术手段实施入侵，他们通常是利用人与人之间的交往，向知情人骗取口令和其他信息。这种操控计算机使用者而非计算机本身的方法属于什么方法？

16. 关于如何防范摆渡攻击以下说法正确的是(   )。

A. 安装杀毒软件　　B. 安装防火墙

C. 禁止在两个信息系统之间交叉使用 U 盘

D. 加密

17. 以下关于 VPN 说法正确的是(　　)。

A. VPN 指的是用户自己租用线路，和公共网络物理上完全隔离的、安全的线路

B. VPN 指的是用户通过公用网络建立的临时的、安全的连接

C. VPN 不能做到信息认证和身份认证

D. VPN 只能提供身份认证、不能提供加密数据的功能

18. 防火墙(　　)不通过它的连接。

A. 不能控制　　B. 能控制　　C. 能过滤　　D. 能禁止

19. 防火墙一般都具有网络地址转换功能(NAT)，NAT 允许多台计算机使用一个(　　)连接网络。

A. Web 浏览器　　B. IP 地址　　C. 代理服务器　　D. 服务器名

20. 造成工业控制系统易遭攻击的因素有哪些？

21. 以下(　　)可能携带病毒或木马。

A. 二维码　　B. IP 地址　　C. 微信用户名　　D. 微信群

22. 以下防范智能手机信息泄露的措施有(　　)(多选)。

A. 禁用 WiFi 自动连接到网络功能，使用公共 WiFi 有可能被盗用资料

B. 下载软件或游戏时，仔细审核该软件，防止将木马带到手机中

C. 经常为手机做数据同步备份

D. 勿见二维码就扫

23. 列举使用智能摄像头存在哪些潜在的安全风险。

24. 从信息截获、网络链路阻塞、节点俘获和节点能量消耗等方面考虑，分析电力物联网智能抄表存在的安全风险。

第 6 章　网络信息内容安全

6.1　网络信息内容安全概述

6.1.1　网络信息内容安全的内涵

随着信息技术的发展，网络成为人们浏览信息、获取服务、表达诉求、参与社会治理的主要渠道和平台。2000 年的《互联网信息服务管理办法》要求对经营性互联网信息服务实行许可制度，对非经营性互联网信息服务实行备案制度。2017 年的《互联网新闻信息服务管理规定》对互联网新闻信息服务许可管理、网信管理体制、互联网新闻信息服务提供者主体责任等作出新的规定。《中共中央关于制定国民经济和社会发展第十四个五年规划和二〇三五年远景目标的建议》中提出建设数字中国，加快数字化发展。

网络的快速发展引发线上内容的爆炸式增长，也产生一些亟待解决的问题。商业平台逐利意识强烈、社会责任意识淡薄，伴随产生的网络低俗之风屡禁不止，短视频和网络直播成为低俗、色情、造假的重灾区。另外，随着民众由比较集中的新闻跟帖和论坛等讨论平台转向微博、微信等社交私密性较强的社交网络，从技术上为舆情研判的准确性带来严重挑战。

网络信息内容主要涉及网络上存储与流动的信息和数据，主要通过视频、图像、文字、音频等形式表现出来。信息内容安全的内涵包括两个层面，一是指对信息内容的保护，如防窃取、防篡改等，这涉及信息内容保密、知识产权保护、信息隐藏、隐私保护、病毒查杀、网络攻击检测等诸多方面；二是指信息内容符合政治、法律、道德层次的要求，即政治上健康，符合法律法规，符合中华民族的优良道德规范。网络信息内容安全事件是指通过网络传播法律法规禁止的信息，或炒作敏感问题并危害国家安全、社会稳定和公众利益的事件。

当前，垃圾信息造成的信息过载、虚假信息带来的信息污染、危安信息制造的信息恐怖、敌对势力的信息渗透和信息侵略、黄赌毒泛滥、隐私泄露、版权侵犯等问题日益突出。利用信息技术从海量、迅速变化的网络信息中对特定安全主题相关数据自动获取、识别和分析，是管理不良信息传播的重要手段。表 6.1 归纳了网络信息内容安全的内涵。

表 6.1　网络信息内容安全的内涵

领域	内　涵
政治方面	防范敌对势力意识形态渗透、策划“颜色革命”、煽动“街头政治”和恐怖活动、组织规模事件，维护社会政治稳定
宗教方面	防止外国宗教势力的网络渗透、假借宗教名义的网络行骗、邪教组织的网络活动
文化方面	防止敌对势力的“西化”图谋、对中国的“妖魔化”(如中国崩溃论、中国威胁论)、抹黑历史、诋毁社会主义核心价值观
健康方面	净化网络，过滤色情、淫秽、暴力、谣言、赌博、毒品等内容，防止网络诈骗、网络欺凌、网络盯梢
生产方面	防止滥用企事业单位的网络资源，如工作时间购物、刷视频等违规行为检测，广告、病毒、垃圾邮件过滤，提高生产效率
安全方面	防止泄密、篡改、伪造，防止病毒、木马传播，拦截网络流量攻击
版权方面	防止网络侵权，如盗版、歪曲篡改他人作品、非法转播
隐私方面	防止个人隐私泄露，防止个人数据被盗取、倒卖、滥用等

信息内容安全领域的斗争越来越激烈，一方面要应对敌对势力网络渗透、抵制西方舆论霸权、净化网络环境、保护网络生态；另一方面，我们要研究网络信息内容安全的特点、规律、技术，完善相关法律、制度，提高网络信息内容安全防护水平。

6.1.2　网络信息内容安全的研究方向

网络信息内容安全以在线的网页、邮件、实时通信内容和离线的电子数据(文档、音频视频文件)为处理对象。其主要的研究方向包括：

1. 信息内容识别

研究大规模信息感知与识别，包括支持网络海量数据的快速过滤与内容安全监控、面向内容理解的自然语言处理、视觉理解、模式识别、分类等技术。

2. 社交网络挖掘

社交网络挖掘是指通过对社交网络中的链接结构和文本内容进行挖掘分析，寻找社交网络事件演变规律。其重点包括网络结构的演化分析、网络节点的行为预测和网络关键节点的挖掘。社交网络挖掘是认知和管理社交网络的重要手段。

3. 用户行为分析

用户行为分析是一种从用户历史行为数据中挖掘有用信息的技术，其实质是通过挖掘用户在网络中产生的各种数据，为每个用户建模。

4. 信息检索

信息检索是研究信息的有效获取、存储、组织、挖掘和访问的一门学科，其目标是为用户快速提供满足其需求的信息。信息检索的应用非常广泛，最典型的是 Web 搜索引擎，如 Google、Baidu。实际上，信息检索还包括生活搜索、商品搜索、个人搜索、企业搜索、移动搜索、博客搜索、软件搜索等。除了搜索之外，信息检索还包括信息推荐和过滤、信息分类和聚类、信息抽取、问答系统等。信息检索技术广泛用于社交网络、新闻推荐、商品推荐、情报分析、内容聚合等场合。

5. 网络舆情计算

网络舆情主要指网络中反映出的人们针对事件、任务、产品等的意见、看法、观点、情绪和态度。网络舆情计算是指从网络数据中挖掘出这些信息的过程，舆情计算可以看成信息检索的一个重要应用。它主要研究信息抽取、网络文本分类、倾向性分析、话题发现与跟踪、问答分析等。

6. 安全检测与防护

如今，网络空间安全态势日益严峻，网络空间高级安全威胁已经渗透到网络基础设施、工业控制、军事科技、战略情报等领域，针对网络空间的攻击、破坏、控制、窃密等活动的影响越来越大。安全检测与防护主要研究面向网络空间高级安全威胁的检测、防护、追踪、感知、预警等技术。

6.2　网络空间信息内容获取

6.2.1　网络媒体信息类型

传媒是传播各种信息的媒体，信息传播媒体可以是广播、电视、报刊、电影、出版、广告、传单、书籍、网络等。网络媒体信息是指通过网络传播的信息，常见的分类方式如下：

1. 根据网络媒体形态分类

根据网络媒体形态，网络媒体可以分为传统网站媒体和新型的交互式媒体。传统网站媒体主要包含新闻网站、论坛(BBS)、博客(Blog)等形态(广播式)，涉及的安全问题有 BBS 是否有灌水帖子、博客上是否有水军。新型的交互式媒体涵盖搜索引擎、多媒体(视/音频)点播、网上交友、网上招聘与电子商务(网络购物)等形态(交互式)，涉及的安全问题有网上交友是否有诈骗，招聘网站是否有传销信息，购物网站是否有违禁品、盗版等。

2. 按发布信息类型分类

按发布信息类型，网络媒体信息可细分为文本信息、图像信息、音频信息与视频信息 4 种类型，其中，文本信息是网络媒体信息中占比最大的信息类型。

3. 按照信息发布方式分类

按照网络媒体所选择信息发布方式的不同，网络媒体信息还可以分成可直接匿名浏览的公开发布信息，以及需要实名身份认证才可以进一步点击阅读的网络媒体发布信息。

4. 按网页内容的具体构成形态分类

按网页内容的具体构成形态，网络媒体信息可分为静态网页和动态网页信息。静态网页是标准的 HTML 文件，是纯粹 HTML 格式的网页。静态网页是相对于动态网页而言的，是没有后台数据库、不含程序和不可交互的网页。动态网页是基本的HTML语法规范与Java、VB、VC等高级程序设计语言、数据库编程等多种技术的融合，以期实现对网站内容和风格的高效、动态和交互式的管理。它以.aspx、.asp、.jsp、.php、.perl、.cgi等形式为后缀，并且在动态网页网址中有一个标志性的符号“?”。

6.2.2 信息获取技术

信息获取是指自动信息采集。现有的信息采集技术主要是通过网络页面之间的链接关系，从网上自动获取页面信息，并且随着链接不断向整个网络扩展。目前，一些搜索引擎使用这项技术对全球范围内的网页进行检索。舆情监控系统应能根据用户信息需求，设定主题目标，使用人工参与和自动信息采集相结合的方法完成信息收集任务。

信息获取技术可分为主动获取技术和被动获取技术。

(1) 主动获取技术：网络媒体信息获取，通过向网络发出请求来获取信息，其特点是接入方式简单，能够获取更广泛的信息内容，但会对网络造成额外的负担。

(2) 被动获取技术：网络通信信息获取，在网络出入口上通过旁路侦听方式获取网络信息，其特点是接入时需要网络管理者的协作，获取的内容仅限于进出本地网络的数据流，不会对网络造成额外流量。

互联网上的信息存储在无数个服务器上，要对网络上的信息进行分析，首先要把网页采集到自己本地的服务器上，这就是信息采集器，也称为网络爬虫、网页蜘蛛、网络机器人，它是一个自动获取网页的程序。网络媒体信息获取的一般流程如下：

(1) 设置初始URL集合。信息采集器是一个可以浏览网页的程序，被称为网络爬虫。网络爬虫需要知道向哪儿发送请求才能将网页信息抓取到本地。因此，首先设置初始URL集合，网络爬虫从初始URL集合开始顺着网页上的超链接，采用深度优先算法或广度优先算法对整个Internet进行遍历，抓取数据。

(2) 信息获取。网络爬虫向信息发布网站请求所需内容，接收来自网站的响应信息，然后将抓取的网页传递给后续的信息解析模块。

(3) 信息内容解析。信息采集器提取网页的主体内容并维护与网络发布内容紧密相关的关键字段(如来源、标题、信息失效时间和最近修改时间等)，提取的主体内容转交至信息判重模块，关键字段存入信息库。正文具有分块保存的特性。网页中会出现3种类型的文本块，一是主题型文本块，是大段文字的文本块，如“<TD>第1章</TD>”；二是目录型文本块，是描述链接的文本块，如“<a href=　>第1章</a>”；三是图片型文本块，是描述图片的文本块，如“<img src=　>第1章</img>”。目录型文本块和图片型文本块相对容易被区分；而主题型文本块中可能包含广告等其他内容，必须与正文相区别。判断哪个文本块是正文要采用“投票算法”。过程是定义一系列规则，通过这些规则为每一个文本块打分，得分最高的被认为是正文。

(4) 信息判重。通过URL判重判定是否已获取内嵌URL信息内容，若是，则检查URL的信息失效时间及最近修改时间；否则重启完整的信息采集操作。进一步，可通过内容判重避免相同内容被重复存储。

网络媒体信息获取可分为全网信息获取、定点信息获取和基于主题的信息获取。

(1) 全网信息获取。全网信息获取工作范围涉及整个国际互联网内所有网络媒体发布的信息，应用于搜索引擎(Search Engine)，如 Google、Baidu 或 Yahoo 等，和大型内容服务提供商(Content Service Provider)的信息获取。

(2) 定点信息获取。定点信息获取的工作范围限制在服务于信息获取的初始 URL 集合中每个 URL 所属的网络目录内。深入获取每个初始 URL 所属的网络目录及其下子目录中包含的网络发布内容，不再向初始 URL 所属网络目录的上级目录乃至整个互联网扩散信息获取行为。

(3) 基于主题的信息获取。元搜索属于特殊的基于主题的信息获取，是将主题描述词传递给搜索引擎进行信息检索，并把搜索引擎针对主题描述词的信息检索结果作为基于主题信息获取的返回内容。元搜索技术正是通过在不同搜索引擎的网络交互过程中根据每个搜索引擎的具体要求构造主题描述词信息检索 URL，向搜索引擎发起信息检索请求。元搜索技术利用搜索引擎进行基于主题的信息获取操作，它把搜索引擎关于主题描述词的信息检索结果作为信息获取对象，从而实现面向特定主题的网络发布内容获取。

6.3　网络信息内容预处理

6.3.1　网络信息内容预处理的主要步骤

一般来说，网络信息内容预处理的主要步骤包括中文分词、去除停用词、语义特征提取、特征子集选择、特征重构、向量生成和文本内容分析等。

1. 中文分词

中文分词作为自然语言处理的第一步，有着不可或缺的作用。英语文本是小字符集上的由空格分隔开的词串，而汉语文本是大字符集上的连续字串。中文分词由于语言的复杂性成为学者研究的热点。

中文以字为基本书写单位，但单个字往往不足以表达一个意思，通常认为词是表达语义的最小元素，因此须对中文字符串进行合理的切分。由于中文的复杂性，中文分词的困难在于粒度选择、歧义识别和未登录词识别等方面。分词粒度分为粗粒度和细粒度两类，例如“中国矿业大学”，粗粒度为中国矿业大学，细粒度为“中国/矿业/大学”。歧义是指同样的一句话，可能有两种或者更多的切分方法，歧义字段在中文中普遍存在，给分词带来极大困扰，比如“学生会组织义演活动”，是切分成“学生/会/组织/义演/活动”，还是切分成“学生会/组织/义演/活动”？未登录词就是那些在字典中没有收录过但又确实能称为词的那些词，通常包含新出现的普通词汇、专有名词、专业名词和研究领域名称等。

中文分词算法可分为 3 大类：基于字符串匹配的分词方法、基于统计的分词方法和基于理解的分词方法。

1) 基于字符串匹配的分词方法

基于字符串匹配的分词方法又叫作机械分词方法或基于词典的分词方法，它是按照一定的策略将待分析的汉字串与一个“充分大的”机器词典中的词条进行匹配，若在词典中找到某个字符串，则匹配成功(识别出一个词)。按照扫描方向的不同，字符串匹配分词方法可以分为正向匹配和逆向匹配；按照不同长度优先匹配的情况，可以分为最大(最长)匹配和最小(最短)匹配；按照是否与词性标注过程相结合，又可以分为单纯分词方法和分词与标注相结合的一体化方法。

基于字符串匹配的分词方法的优点是分词过程是跟词典作比较，不需要大量的语料库、规则库，其算法简单、复杂性小，对算法作一定的预处理后分词速度较快。其缺点是不能消除歧义、不能识别未登录词，对词典的依赖性比较大。

2) 基于统计的分词方法

从形式上看，词是稳定的字的组合，因此在上下文中，相邻的字在语料库中同时出现的次数越多，就越有可能构成一个词。因此字与字相邻共现的频率或概率能够较好地反映成词的可信度，可以对语料中相邻共现的各个字的组合的频度进行统计，计算它们的互现信息。

定义两个字的互现信息就是计算两个汉字 X、Y 的相邻共现概率。共现信息体现了汉字之间结合关系的紧密程度。当紧密程度高于某一个阈值时，便可认为此字组可能构成一个词。这种方法只需对语料中的字组频度进行统计，不需要切分词典，因而又叫作无词典分词法或统计取词方法。

基于统计的分词方法的优点是，由于是基于统计规律的，对未登录词的识别表现出了一定的优越性，不需要预设词典。其缺点是需要一个足够大的语料库来统计训练，其正确性很大程度上依赖训练语料库质量的好坏，算法较为复杂，计算量大，周期长，处理速度一般。

3) 基于理解的分词方法

基于理解的分词方法是通过让计算机模拟人对句子的理解，达到识别词的效果。其基本思想就是在分词的同时进行句法、语义分析，利用句法信息和语义信息来处理歧义现象。

该方法通常包括分词子系统、句法语义子系统、总控部分 3 个部分。在总控部分的协调下，分词子系统可以获得有关词、句子等的句法和语义信息来对分词歧义进行判断，即它模拟了人对句子的理解过程。

基于理解的分词方法的优点是，由于能理解字符串含义，对未登录词具有很强的识别能力，能很好地解决歧义问题，不需要词典及大量语料库训练。其缺点是需要一个准确、完备的规则库，依赖性较强，效果往往取决于规则库的完整性，算法比较复杂，实现技术难度较大，处理速度比较慢。

常用的中文分词工具有结巴分词、清华大学的 THULAC、北京大学的 pkuseg、哈工大的 LTP、中科院计算所的 NLPIR-ICTCLAS 等。

2. 去除停用词

停用词(Stop Words)是自然语言处理领域的一个重要工具，通常被用来提升文本特征的质量，或者降低文本特征的维度。停用词主要是功能词，没有什么实际含义，比如“the”“is”“at”等。中文停用词主要包括英文字符、数字、数学字符、标点符号及使用频率特高的单汉字等，如“？”“人民”“我们”“哎呀”“哎哟”“的”“在”等。计算机对其处理不但是没有价值的工作，还会增加运算复杂度，通常在文本的停用词处理中可采用基于词频的方法将其除去，如把对文本信息内容不起作用的高频词过滤掉。可以按业务需要，专门整理对业务无帮助或无意义的词，甚至停用“句”，如针对电商的“此用户没有发表评论”。停用词表的来源主要分为两种：一是利用现有的一些已经发布的停用词表，如哈工大的停用词表；二是自己建立停用词表。

3. 语义特征提取(Feature Extraction)

用于表示文本的基本单位通常称为文本的特征或特征项。一般来说，语义特征需具备如下要素：特征项要能确实标识文本内容；具有将目标文本与其他文本相区分的能力；特征项的个数不能太多；特征项分离要比较容易实现。

在中文文本中可以采用字、词或短语作为表示文本的特征项。相比较而言，词比字具有更强的表达能力，而词和短语相比，词的切分难度比短语的切分难度小得多。因此，目前大多数中文文本分类系统都采用词作为特征项，称作特征词。这些特征词作为文档的中间表示形式，用来实现文档与文档、文档与用户目标之间的相似度计算。

特征词可进行计算的因素有很多，最常用的有词频、词性、标题、句法结构、词语长度、词语直径、首次出现位置、词语分布偏差等。

(1) 词频。文本内容中的中频词往往具有代表性，高频词区分能力较小，而低频词或未出现的词常可以作为关键特征词，所以词频是特征提取中必须考虑的重要因素。

(2) 词性。在汉语言中，能标识文本特性的往往是文本中的实词，如名词、动词或形容词等，而文本中的一些虚词，如感叹词、介词或连词等对于标识文本的类别特性并没有贡献。因此，在提取文本特征时，应首先考虑剔除这些对文本分类没有用处的虚词。

(3) 标题。标题是作者给出的提示文章内容的短语，特别是在新闻领域，新闻报道的标题一般都要求要简练、醒目，有不少缩略语，与报道的主要内容有着重要的联系，对摘要内容的影响不可忽视。统计分析表明，小标题的识别有助于准确地把握文章的主题。

(4) 句法结构。句式与句子的重要性之间存在着某种联系，比如摘要中的句子大多是陈述句，而疑问句、感叹句等则不具内容代表性。通常“总之”“综上所述”等一些概括性语义后的句子，包含了文本的中心内容。

(5) 词语长度。一般情况下，词的长度越短，语义越泛。中文中词长较长的词往往反映相对具体、下位的概念， 而短的词常常表示相对抽象、上位的概念。一般说来，短词具有较高的频率和更多的含义，是面向功能的；而长词的频率较低，是面向内容的，增加长词的权重，有利于对词汇进行分割，从而更准确地反映出特征词在文章中的重要程度。

(6) 词语直径。词语直径是指词语在文本中首次出现的位置和末次出现位置之间的距离。一般来说，在文本开始和结尾都出现的词是很重要的词。

(7) 首次出现位置。一般段落的论题是段落首句的概率远大于是段落末句的概率，而且新闻报道性文章的形式特征决定了第一段一般是揭示文章主要内容的。统计表明，关键词一般在文本中较早位置出现，首次出现位置与词语直径使用一个就可以了。

(8) 词语分布偏差。词语分布偏差考虑的是词语在文章中的统计分布。在整篇文章中分布均匀的词语通常是重要的词汇。

4. 特征子集选择(Feature Subset Selection)

高维数据会引起“维数灾难”。如果把所有的词都作为特征项，那么特征向量的维数将过于巨大，从而导致计算量太大，中等规模的数据集的特征维数可以达到成千上万甚至更高，所以在进行后续处理之前需要降低特征空间的维数。特征子集选择是在不损伤文本核心信息的情况下减少要处理的单词数，以此降低向量空间维数，简化计算，提高文本处理的速度和效率。特征子集选择，也称为特征选择，是从原有输入空间，即抽取出的所有特征项的集合(特征集合)中选择一个子集，将信息量小、不重要的特征词剔除，组成新的输入空间。由于减少了不重要特征项的个数，因此能够提高文本处理的效率和效果。文本特征子集选择在文本内容的过滤和分类、聚类处理、自动摘要、自动综述以及用户兴趣模式发现、知识发现中起到了重要作用。

特征子集选择可以从原始特征中挑选出一些最具代表性的特征，或根据专家的知识挑选最有影响的特征。比较精确的方法是用数学的方法进行选取，找出最重要的特征。这种方法人为因素的干扰较少，尤其适合于在文本自动分类挖掘系统中应用。通常根据某个特征评估函数计算各个特征的评分值，然后按评分值对这些特征进行排序，选取若干个评分值最高的作为特征词。显然，决定文本特征选择效果的主要因素是评估函数的质量。

1) 停用词过滤

停用词过滤是最简单的特征子集选择方法。停用词表的建立方法：一是手工建立；二是通过统计自动生成。统计一个特征项在训练样本集中出现的频率，当达到限定阈值后，则认为该特征项在所有类别或大多数文本中频繁出现，对文本处理没有贡献能力，因此作为停用词被剔除。

2) 文档频率阈值法

文档频率(Document Frequency，DF)阈值法通过统计特征出现的文档频率来决定是否将特征作为噪音去除。根据特征词在训练样本集中出现的文档频率对特征词进行排序，保留出现频率高的特征词，去除训练样本集中出现频率较低的特征项。文档频率阈值法只需要不太大的阈值就可以明显降低维数。这个方法是基于这样一个假设，即出现频率小的词影响也较小。

3) TF-IDF(Term Frequency-Inverse Document Frequency，词频-逆文档频率)方法

衡量单词权重最为有效的实现方法就是 TF-IDF 方法，它是由 Salton 在 1988 年提出的。其中 TF 称为词频，用于计算该词描述文档内容的能力，在一份给定的文档里，词频指的是某一个给定的词语在该文档中出现的频率。IDF 称为逆文档频率，用于计算该词区分文档的能力。TF-IDF 方法的指导思想建立在这样一条基本假设之上：在一个文本中出现很多次的单词，在另一个同类文本中出现的次数也会很多，反之亦然。所以，如果特征空间坐标系取 TF 作为测度，就可以体现同类文本的特点。另外还要考虑单词区别不同类别的能力，TF-IDF 方法认为一个单词出现的文本频率越小，它区别不同类别的能力就越大，所以引入了逆文档频率 IDF 的概念，以 TF 和 IDF 的乘积作为特征空间坐

标系的取值测度。

第一部分可以用 TF(t)来表示，第二部分采用逆文档频率指数来表示，一个特征项 t 的逆文档频率指数 IDF(t)由样本总数与包含该特征项的文档数决定，可得

$$\mathrm{IDF}(t) = \log(n/n(t))$$

其中，n 是训练样本数，n(t)是包含特征项 t 至少一次的训练样本数，为防止 n(t)出现 0，有时该项加 1。

第一部分和第二部分都满足取值越大时，该特征对类别区分能力越强的条件，取两者乘积作为该特征项 TF-IDF 的值，可得

$$\mathrm{TF\text{-}IDF}(t) = \mathrm{TF}(t) \cdot \mathrm{IDF}(t) = \mathrm{TF}(t)\log(n/n(t))$$

一般停用词第一部分取值较高，而第二部分取值较低，因此 TF-IDF 等价于停用词过滤和文档频率阈值法两者的综合。

例如，有一篇很长的文章《中国的蜜蜂养殖》，要用计算机提取它的关键词，完全不加以人工干预，怎样做到呢？首先，如果某个词很重要，它应该在这篇文章中多次出现。于是，我们进行“词频”统计；我们可能发现“中国”“蜜蜂”“养殖”这 3 个词的出现次数一样多，这是不是意味着它们的重要性是一样的？其实不然，如果某个词在大多数文章中比较少见，但是它偏偏在这篇文章中多次出现，那么它很可能就反映了这篇文章的特性，正是我们所需要的关键词。

以《中国的蜜蜂养殖》为例，假定该文长度为 1000 个词，“中国”“蜜蜂”“养殖”各出现 20 次，则这 3 个词的“词频”(TF)都为 0.02。搜索 Google 发现，包含“的”字的网页共有 250 亿张，假定这就是中文网页总数；包含“中国”的网页共有 62.3 亿张，包含“蜜蜂”的网页为 0.484 亿张，包含“养殖”的网页为 0.973 亿张。IDF(“中国”)＝log(250/62.3)＝0.603，TF-IDF(“中国”)＝0.002 × 0.603＝0.0121。通过依次计算发现，“蜜蜂”的 TF-IDF 值最高，“养殖”其次，“中国”最低。如果还计算“的”字的 TF-IDF，那将是一个极其接近 0 的值。所以，如果只选择一个词，“蜜蜂”就是这篇文章的关键词。

5. 特征重构

特征重构以特征项集合为输入，利用对特征项的组合或转换生成新的特征集合作为输出。一般有如下要求：输出的特征数量要远远少于输入的数量；尽可能地保留原有类别区分能力。

特征重构的常用方法有词干方法与知识库方法。词干方法是将变化的形式与其原形式合并为单个特征项，从而有效降低特征项维数。知识库方法则从词义角度降维，如将同义、近义或范围大小方面一致的特征项聚合在一起，从而实现降维。

6. 向量生成

语义特征提取及特征子集选择的目的是选择适合作为表示文本的特征项集合。向量生成主要解决如何对表示文本的特征项集合赋予合适的权重。

一个样本中某特征项的权重由局部系数、全局系数和正规化系数三部分组成。局部系数(Local Component)，表示特征 t 对当前样本 d 的直接影响，一般认为在样本 d 中一个特征 t 出现的次数越多，则 t 对 d 的影响越大，如词频。全局系数(Global Component)考虑特征 t 在整个训练样本中的重要性，包含特征 t 的文档数较少时，特征 t 分类区分能

力越强，应给予较大权重，如逆文档频率。

规范化系数(Normalization Component)用于调节权重的取值范围，一种常见的方式是将所有的权重向量的取值范围映射到[0,1]区间。

7. 文本内容分析

一般从语法、语义、语用 3 个方面进行文本内容分析。语法分析是对句子中的词语语法功能进行分析，包括词法分析(如词性标注)和句法分析(如确定主语、谓语)；语义分析是确定句子中的词、短语直至整个句子所表达的真正含义或概念，包括词义消歧、信息抽取和情感倾向性分析；语用分析是对句子群(话题)的文本内涵进行分析，包括话题检测与跟踪、信息内容过滤(文本分类)。

6.3.2　文本表示模型

经过分词并去除停用词后的结果为多词条集合的文本数据，文本分析算法无法直接处理文本数据，需要把文本数据表示为计算机能处理的数值型数据。目前常用的文本表示方法有布尔模型、向量空间模型(Vector Space Model，VSM)、概率模型、图空间模型等。文本文档通常采用 VSM 来表示，即每个文档由所有出现的特征词构成向量来表示。VSM 是 20 世纪 60 年代末由 Salton 等人提出的，是目前应用于文本处理领域(文本检索、文本分类、文本过滤)最广泛的文本表示方法。VSM 相关的几个基本概念如下：

1. 文本

文本(Text)是指通常见到的一篇新闻或者一篇文章，亦可以称之为文档(Document)，也可以指文本中的一个片段(如文本中的标题、摘要、正文等)。

2. 特征项 t_i

词项/特征项(Term/Feature Term)是处理后文本数据的基本单元，如出现在文本中能够代表文本性质的基本语言单位字、词、短语等，也就是通常所指的关键字，这样一个文本 D 就可以表示为 D(t_1，t_2，…，t_n)，其中 n 代表特征项的数量。例如，D=(文本，统计学习，模型，…)。

3. 特征项权重 w_i

特征项权重(Term Weight)用于衡量某个特征项在文档表示中的重要程度以及区分能力的强弱。w_i 指特征项 t_i 能够代表文本 D 能力的大小，体现了特征项在文档中的重要程度。这样文档 D 就可以表示为一个以特征项 t_1，t_2，…，t_n 为坐标系的 n 维空间中的一个向量(w_1，w_2，…，w_n)，其中 w_1，w_2，…，w_n 分别代表文档 D 的特征项 t_1，t_2，…，t_n 的特征项权重。例如，文档 D 中“文本”这个词出现了 5 次，“统计学习”出现了 4 次，而“模型”出现了 0 次，依此类推，后面的词没有列出，特征项权重表示为 W=(5，4，0，…)。5、4、0 这些数字分别叫作各个词在某个文档中的权重。特征项权重值的计算方法有 TF-IDF 权重法、布尔权重法等。

如果数据集共包含 N 篇文档，n 个不同的特征项。对于其中的一个文档 d_j，j∈{1，2，…，N}，可表示为一个一行 n 个元素的向量(w_{j1}，w_{j2}，…，w_{jn})，第 i 个位置上的 w_{ji} 是特征项 t_i 在 d_j 中的权重，则数据集可以被表示为特征矩阵：

$$\begin{pmatrix} w_{11} & w_{12} & w_{13} & \cdots & w_{1n} \\ w_{21} & w_{22} & w_{23} & \cdots & w_{2n} \\ \square & \square & \square & & \square \\ w_{N1} & w_{N2} & w_{N3} & \cdots & w_{Nn} \end{pmatrix}$$

布尔模型是 VSM 的特殊形式，它并不考虑特征项在文档中出现的词项频率等，而是只判断文档中是否包含该特征项。如果特征项在文档中出现(不论出现多少次，在哪里出现)，那么文本向量的该分量为 1；如果特征项未出现在文档中，则为 0。布尔权重的计算方法简单，但是无法体现特征项在文本中的作用程度。

6.4　网络信息内容生态治理

6.4.1　网络信息内容生态治理规定

1. 网络信息内容生态治理规定

习近平总书记强调，网络空间是亿万民众共同的精神家园。网络空间天朗气清、生态良好，符合人民利益。网络空间乌烟瘴气、生态恶化，不符合人民利益。谁都不愿生活在一个充斥着虚假、诈骗、攻击、谩骂、恐怖、色情、暴力的空间。我们要本着对社会负责、对人民负责的态度，依法加强网络空间治理，加强网络内容建设。

为营造良好的网络生态，保障公民、法人和其他组织的合法权益，维护国家安全和公共利益，2020 年 3 月 1 日起施行《网络信息内容生态治理规定》(简称《治理规定》)。网络信息内容生态治理是指政府、企业、社会、网民等主体，以培育和践行社会主义核心价值观为根本，以网络信息内容为主要治理对象，以建立健全网络综合治理体系、营造清朗的网络空间、建设良好的网络生态为目标，开展的弘扬正能量、处置违法和不良信息等相关活动。

网络信息内容生态治理的主管机关是国家网信部门和地方网信部门。国家网信部门负责统筹协调全国，地方网信部门负责统筹协调本行政区域内的网络信息内容生态治理相关工作。

《治理规定》第六条划出了网络信息内容生产者禁止触碰的十条红线：一是反对宪法所确定的基本原则的；二是危害国家安全、泄露国家秘密、颠覆国家政权、破坏国家统一的；三是损害国家荣誉和利益的；四是歪曲、丑化、亵渎、否定英雄烈士事迹和精神，以侮辱、诽谤或者其他方式侵害英雄烈士的姓名、肖像、名誉、荣誉的；五是宣扬恐怖主义、极端主义或者煽动实施恐怖活动、极端主义活动的；六是煽动民族仇恨、民族歧视，破坏民族团结的；七是破坏国家宗教政策，宣扬邪教和封建迷信的；八是散布谣言，扰乱经济秩序和社会秩序的；九是散布淫秽、色情、赌博、暴力、凶杀、恐怖或者教唆犯罪的；十是侮辱或者诽谤他人，侵害他人名誉、隐私和其他合法权益的。

网络信息内容生产者违反上述规定的，网络信息内容服务平台应当依法依约采取警示整改、限制功能、暂停更新、关闭账号等处置措施，及时消除违法信息内容，保存记录并向有关主管部门报告。

《治理规定》第七条列出了网络信息内容生产者应当防范和抵制八类不良信息：一是使用夸张标题，内容与标题严重不符的，如使用“震惊”“惊爆”“重磅”“罕见”“深度好文”“轰动全国”“绝密偷拍”等字眼的“标题党”；二是炒作绯闻、丑闻、劣迹等的，如通过明星和狗仔队的配合来制造、炒作明星绯闻八卦等；三是不当评述自然灾害、重大事故等灾难的；四是带有性暗示、性挑逗等易使人产生性联想的，比如所谓的“文爱”“磕炮”等“软色情”；五是展现血腥、惊悚、残忍等致人身心不适的，如发布令人不适的惊悚、血腥、虐杀动物、畸形胎儿的图片等；六是煽动人群歧视、地域歧视等的，如对乡下人、农民工的歧视，对东北人、新疆人、河南人的偏见；七是宣扬低俗、庸俗、媚俗内容的，如宣扬拜金炫富，挑战公序良俗和道德底线，标榜“财富等于成功”“享乐就是人生”，误导青少年价值观念，用暗示性、挑逗性的语言、文字和形象博取眼球、赚取流量等；八是可能引发未成年人模仿不安全行为和违反社会公德行为、诱导未成年人不良嗜好等的，如诱导年轻人自杀的蓝鲸游戏。

向社会公众提供信息内容服务的主要有互联网站、应用程序、论坛、博客、微博客、公众账号、即时通信工具、网络直播等形式。《治理规定》要求网络信息内容服务使用者、网络信息内容生产者和网络信息内容服务平台共同营造良好的网络生态，不得实施以下禁止性行为。

(1) 不得利用网络和相关信息技术实施侮辱、诽谤、威胁、散布谣言以及侵犯他人隐私等违法行为，损害他人合法权。根据 2021 年 1 月 1 日起施行的《中华人民共和国民法典》的规定，网络用户利用网络服务实施侵权行为的，权利人有权通知网络服务提供者采取删除、屏蔽、断开链接等必要措施。网络服务提供者接到通知后，应当及时将该通知转送相关网络用户，并根据构成侵权的初步证据和服务类型采取必要措施；未及时采取必要措施的，对损害的扩大部分与该网络用户承担连带责任。网络服务提供者知道或者应当知道网络用户利用其网络服务侵害他人民事权益，未采取必要措施的，与该网络用户承担连带责任。

(2) 不得通过发布、删除信息以及其他干预信息呈现的手段侵害他人合法权益或者谋取非法利益。防范资本操纵舆论，杜绝买热搜、非法删帖、雇佣水军等现象。例如，2020 年 6 月淘宝总裁蒋某舆论事件中，相关的热搜被撤掉，相关话题被禁，相关内容被删除。微博涉嫌控制信息传播。针对微博在蒋某舆论事件中干扰网上传播秩序，以及传播违法违规信息等问题，北京网信办责令其立即整改，暂停更新微博热搜榜一周。

(3) 不得利用深度学习、虚拟现实等新技术新应用从事法律、行政法规禁止的活动。深度学习、虚拟现实的发展，出现了“深度伪造”，带来了安全隐患，如通过变声、换脸诈骗，利用合成的色情相片勒索，利用伪造的视频抹黑、诽谤等。根据 2020 年 1 月 1 日起施行的《网络音视频信息服务管理规定》，网络音视频信息服务提供者和网络音视频信息服务使用者利用基于深度学习、虚拟现实等的新技术新应用制作、发布、传播非真实音视频信息的，应当以显著方式予以标识，不得利用基于深度学习、虚拟现实等的新技术新应用制作、发布、传播虚假新闻信息。网络音视频信息服务提供者应当加强对网络音视频信息服务使用者发布的音视频信息的管理，部署应用违法违规音视频以及非真实音视频鉴别技术，发现音视频信息服务使用者制作、发布、传播法律法规禁止的信息内容的，应当依法依约停止传输该信息，采取消除等处置措施，防止信息扩散。网络音视频信息服务提供者应当建立健全辟谣机制，发现网络音视频信息服务使用者利用基于深度学习、虚拟现实等的虚假图像、音视频生成技术制作、发布、传播谣言的，应当及时采取相应的辟谣措施。

(4) 不得通过人工方式或者技术手段实施流量造假、流量劫持以及虚假注册账号、非法交易账号、操纵用户账号等行为，破坏网络生态秩序。近年来，APP 刷量、电商刷单、公号刷阅读量等网络的黑色产业屡遭曝光，一些互联网应用平台通过篡改、诱导等违规方式将他人的用户导向自己的产品或服务，实施流量劫持，获取不正当商业利益。很多网络违法和黑色交易已经形成黑色产业链，通过虚假注册账号、非法交易账号、操纵用户账号，不法分子能获得大量账号资源，为不法行为提供网络身份，以此隐蔽真实身份，制造虚假流量，增加溯源难度，逃避法律追究。

(5) 不得利用党旗、党徽、国旗、国徽、国歌等代表党和国家形象的标识及内容，或者借国家重大活动、重大纪念日和国家机关及其工作人员名义等，违法违规开展网络商业营销活动。

2. 短视频生态治理

截至 2020 年 12 月，我国网民规模为 9.89 亿人，而网络视听用户规模达 9.44 亿人，短视频市场规模达到 1408.3 亿元。快手、抖音、美拍、秒拍、火山、梨视频等广受欢迎，这得益于短视频的如下特点：短视频表现力强，受众黏度高；播放时长短，有利于碎片化传播；制作简单，大众参与度高；互动性强。这里以短视频产业为例，说明涉及的网络信息内容生态治理问题。

1) *短视频生态治理中存在的问题*

(1) 信息过载。由于信息生产者能力与素养的参差不齐，泛众化生产出的短视频质量不高。为了流量跟风模仿热门短视频，使得同质化、低质化视频充斥网络。多平台联动传播更导致了短视频的重复传播。短视频平台根据用户喜好推送相似视频，这让用户沉浸在相似信息的汪洋大海中。

(2) 虚假信息泛滥。一是拼凑剪辑。例如，浙江余杭男子摄录一女士在小区快递站点取快递视频，与朋友通过分饰“快递小哥”与“女业主”身份，捏造“女业主出轨快递员被拍”的桃色信息。二是剧本摆拍。例如，广东茂名“夫妻刚办完离婚手续走出民政局，妻子晕倒丈夫冷眼离开”的短视频，造成恶劣影响。摆拍视频中，辨识难度较大的是伪装成监控拍摄的短视频。2021 年 7 月，一段湖南芷江“抢小孩”的“监控视频”传播，实为自媒体公司自导自演。三是深度伪造。视频换脸技术门槛降低，利用深度伪造技术可以轻易盗用他人身份，成为实施色情报复、商业诋毁、敲诈勒索、网络攻击和犯罪等非法行为的新工具。2019 年，ZAO 软件风靡国内社交媒体，用户将个人照片录入系统后，即可将自己的面部与影视剧中的明星替换，“出演”影视片段。四是伪装虚拟定位。软件提供修改地理位置、伪装拍照环境等功能，现实人物配上虚拟场景或是现实场景配上虚拟人物，加之“伪装虚拟定位”，实现身体虚拟在场，看起来是附近的人，实际上可能远在天边。

(3) 垃圾营销。部分商家和企业追求自身商业利益最大化，短视频营销广告泛滥成灾，使得大量短视频垃圾广告和低级营销信息堆积，甚至为吸引眼球创作出大量传递不良价值观的营销短视频。

(4) 侵犯隐私。短视频用户缺乏对隐私权的正确认识，或者短视频画面中的人物之间没有对视频公开范围的意见达成一致时，上传包含隐私信息的短视频并实现了有效的传播甚至是多次传播，有意或无意地造成自己或他人的隐私泄露。

(5) 侵犯版权。2021 年 4 月，多家协会和传媒公司发布联合声明，敦促短视频平台和公众账号生产运营者尊重版权，未经授权不得对影视作品进行剪辑、搬运、传播。2021 年 6 月 23 日，据多家日本媒体报道，日本宫城县警方于近日逮捕了该国首例“电影解说”(Fast 电影)短视频的 3 位发布者，罪名是“侵犯著作权”。

(6) 违法违规。有人为了流量变现，拍摄猎奇、虚假、危险甚至是违法等内容的短视频，只为获取高额关注度。例如，某网红女主播侮辱国歌被行政拘留 5 日；央视曝短视频平台现大量未成年怀孕视频，随后平台查删封禁了一批视频和账号；某网友炖了一条鱼发了个短视频，经调查，鱼为青海省重点保护水生野生动物湟鱼，发布者被行政处罚。

(7) 短视频平台成为新型诈骗场所。2021 年 6 月 18 日，盐城刘女士在某短视频平台上看到推荐赚钱项目，最终被骗 3 万多元。其套路是通过短视频平台直播、私信等寻找目标，诱导受害者下载刷单 APP，先是小额刷单提现让受害者尝到甜头，后一直以任务订单未完成、卡单等各种理由让受害者一直充值刷单。还有的通过短视频平台，以购买化妆品可抽奖、赠送奖品，但不给予兑现等手段实施诈骗。

2) 短视频产业涉及主体及责任

短视频产业涉及主体包含平台运营商、内容提供者、中介机构、广告主、用户、政府等，它们可能是信息内容的生产者、传播者、审核者、过滤者、使用者等。

(1) 网络信息内容生产者：作为网络信息内容生产者，无论是政府、企业或网民个人都应当遵守法律法规，遵循公序良俗，不得损害国家利益、公共利益和他人合法权益。

(2) 网络信息内容服务平台：应当履行信息内容管理主体责任，健全用户注册、账号管理、信息发布审核、跟帖评论审核、版面页面生态管理、实时巡查、应急处置和网络谣言处置等制度，加强本平台网络信息内容生态治理，培育积极健康、向上向善的网络文化。

(3) 网络信息内容服务使用者：应当文明健康使用网络，按照法律法规的要求和用户协议约定，切实履行相应义务，网络群组、论坛社区建立者和管理者应当履行群组管理责任，规范群组内信息发布等行为。

(4) 政府及其有关部门：应建立健全信息共享、会商通报、联合执法、案件督办、信息公开等工作机制，并建立起政府与企业、社会、网民等主体共同参与的监督评价机制，定期对本行政区域内网络信息内容服务平台生态治理情况进行评估。

6.4.2 网络信息内容审核

网络信息内容审核的对象为图像、文本、语音、视频、直播、文档、网页等，按照审核的观测点可分为内容安全审核、内容推荐审核、内容质量审核等。

(1) 内容安全审核：检测涉黄、涉政、涉恐、恶意推广、抄袭等内容，降低业务违规风险。

(2) 内容推荐审核：一是不得推荐不良信息、违法信息；二是要坚持主流价值导向，推荐鼓励传播的信息内容。

(3) 内容质量审核：识别内容文不对题，图文不符；视频文件画面质量问题，包括抖动重影、模糊、低光照、过曝光、马赛克、二次录制等，评判画面质量与画面美感；识别音频卡顿、静音、无音轨等。

网络信息内容服务平台应当加强信息内容的管理，内容安全审核主要包括色情、暴恐违禁、政治敏感、恶意推广、灌水、价值观等方面的内容。

(1) 色情：性器官、色情挑逗、色情低俗段子、色情性行为、色情舆情事件、色情行为描述、色情资源链接、低俗交友、色情动漫、儿童裸露、游戏暴露、污秽文爱、视爱等涉黄内容。

(2) 暴恐违禁：暴力行为、暴恐旗帜/人物、标识、血腥暴乱、打砸抢烧、恐怖组织、赌博、毒品、枪支弹药、管制刀具等。

(3) 政治敏感：热点舆情、敏感事件、涉政人物(领导人、英雄烈士、落马官员、反动人物)、国旗、军装、散布谣言、邪教迷信、反动宣传等。

(4) 恶意推广：带有售卖意向的软文广告，刷量行为；竞品 Logo；广告法中要求的不能出现的违规词。

(5) 灌水：网络社区常见的乱码、水帖、刷屏等无意义的灌水信息。

(6) 价值观：歧视、藐视、污蔑、辱骂、挑衅、侮辱、人身攻击、消极宣泄、过激言语、低俗、恶搞、煽情作秀、谣言、抽烟、喝酒、文身、吃播、竖中指、劣迹艺人、拜金炫富、腐文化、封建迷信等。

网络信息内容审核除了遵守《网络信息内容生态治理规定》的规定外，新华社在《新闻阅评动态》第 315 期上发表了《新华社新闻报道中的禁用词(第一批)》，也为网络信息内容审核提供了依据。新华社从时政和社会生活类、法律法规类、民族宗教类、港澳台和领土主权类、国际关系类五个方面规定了媒体报道中的若干禁用词，多角度全方位地对新闻的规范用语作了具体的规定。例如，不得将香港、澳门与中国并列提及，如“中港”“中澳”等；不使用“台湾政府”一词；不得使用“蒙古大夫”来指代“庸医”；禁用“装 13”“绿茶婊”“碧池”等不文明用语。

网络信息内容审核一般包含机器审核、人工审核、用户投诉审核、结果复审等流程。

(1) 机器审核：是按照制定好的规则或机器学习算法对内容进行审核。确定有问题的会被自动删除，难以判断是否有问题的会被标注，进入人工审核程序。

(2) 人工审核：对于机器审核无法判别的内容，需要人工审核，通常占平台内容数量的比例不超过 5%，但对于一些大型的内容平台，绝对数量已经很多了。许多平台设有多个审核中心，每个审核中心的员工数量可能成千上万。

(3) 用户投诉审核：是对前两者的弥补，有很多违规内容以前没有出现过，所以不在规则可以过滤的范围内，或者非常隐蔽，规则难以严格过滤。用户的投诉是发现新问题的重要渠道。

(4) 结果复审：通常采取抽查方式，例如，通过复审机器删除的内容，看规则或算法是否过于严格；通过查看人工删除和通过的内容，看员工的工作是否按要求执行；通过内容的整体巡查，看是否存在新的问题未被注意到。

在文字类内容平台，如知乎、简书、豆瓣以及各类论坛网站，机器审核主要是基于关键词过滤。词语过滤环节的关键词主要分为以下 3 类：

(1) 禁止关键词：只要匹配到这个词，内容就被自动删除或禁止提交。通常只有极少数词会被纳入禁止关键词，比如明确的色情、邪教以及广告的专属关键词。

(2) 审核关键词：这是最常见的关键词种类，只要匹配到就会高亮显示并罗列出来，自动进入后台进行人工审核。

(3) 替换关键词：在许多平台，文章中会出现*号或字母缩写，这可能不是文章作者写的，而是这个词被系统自动替换。平台不希望出现这个关键词，但用别的代替读者通常也能读懂。比如一些政治、宗教、不文明用语类词语，都有可能被自动替换。

信息内容审核技术主要包括 OCR(Optical Character Recognition，光学字符识别)、人脸识别、语音识别、图片识别、视频识别等。

(1) OCR：主要用来识别图片中存在的文字。许多违规内容，为了规避审核，都会以图片的方式呈现，如联系方式、色情信息、广告信息等。

(2) 人脸识别：通常用来识别政治、宗教类人物，识别到后可以直接删除或者进行风险标记。

(3) 语音识别：应用场景比较多，有些直播或音频平台比较重视音频对比、声纹识别技术，可以轻易识别到一些固定模式的违法违规声音。

(4) 视频识别和图片识别：视频是画面与音频组成的以帧为单位的画面，通常采取截帧上传与服务器数据对比来识别。审核模式和图片审核相同，比如通过画面皮肤裸露状态来判断是否过于性感、是否是色情内容。视频识别还包括字幕识标、配音识标、视频理解等。

6.4.3　网络信息内容过滤

随着互联网的发展，信息的增长速度近乎恐怖，信息泛滥使人无所适从，从浩如烟海的信息海洋中迅速而准确地获取自己最需要的信息，变得非常困难，这种现象被称为“信息爆炸(Information Explosion)”。信息海量化正在导致信息垃圾化。净化网络环境，远离非友善信息的侵扰，引导正确的网络舆论导向，对于社会的和谐稳定、青少年的健康成长都具有十分积极的意义。因此，网络信息内容过滤具有重要的现实意义和巨大的应用价值。

网络信息内容过滤就是根据用户的信息需求(User Profile，用户模板)，运用一定的标准和工具，从大量的动态网络信息流中选取相关的信息或剔除不相关信息的过程。

过滤系统预先设置一定的过滤条件，在信息流读入的过程中进行信息与用户模板的相关性计算，将满足过滤条件的信息舍弃。过滤系统一般包括目标模板生成、信息处理、学习反馈三个主要组成部分。目标模板生成模块根据输入的训练数据，采用算法生成目标模板，作为信息过滤的标准。信息处理模块首先将信息读入，并对其进行相关的处理，以一定的结构化形式表示信息，并与预先定义好的目标模板进行相似度计算，根据预先设定好的阈值，如果相似度超过阈值，则认为与用户的需求相匹配，将信息传递给用户，否则对信息进行舍弃。学习反馈模块采集用户对信息过滤的反馈，根据用户的评价对其他模块进行调整，如调整阈值、更新目标模板等。

1. 根据过滤系统的结构分类

1987 年，Malone 及其同事把信息过滤方法分为三类：基于内容的过滤(Content-Based Filtering)，基于协作的过滤(Collaborative Filtering)，经济过滤(Economic Filtering)。目前使用较多的是基于内容的过滤和基于协作的过滤。

1) 基于内容的过滤

基于内容的过滤也叫认知过滤(Cognitive Filtering)，这种方法按照信息内容的特征作出选择，主要采用自然语言处理、人工智能、概率统计和机器学习等技术进行过滤。基于内容的过滤是通过计算内容上的相似性，判断输入信息与目标模板之间的匹配程度。

文本过滤中用户模板 D_1 和流入文档 D_2 之间的内容相关程度常常用它们之间的相似度 Sim(D_1，D_2)来衡量。当用户模板 D_1 和流入文档 D_2 均以 n 维空间中的向量来表示时，可以借助二向量间的某种距离来表示相似度。相似度计算公式为

$$\mathrm{Sim}(D_1, D_2)=\cos\theta=\frac{\sum_{i=1}^{n} W_{1k}\times W_{2k}}{\sqrt{\left(\sum_{i=1}^{n} W_{1k}^2\right)\left(\sum_{i=1}^{n} W_{2k}^2\right)}}$$

用户模板 D_1 和流入文档 D_2 两者的夹角余弦值越大，说明流入文档与用户模板的相似度越高。计算相似度的度量值，同设定的阈值相比较，将相似度小于阈值的文本过滤掉，将相似度大于某一阈值的文本提供给用户。该方法的优点在于它把文本内容简化为特征项及其权重的向量表示，把文本过滤中用户模板和流入文档的匹配处理简化为用户模板向量和流入文本向量之间相似度的运算，用数学计算的方法来解决自然语言处理问题，易于理解和实际操作。

基于内容的过滤能够监测现有信息的内容特征，为用户提供与其曾经感兴趣信息相似的信息，但不能为用户发现新的兴趣信息。这种方法比较适合于分析文本信息，但对声音、图像、视频等形式的媒体信息还缺乏有效的自动分析方法。

2) 基于协作的过滤

基于协作的过滤也叫社会过滤(Social Filtering)，这种方法是“相似”用户间的相互协作过程，过滤的前提是假设找到了与目标用户具有相似兴趣的其他用户，从而将这些其他用户感兴趣的内容推荐给目标用户。首先通过分析用户兴趣，在用户群体中找到与目标用户兴趣相同或相似的用户，综合这些相同或相似用户对某一信息的评价，形成系统对该目标用户对此信息的喜好程度预测，向目标用户进行展示或信息过滤。由于不依赖于内容，这种过滤方法不仅适用于文本信息，也可以推广到非文本形式的信息。该方法的局限是目标用户只能获取具有相同兴趣的用户喜欢的信息，而不能获取不同兴趣的

用户喜欢的信息。

3) 经济过滤

经济过滤依赖于成本和用户获益的计算，依赖于价格机制。

2. 根据操作的主动性分类

1) 主动过滤

主动过滤是系统主动从 Web 上为其用户推送相关的信息。在有些主动信息过滤系统中，会预先对网络信息进行处理，例如，对网页或者网站预先分级，建立允许或禁止访问的地址列表等，在过滤时可以根据分级标记或地址列表决定能否访问，如成年人可以看到限制级别的网页，而青少年只能看到普通网页。

内容安全分级审查是一种主动的安全技术，旨在内容发布前就在内容中嵌入分级标识，随后的各种审查措施基于分级标识进行。分级标识一般包括内容类别标志和等级标志，如“暴力 2 级”。主动过滤的缺点是有些网站为了获取经济利益，拒绝使用分级标签，或者将限制级别的网页标记为普通网页，因此这种过滤方法的可行性较低。

2) 被动过滤

被动过滤是系统不对网络信息进行预处理，当用户访问时才对地址、文本或图像等信息进行分析，以决定是否过滤及如何过滤。

3. 根据信息过滤的目的分类

1) 推荐系统

推荐系统是根据用户对信息的评价把信息推荐给合适的接收者，属于协作过滤系统的一部分。

2) 阻挡系统

阻挡系统是通过设置一定的条件限制用户获取某些信息，而其他信息可以利用。

4. 根据过滤模板所在的位置分类

1) 上游过滤

上游过滤又叫代理服务器过滤，用户需求模板存放在服务器端或者代理端，过滤系统也可能处在信息提供者与用户之间专门的中间服务器上，这种情况也叫作中间服务器过滤。上游过滤的优点是不仅支持基于内容的过滤，也支持协作过滤；缺点是模板不能用于不同的网络应用中。

2) 下游过滤

下游过滤又叫客户端过滤。用户根据自身需要设置一定的限定条件，并将需求模板存放在客户端上，从而将不感兴趣的信息排除在外。下游过滤的优点是模板可用于不同的网络应用；缺点是只能实现基于内容的过滤。

3) 信息源过滤

信息源过滤又叫剪辑服务，用户将需求模板提交给信息提供者，由信息提供者为用户过滤信息。

5. 按照从用户获取信息的方法分类

1) 显式过滤

显式过滤即用户直接填表，用关键词或文档集表达用户过滤需求。用户提供的显式信息可以快速描述用户的信息需求，减少系统学习的负担。但是这种显式地获取用户信息需求的方式会增加用户的负担，加重用户使用系统的困难。

2) 隐式过滤

隐式过滤即无须用户直接参与，通过观察用户的动作行为判断用户需求。例如，用户在指定页面的停留时间，用户访问页面的频率、是否选择保存数据、是否打印、是否转发数据等对信息项的反应都能作为用户兴趣的标志。隐式过滤容易受到干扰的影响，通常用作显式过滤的补充。

3) 混合式过滤

混合式过滤介于显式过滤和隐式过滤之间，它要求尽量减少用户的参与。

6. 按照内容阻塞的层次分类

1) 网络层阻塞

网络层阻塞分两种形式，一是 DNS 过滤(DNS 劫持)，二是 IP 地址过滤。DNS 过滤是指在特定的网络范围内，拦截域名解析的请求，分析请求的域名，把审查范围以外的请求放行，否则返回假的 IP 地址或者什么都不做，使请求失去响应，其效果就是对特定的网络不能响应或访问的是假网址。

IP 地址过滤是利用网络设备的数据包过滤或访问控制功能，检查 IP 包的源或目标地址，通过审核的才予以放行，否则将进行阻断。IP 地址过滤实现简单，可操作性高，但是存在过滤粗糙、屏蔽可跳过等缺点。基于 IP 地址的过滤会屏蔽整个网站内容，对于论坛、贴吧等存在大量用户生成内容的网站，因为个别用户的不良言论屏蔽整个网站，有些过于严苛。用户也可以通过代理逃避 IP 地址过滤。

2) 应用层阻塞

应用层阻塞分两种形式，即 URL 过滤和关键词过滤。URL 的过滤是通过定义不能访问的 URL 地址，并以黑名单的形式存放在代理服务器或应用层网关中，在进行 HTTP 请求的时候，代理服务器或应用层网关会对 URL 进行审查，如果在黑名单中将予以阻塞。基于 URL 的过滤与基于 IP 地址的过滤相比，定位更加准确，可以对网页进行屏蔽。其缺点是 URL 数据库过大。

基于关键词的过滤是指在已建立关键词库的基础上，将输入文本与关键词库中的内容进行匹配，当输入文本与关键词库匹配成功，即文本中包含不良信息的关键词时，对该文本进行屏蔽。基于关键词的过滤方法的有效性取决于关键词库的词汇完备性、准确性。此外，有时仅仅根据关键词无法断定文本的倾向，如是宣扬邪教还是批判邪教。阻断包含关键词的文本也可能存在误判，例如，关键词是“夜总会”，会把含有“黑夜总会过去”的文本阻断。

关键词过滤采用的是布尔模型。布尔(Boolean)模型可以理解为是一种二元的简单检索模型，其定义关键词只有两种状态，即出现在某文档中或没有出现在文档中。如果某关键词出现在文档中，则为 1，否则为 0。

7. 根据过滤的不同应用分类

1) 专门过滤软件

专门过滤软件是为过滤网络信息而专门开发的软件，又分为专门过滤某种网络协议的信息过滤软件和对多种网络协议或应用起作用的通用过滤软件，如广告过滤软件、短信防火墙。

2) 网络应用程序

有些网络应用程序如 Web 浏览器、搜索引擎、电子邮件等附有过滤功能，可以通过自定义过滤不适宜的信息，如过滤恶意网页、钓鱼网站、垃圾邮件等。

3) 其他过滤工具

其他过滤工具如防火墙、代理服务器等，可以通过对源地址、目标地址或端口号的限制，防止信息流出或流入。

6.4.4 网络信息内容推荐

1. 网络信息内容推荐概述

信息爆炸时期，网络已经成为人们获取信息的重要途径，如何从海量的信息中筛选出用户感兴趣的内容推荐给用户，已经成为各大互联网公司共同面临的难题之一。随着互联网的快速发展，人工智能、大数据应用技术日臻成熟，算法推荐成为了各互联网平台的优先选择，如淘宝的热卖推荐、今日头条的文章推荐、网易云音乐的音乐推荐、基于名人带货直播的商品推荐、基于大众点评的推荐等。在信息过载的情况下，信息消费者想方便地找到自己感兴趣的内容，信息生产者则想将自己的内容推送给最合适的目标用户，推荐系统(Recommendation System)是解决这些问题的有效方法。

推荐系统是一种信息过滤系统，通过分析用户的兴趣特点和历史行为数据预测用户偏好，帮助用户决策，将感兴趣的内容呈现给用户。推荐系统具有以下两个最显著的特性：主动性和个性化。从用户的角度来看，搜索引擎是解决信息过载最直接、最有效的方式，但在用户不明确自己的具体需求时，搜索引擎就无法向用户提供准确的服务。主动性是指推荐系统可以通过分析用户的历史行为数据，主动为用户推荐用户感兴趣的信息。个性化是指推荐系统将用户感兴趣的信息推送给用户，为用户提供个性化服务，满足不同用户不同的需求。

算法推荐最大的特性在于精准投放和有效供给，这一优势使得它成为现今网络内容分发的流行模式。以推荐算法为核心的内容分发模式，在大大节省人力成本、极大满足用户个性化需求的同时，所导致的信息茧房(Information Cocoons)和回音室(Echo Chambers)效应也日益引起人们的担忧。芝加哥大学教授凯斯 · R · 桑斯坦 2006 年在其著作《信息乌托邦》中提出信息茧房的概念，即“因公众自身的信息需求并非全方位的，公众只注意自己选择的东西和使自己愉悦的领域，久而久之，会将自身桎梏于像蚕茧一般的‘茧房’中”。“回音室效应”来自桑斯坦的著作《网络共和国》。简言之，即信息或想法在一个封闭的小圈子里得到加强。也就是说，在一个网络空间里，如果听到的都是对你意见的相类似回响，你会认为自己的看法代表主流，并将其他意见和立场排除在外。推荐系统的个性化服务通过精准的计算和推送，使得用户的信息获取越来越归从于个人的喜好，而把与自己兴趣和观念相左的信息排除在外，用户被引入由偏好和先见所框定的狭隘的信息领域，一步步把自己禁锢在无形的信息茧房之中，将导致用户的信息偏食和自我认知错位，用户从而成为机器洗脑的精神操控品。长期受到“信息茧房”单一固化思维的束缚，人们的自身思想、思维、人格都会受到严重负面影响。更严重的是，推荐算法可能会被资本操控，例如，美国大选中，通过投放竞选广告、抹黑对手等手段操纵民众的投票意向。

网络信息内容服务平台的内容推荐除了要考虑用户个性化需求，更应优先推荐《网络信息内容生态治理规定》第五条鼓励的信息：一是宣传习近平新时代中国特色社会主义思想，全面准确生动解读中国特色社会主义道路、理论、制度、文化的；二是宣传党的理论路线方针政策和中央重大决策部署的；三是展示经济社会发展亮点，反映人民群众伟大奋斗和火热生活的；四是弘扬社会主义核心价值观，宣传优秀道德文化和时代精神，充分展现中华民族昂扬向上精神风貌的；五是有效回应社会关切，解疑释惑，析事明理，有助于引导群众形成共识的；六是有助于提高中华文化国际影响力，向世界展现真实立体全面的中国的；七是其他讲品味讲格调讲责任、讴歌真善美、促进团结稳定等的内容的。

推荐系统已经开始广泛运用在各个领域，推荐的服务类型及位置板块包括：互联网新闻信息服务首页首屏、弹窗和重要新闻信息内容页面等，互联网用户公众账号信息服务精选、热搜等，博客、微博客信息服务热门推荐、榜单类、弹窗及基于地理位置的信息服务板块等，以及其他处于产品或者服务醒目位置、易引起网络信息内容服务使用者关注的重点环节等。

2. 典型的信息推荐方法

目前，典型的信息推荐方法包括基于人口统计学的推荐、基于邻域的协同过滤推荐、基于内容的推荐。

1) 基于人口统计学的推荐

基于人口统计学的推荐是最为简单的一种推荐算法，它只是简单地根据系统用户的基本信息发现用户的相关程度，然后将相似用户喜爱的其他物品推荐给当前用户。系统首先根据用户的属性建模，如年龄、性别、兴趣等信息，然后根据这些特征计算用户间的相似度。例如，用户A是名女性，年龄为20～25岁，偏好物品A；用户B是名男性，年龄为40～45岁，偏好物品B、物品C；用户C是名女性，年龄为20～25岁。我们已为每位用户建立了用户模板(profile，也称用户画像)，现在我们要给用户C进行推荐。我们发现用户A与用户C最相似，可将用户A偏好的物品A推荐给用户C。

2) 基于邻域的协同过滤推荐

基于邻域的协同过滤推荐也称为社会化推荐，可分为基于用户(UserCF)的推荐和基于项(ItemCF)的推荐两种。

(1) 基于用户的推荐算法。基于用户的协同过滤推荐算法的思想是根据目标用户的历史行为找到与其兴趣爱好相似的“邻居”用户，然后将“邻居”用户比较喜欢的但目标用户没有的东西推荐给目标用户。例如，老张喜欢看的书有 A、B、C、D；老王喜欢看的书有 A、B、C、E。通过这些数据我们可以判断老张和老王的口味相似，于是给老张推荐 E 这本书，同时给老王推荐 D 这本书。

(2) 基于项的推荐算法。基于项的协同过滤推荐算法的基本原理与基于用户的是类似的，根据用户的历史偏好信息先找出相似的物品，如果同时喜欢两个物品的人比较多，就认为这两个物品相似，并给用户推荐和他原有喜好类似的物品。这种相似是基于项的共同出现概率的。例如，我们发现喜欢看《从一到无穷大》的人大都喜欢看《什么是数学》，那么可以给刚看完《从一到无穷大》的用户推荐《什么是数学》。

3) 基于内容的推荐

基于内容的推荐算法总是为用户推荐那些与用户过去喜欢的项类似的项。通常使用用户模型的向量特征来描述用户的兴趣爱好，同样对每个物品进行特征提取，作为物品模型的内容特征。然后计算用户模型的向量特征和候选物品模型的向量特征两者之间的匹配度，匹配度较高的候选物品就可作为推荐结果推送给目标用户。不同于基于项的协同过滤推荐，它是基于项的内容(如标题、年份、描述)，比较项之间的相似度，并不考虑用户过去如何使用项的情况。

例如，如果一个用户喜欢电影《指环王：魔戒再现》和《指环王：双塔奇兵》，然后使用电影的标题信息，推荐系统可以向用户推荐电影《指环王：王者无敌》。

3. 推荐系统的主要模块

推荐系统把用户模型中兴趣需求信息和对象模型中的特征信息匹配，同时使用相应的推荐算法进行计算筛选，找到用户可能感兴趣的推荐对象，然后推荐给用户。

推荐系统有 3 个主要的模块：用户建模模块、对象建模模块、推荐算法模块。

推荐系统通用模型流程如图 6.1 所示，流程描述如下：推荐系统通过用户行为，建立用户模型；通过物品的信息，建立对象模型；通过用户兴趣匹配物品的特征信息，再经过推荐算法计算筛选，找到用户可能感兴趣的推荐对象，然后推荐给用户。

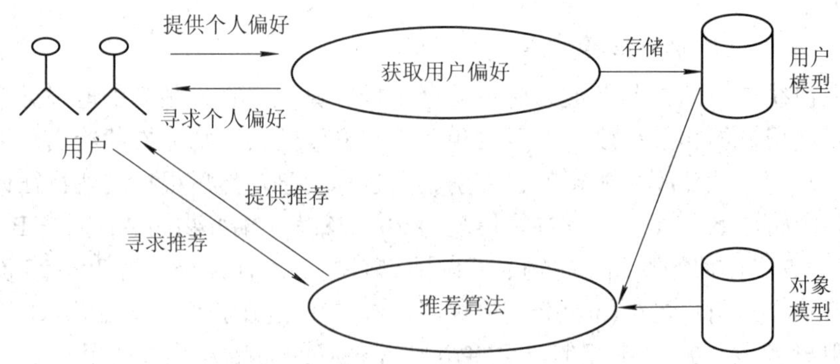

图 6.1　推荐系统通用模型流程

用户模型反映用户的兴趣偏好。用户兴趣的反馈可分为显性反馈(Explicit Feedback)和隐性反馈(Implicit Feedback)。

显性反馈是通过交互界面采集到的用户对物品的反馈信息，包含用户定制和用户评分两种方式。用户定制是指用户对系统所列问题的回答，如年龄、性别、职业等。用户评分又分为两级评分和多级评分。例如，两级评分为喜欢和不喜欢。相对而言，多级评分可以更详细地描述对某个产品的喜欢程度，如用户对新闻的喜好程度可评价为 1～5 分。

很多时候用户不能够准确地提供个人偏好或者不愿意显性提供个人偏好，更不愿意经常维护个人的偏好，而隐性反馈往往能够正确地体现用户的偏好以及偏好的变化。常用的隐性反馈信息包括是否点击、停留时间、点击时间、点击地点、是否加入收藏、评论内容(可推测用户的心情)、用户的搜索内容、社交网络、流行趋势、点击顺序等，一般以日志的形式存在。

在协同过滤推荐方法中，常常把用户的隐性反馈转化为用户对产品的评分。例如，Google News 中用户阅读过的新闻记为喜欢，评分为 1；没有阅读过的评分为 0。Daily Learner 系统中用户点击了新闻标题评分为 0.8 分，阅读完全文则评分上升到 1 分；若用户跳过了系统推荐的新闻，则从系统预测评分中减去 0.2 分作为最终评分。

4. 基于内容推荐的个性化阅读

首先，从文章内容中抽取出代表它们的特征。常用的方法是利用出现在这篇文章中的词来代表这篇文章，而每个词对应的权重往往使用信息检索中的 TF-IDF 来计算。这样，一篇抽象的文章就可以使用一个具体的向量来表示了。

第二步，根据用户过去喜欢什么文章来产生刻画此用户喜好的用户模板，最简单的方法是把用户所有喜欢的文章对应的向量的平均值作为此用户的用户模板。比如，某个用户经常关注与推荐系统有关的文章，那么他的用户模板中“CB(Content-Based)”“CF (Collaborative Filtering)”和“推荐”对应的权重值就会较高。在获得了一个用户的用户模板后，基于内容的推荐系统就可以利用候选文章与此用户的用户模板的相似度进行推荐了。一个常用的相似度计算方法是夹角余弦相似度。

第三步，把候选文章里与此用户最相关(夹角余弦相似度值最大)的 N 篇文章作为推荐返回给此用户。

6.4.5　网络舆情处置

1. 网络舆情概述

舆情是指在一定的社会空间内，围绕中介性社会事项的发生、发展和变化，作为主体的民众对作为客体的国家管理者产生和持有的社会态度，也就是民众对社会各种具体事物的情绪、意见、价值判断和愿望等，是民众的社会政治态度。

随着因特网的飞速发展，网络媒体已被公认为是继报纸、广播、电视之后的“第四媒体”，新闻评论、论坛、博客、播客、微博、聚合新闻(RSS)、新闻跟帖、转帖、朋友圈、群组等成为反映社会舆情的主要载体。网络舆情是指在互联网上流行的对社会问题不同看法的网络舆论，是社会舆论的表现形式。网络舆情是以网络为载体，各种社会群体对自己关心或与自身利益相关的热点事件或事物所表现出来的具有一定影响力并带有倾向性的认知、情绪、态度、意见、情感和行为倾向的总和。

近年来，网络舆情对政治生活秩序和社会稳定的影响与日俱增，一些重大的网络舆情事件使人们开始认识到网络对社会监督起到的巨大作用，同时，网络舆情突发事件如果处理不当，极有可能诱发民众的不良情绪，引发群众的违规和过激行为，进而对社会稳定构成威胁。

舆情处置是指对于网络事件引发的舆论危机，通过舆情监测手段，分析舆情发展态势，加强网络沟通，以面对面的方式和媒体的语言风格，确保新闻和信息的权威性和一致性，最大限度地压缩小道消息、虚假信息，变被动为主动，先入为主，确保更准、更快、更好地引导舆情的一种危机处理方法。

2. 网络舆情的主要特点

(1) 直接性。通过网络，民众可以立即发表意见；利用复制粘贴，信息就可以转发重新传播。相对于传统媒体的传播有限性，网络舆情具有无限次传播的潜能。这些特性使它可以轻易穿越封锁，令监管部门束手无策。

(2) 自由性。互联网是完全开放的，它拓展了所有人的公共空间，给了所有人发表意见和参议政事的便利，每个人都有机会成为网络信息的发布者，参与人员类型广泛，涉及地域范围广泛。由于互联网的匿名特点，多数网民会自然地表达自己的真实观点，或者反映出自己的真实情绪。因此，网络舆情比较客观地反映了现实社会的矛盾，比较真实地体现了不同群体的价值。

(3) 隐蔽性。虚拟网络空间中，网民可以隐身发言。互联网是一个虚拟的世界，由于发言者身份隐蔽，并且缺少规则限制和有效监督，网络自然成为一些网民发泄情绪的空间。

(4) 偏差性。网络舆情不等同于全民立场。由于受各种主客观因素的影响，一些网络言论缺乏理性，比较感性化和情绪化，甚至有些人把互联网作为发泄情绪的场所，通过相互感染，这些情绪化言论很可能在众人的响应下，发展成为有害的舆论。由于网络空间中法律道德的约束较弱，如果网民缺乏自律，就会导致某些不负责任的言论，比如热衷于揭人隐私、谣言惑众，反社会倾向，偏激和非理性，群体盲从与冲动等。在现实生活中遇到挫折，对社会问题认识片面等，都会利用网络加以宣泄。因此在网络上更容易出现庸俗、灰色的言论。西方一些反华媒体、反华政客、网特、公知大 V、意见领袖，通过网络进行渲染、蛊惑和造谣，扩散反动的评论，恶意引导舆论，其覆盖面涉及经济、外交、民族、宗教、军事、历史等诸多方面。20 世纪 50 年代在任的美国总统艾森豪威尔便说过："在宣传上花 1 美元，等于在国防上花 5 美元。"敌对势力发起网络上的舆论战，是对中国的"无硝烟战争"。

(5) 随意性和多元化。网民可匿名发表观点，健康观点和灰色言论并存。信息内容多元，传播途径与表达方式多元，意识形态与观点内容多元。从舆情主体的范围来看，网民分布于社会各阶层和各个领域；从舆情的话题来看，涉及政治、经济、文化、军事、外交以及社会生活的各个方面；从舆情来源上看，网民可以在不受任何干扰的情况下预先写好言论，随时在网上发布，发布后的言论可以被任意评论和转载。"网络社会"所具有的虚拟性、匿名性、无边界和即时交互等特性，使网上舆情在价值传递、利益诉求等方面呈现多元化、非主流的特点。

(6) 突发性。网络快速传播的特性使关注焦点迅速成长为舆论热点。当某一事件发生时，网民可以立即在网络中发表意见，网民个体意见可以迅速地汇聚起来形成公共意见。同时，各种渠道的意见又可以迅速地互动，从而迅速形成强大意见声势。网络打破了时间和空间的界限，重大新闻事件在网络上成为关注焦点的同时，也迅速成为舆论热点。网络可以实时更新的特点，使得网络舆论可以最快的速度传播。

(7) 交互性。在互联网上，网民普遍表现出强烈的参与意识。在对某一问题或事件发表意见、进行评论的过程中，常常有许多网民参与讨论，网民之间经常形成互动场面，赞成方的观点和反对方的观点同时出现，相互探讨、争论，相互交汇、碰撞，甚至出现意见交锋。

3. 舆情处置的工作流程

1) 网络舆情监测

危机管理理论视速度为第一原则。危机事件信息出现后应第一时间表态、第一时间发声，掌握舆论的主动权和事件处置的主导权。如果不能先发制人，就容易陷入“塔西佗陷阱”。“塔西佗陷阱”这一概念来自塔西佗在评价一位罗马皇帝时所说的话：“一旦皇帝成了人们憎恨的对象，他做的好事和坏事就同样会引起人们对他的厌恶。”之后被中国学者引申成为一种社会现象，指公权力遭遇公信力危机时，无论发表什么言论，颁布什么样的政策，社会都会给以负面评价。信息发布的及时与否决定了事件不同的走向。传统观点中官方处置突发事件有“黄金 24 小时”之说 ，网络媒体兴起后，又提出了“黄金 4 小时”，即从危机事件爆发到相关责任主体第一次回应的时间不超过 4 小时。

舆情监测要求及时发现网络上出现的有重大影响的事件，主要包括案情重大、复杂、疑难、敏感的，涉及国家安全、涉爆涉恐、涉黑、涉外、涉邪教组织、涉众、涉意识形态、涉衣食住行民生问题的事件，以及政府官员的违法乱纪行为、疑似重大冤假错案、社会收入分配问题、重要或敏感国家地区的突发性事件、影响力较大的热点明星的火爆事件、企业舆情热点事件等。

话题检测与跟踪(Topic Detection and Tracking，TDT)旨在帮助人们应对日益严重的互联网信息爆炸问题，对新闻媒体信息流进行新话题的自动识别和已知话题的持续跟踪。Single-Pass 聚类算法就是热点话题发现与话题追踪中使用最多的算法。该算法计算方式简单，运算速度相对比较快，比较适用于大数据量的应用或者动态的数据源，并且在计算过程中可以保证具有良好的聚类精度。

Single-Pass 聚类算法按一定顺序依次读取数据，每次读取的新数据都和已经读取并聚类的数据进行比较，如果按照一定规则找到相应的近似组别，则将这个新数据归入这个类中；如果没有，则将这个新数据视为一个新类。就这样反复执行，直到所有的数据都读完。整个过程只对数据进行一次读取(Single)。

```
Single-Pass 聚类算法
算法：Single-Pass 聚类算法
输入：文本特征向量，阈值
输出：多个簇
Begin
输入阈值;
输入文本特征向量;
将第一个文本特征向量作为第一个簇，并设为该簇的中心;
```

```
while(存在未遍历的文本特征向量)
{
    while(存在未遍历的簇中心)
    {   计算文本特征向量与簇中心的相似度;
        记录最大的相似度的簇以及相似度值;
    }
    if(最大相似度值＞阈值)
    {   将文本特征向量加入到最大相似度的簇中;
        更新该簇的中心;
    }
    else
    新建一个簇;
}
End
```

2) 网络舆情预警

网络舆情预警是指从危机事件的征兆出现到危机造成可感知的损失这段时间内，对网络舆情尤其是负面舆情的及时妥善控制，从而达到有效化解网络舆论危机的目的。网络舆情预警的意义在于及早发现危机的苗头，及早对可能产生的现实危机的走向、规模进行判断，及早通知各有关职能部门共同做好应对危机的准备。

3) 制定应急预案

针对各种类型的危机事件，制定比较详尽的判断标准和预警方案，制定处置网络舆情突发事件的应急预案，一旦危机出现便有章可循、对症下药。

4) 网络舆情研判

网络舆情研判可以从舆情热度走势的变化、舆情传播路径、网民观点倾向性、深层原因与发展前瞻等几个角度展开。

舆情热度走势的变化包括什么时候达到舆情峰值、什么时候降到舆情谷底、哪个时段的舆情热度变化比较明显等。舆情传播路径是指是在社交媒体平台传播，还是在新闻网站传播，亦或是其他渠道。网民观点倾向性即从整体的网络情感表达来看，网民是持何种态度，正面的占比多少，负面和保持中立的又分别占比多少。深层原因与发展前瞻即舆情滋生的源头、为何会滋生此类舆情以及今后的发展变化趋势会是怎样。

根据事件媒体热度、评论转发量、舆情态势预判等因素，可以将舆情分为 5 个等级：

(1) 正常(不严重)：媒体未见报道，也未发现网民转发和评论。

(2) 关注级(一般严重)：媒体未见报道，只有个别网民关注转发。

(3) 干预级(比较严重)：有个别媒体报道该事件，网民关注有升温趋势。

(4) 危机级(相当严重)：有多家媒体报道和炒作该事件，网民关注度升高，转发、评论增多，舆情有扩散势头。

(5) 重大危机级(特别严重)：媒体和网民形成互动式炒作，负面舆论大量扩散，主要传播渠道微博关键词已上热搜，成为全网热点话题级事件。

网络舆情的等级评估通常采用综合评判方法，即对受到多种因素制约的事物或现象作出一个总体评判。我国对网络舆情的等级评估采用多级模糊综合评判模型，模型的确定主要涉及算子的选择。

舆情指数是通过对网络中各种类型媒体所发布的信息进行独立的第三方观察，形成量化统计和定性分析，并结合算法推导、归纳总结而最终形成的一套网络舆情指数体系，如表6.2所示。

表6.2　网络舆情指数体系

名称	一级指数	二级指数	三级指数
监测指数体系	传播扩散	持续时间	时间跨度
		地理范围	地理跨度
		传播方式	网站、网媒、社交媒体
	发布主体	主体身份	意见领袖、普通网民
		影响力	发帖量、回复量
		活跃度	信息更新是否及时
		意见倾向	支持、反对、中立
	内容要素	主题内容	社会热点、政治新闻、个人隐私、宗教政治
		主题词热度	转发量、评论量、阅读量
		主题敏感度	敏感词
		视听化程度	声像资料量
		内容详略度	文本长度、图片连贯性、声像时长
	舆情受众	态度倾向	支持、反对、中立
		关注人数	独立访问者、访问量

5) 网络舆情报告

对监测到的重大和敏感事件，应在第一时间报告。报告分为日常报送，紧急报送和专报三种方式。日常报送按照报送时间节点，分为日报、月报、季报、半年报、年报五种。紧急报送不限时间、不限次数，主要是对即时监测到的事件负面舆情或突发事件负面舆情，第一时间进行报送。专报是指对影响重大的事件的专门报送。

6) 网络舆情引导

网络舆情引导就是对监测到的网络舆情动向，通过正面回应、网络评论、封堵恶意帖子和账号，主动引导舆情。根据舆情态势，应及时与实体部门进行舆情会商，协助其制订应对方案和答问口径等，并督促落实。根据舆情态势，如需要正面回应，应严格实行审批制度。正面回应时，应严格按照事先制订的答问口径进行统一回应，必要时组织召开新闻发布会，由新闻发言人或相关负责人通报事件进展情况，本着“实事求是，坦诚面对，及时主动，公开透明”的原则，不回避、不推诿、不粉饰，及时表明立场态度，主动回应社会关切，树立公信力。在进行正面回应的同时，应积极组织开展网络阅评工作。按照事先拟定的阅评口径，开展网上评论，努力引导舆论向正确、理性的方向发展。

在正面引导的同时，在可能的情况下，对恶意信息立即删除，对情绪偏激的帖子作缓冲处理，对恶意账号进行封杀。

4. 网络舆情相关技术

网络舆情相关技术主要包含以下 4 个：

(1) 网络舆情采集与提取技术。网络舆情主要通过新闻、论坛/BBS、博客、即时通信软件等渠道形成和传播，这些通道的承载体主要为动态网页，可通过网络爬虫进行信息采集。

(2) 网络舆情话题发现与追踪技术。网民讨论的话题繁多，涵盖社会方方面面，如何从海量信息中找到热点、敏感话题，并对其趋势变化进行追踪成为研究热点。

(3) 网络舆情倾向性分析技术。通过倾向性分析可以明确网络传播者所蕴含的感情、态度、观点、立场、意图等，比如新浪网的“新闻心情排行”将用户阅读新闻评论时的心情划分为 8 个层次。对舆情文本进行倾向性分析，实际上就是试图用计算机实现根据文本的内容提炼出文本作者情感方向的目标。

(4) 多文档自动摘要技术。新闻、帖子、博文等页面都包含着垃圾信息，多文档自动摘要技术能对页面内容进行过滤，并提炼成概要信息，便于查询和检索。

5. 舆情分析引擎

舆情分析引擎主要包括以下功能：

(1) 热点话题、敏感话题识别：可以根据新闻出处权威度、评论数量、发言时间密集程度等参数，识别出给定时间段内的热门话题。利用关键字布控和语义分析，识别敏感话题。

(2) 倾向性分析：对于每个话题，对每个发布人发表的文章的观点、倾向性进行分析与统计。

(3) 主题跟踪：分析新发表文章、帖子的话题是否与已有主题相同。

(4) 自动摘要：对各类主题、各类倾向能够形成自动摘要。

(5) 趋势分析：分析某个主题在不同的时间段内，人们所关注的程度。

(6) 突发事件分析：对突发事件进行跨时间、跨空间综合分析，获知事件发生的全貌并预测事件发展的趋势。

(7) 报警系统：对突发事件、涉及内容安全的敏感话题及时发现并报警。

(8) 统计报告：根据舆情分析引擎处理后的结果库生成报告，用户可通过浏览器浏览，提供信息检索功能，根据指定条件对热点话题、倾向性进行查询，并浏览信息的具体内容，提供决策支持。

6.5　信息内容安全的对抗技术

6.5.1　反爬虫技术

网络爬虫在当前的互联网环境中普遍存在，据统计，40%～60%的网络流量由爬虫贡献，爬虫趋于智能化发展。对网络信息内容进行分析，首先就要利用网络爬虫对各类网站，如娱乐类、票务类、电商类、招聘类、政府类、社交类等，进行信息采集。在信息化的社会里，网络爬虫也普遍应用于搜索引擎、网络调查、信息聚合、大数据分析、网页分析等。网络爬虫的广泛应用，给网络造成了极大的负面影响。网络爬虫消耗网络带宽和服务器资源，也会导致目标网络拥堵，甚至产生网络直接崩溃的现象，影响网站正常客户的访问，极大增加了网站运营成本。网络爬虫混淆了网站正常用户生态，影响企业对浏览数据的分析。尤其在大数据时代，数据经常是一个公司的核心竞争力，是企业的私有财产，恶意爬取信息、盗取数据，会给企业造成巨大的损失。黑产通过大数据爬虫技术，迅速完成了传统金融机构几十年才实现的风控能力，但也涉及窃取用户数据，造成了个人金融数据泄露。黑客爬取招聘网站、租房网站上的个人信息，倒卖个人数据，侵犯个人隐私。因此，许多网站都具有反爬虫机制。反爬虫机制阻碍了网络信息内容的采集，使特定主题内容规模化信息获取变得尤为困难，给网络监管带来了挑战。

为了有效限制爬虫，需要研究反爬虫技术。

1. 服务端限制

1) “请求头设置”反爬虫策略

HTTP 的请求头是在每次向网络服务器发送请求时，传递的一组属性和配置信息。HTTP 定义了十几种请求头类型，如 python-requests、User-Agent 等，易被发现，网站运维如发现携带有这类请求头的数据包，拒绝访问，爬虫任务即刻失败，通常会返回 403 错误。

目标网站可能会对 HTTP 请求头的每个属性进行“是否常规访问”的判断，但如果把 User-Agent 属性设置成其他无关参数，伪装成通用搜索引擎或者其他浏览器请求头就可解决。

2) “签名请求规则”反爬虫策略

签名请求指在请求 URL 中增加一个 sign 字段，通常取值为自定义字段的 md5 校验码。对于每一次 HTTP 或者 HTTPS 协议请求，网站根据访问中的签名信息验证访问请求者身份，判断是否允许继续访问。

3) “流量限制”反爬虫策略

该策略监控用户是否快速地提交表单，或者快速地与网站进行交互，从而限制速度异常、短时间大量下载信息的 IP 访问。爬虫在爬取的时候一般会采用设置爬虫休眠来模拟人为登录状态，可以用客户端联入服务器的时间分析出是否爬虫，若访问时间非常规律，则证明其为网络爬虫。

该策略容易误伤其他正常浏览用户，因为同一区域内的其他用户可能有着相同的 IP，所以一般很少采用此方法限制爬虫。爬虫技术人员如果发现请求被限制，可尝试请求延迟，通过延时加载、异步更新脚本技术延迟网页加载的速度，避免被目标网站查封；还可考虑使用分布式爬取或者购买代理 IP 设置代理池的方式解决。

4) “cookie/token 限制”反爬虫策略

“cookie/token 限制”指服务器为了辨别用户身份并进行会话跟踪，对每一个访问网页的用户都设置 cookie/token，当该 cookie/token 访问超过某一个阈值时就禁止掉。

网络爬虫想要模拟真实用户请求，就需要拟造匿名身份，然后填入 cookie/token 中，在每一次访问时带上 cookie/token，如果登录用户 cookie/token 信息在固定周期内失效，那就要找到登录接口，重新模拟登录，存储 cookie/token，再重新发起数据请求。

5) “验证码限制”反爬虫策略

验证码是基于人能从图片中识别出文字和数字而机器却不能的原理产生的，是网站最常用来验证是爬取机器人还是普通用户在浏览的方式之一。

爬虫工具可建立简单的验证码库，例如，对图片里的字母或者数字进行识别读取，使用识图的模块包或一些验证码识别第三方库来破解。但复杂验证码无法通过识图识别，可以考虑使用第三方收费服务(打码平台)或通过机器学习让爬虫自动识别复杂验证码，识别后程序自动输入验证码继续数据爬取。

6) “数据加密”反爬虫策略

有些网站把 ajax 请求的所有参数全部加密，根本没办法构造所需要的数据请求。有的网站反爬虫策略更复杂，还把一些基本的功能都封装了，全部都是在调用网站自己的接口，且接口参数也是加密的。

爬虫可以考虑用 Selenium + PhantomJS 框架，调用浏览器内核，并利用 PhantomJS 执行 JS 模拟人为操作，触发页面中的 JS 脚本。从填写表单到点击按钮，再到滚动页面，不考虑具体的请求和响应过程，全程模拟人浏览页面获取数据的过程。用这套框架几乎能绕过大多数的反爬虫，因为它不是伪装成浏览器来获取数据，它本身就是浏览器。

2. 前端限制

1) “CSS 或 HTML 标签干扰”反爬虫策略

前端通过 CSS 或者 HTML 标签控制一些关键信息，例如，利用 CSS 来控制图片的偏移量，或把文字伪装成图片，干扰混淆关键数据。

针对此类反爬虫机制没有通用手段，需要对网页抽样分析，反复测试，寻找其规则，然后替换成正确的数据。CSS 指的是层叠样式表(Cascading Style Sheets)，它是一种用来表现 HTML(标准通用标记语言的一个应用)或 XML(标准通用标记语言的一个子集)等文件样式的计算机语言。

2) “自定义字体”反爬虫策略

某些网站在源码上的字体不是正常字体，而是自定义的一种字体，调用自定义的 TTF 文件来渲染网页中的文字，真实内容通过一种对应关系最终在页面上展示，而不在网页源代码中展示，通过复制或者简单地采集无法爬取到真实的数据。

虽然反爬虫在源代码中隐藏了真正的字体，但如果最终要在页面上展示，还是需要导入字体包，找到字体文件，下载后使用 font 解析模块包对 TTF 文件进行解析，解析出一个字体编码集合，与模块包里的文字编码进行映射，再反推转换对应关系，即可获得真实的内容。

3) “元素错位”反爬虫策略

该策略是指网站维护人员利用伪装或错位一些关键信息的定位，让爬虫爬不到真实的内容。例如，设置一个合同数据相关网页内容中的价格显示，先用 background-image

标签渲染，再用标签设置偏移量，展示错误的标签，形成视觉上正确的价格。部分重要数据可使用图片代替，例如，一些数字数据比较重要，可以使用相应的数字图片代替相应的文本。

通常先用上述各种方法找到样式文件，根据 background-postion 值和图片数字进行映射，然后根据 HTML 标签里 class 名称，匹配出 CSS 里对应 class 中 content 的内容进行替换。

4) “隐藏元素”反爬虫策略

该策略是用隐含字段阻止网络数据采集的，方式主要有两种。第一种是表单页面上的一个字段可以用服务器生成的随机变量表示。如果提交时这个值不在表单处理页面上，服务器就认为这个提交不是从原始表单页面上提交，而是由一个网络机器人提交的。第二种是通过隐藏伪装元素保护重要数据，在重要数据的标签里加入一些干扰性标签来干扰数据的获取。元素的属性隐藏和显示主要是通过 type= " hidden " 和 style= " display: none; " 语句实现。

绕开第一种表单交验方式的最佳方法为，先采集表单所在页面上生成的随机变量，然后再提交到表单；处理第二种情况则需要过滤掉干扰混淆的 HTML 标签，或者只读取有效数据的 HTML 标签的内容。

6.5.2　主动干扰技术

主动干扰使得内容过滤、内容分析面临极大困难。

中文信息存在主动干扰的主要原因有两点，一是政治斗争需要，二是经济利益驱使。

(1) 政治斗争需要。境内外敌对势力依托互联网，采用主动干扰方法，源源不断地制作和传播大量本应受到严格管制的有害信息和不良信息，将互联网演变为对我进行西化、分化的新“阵地”，导致网上出现大量遭受过主动干扰的有害信息。

(2) 经济利益驱使。搜索引擎优化师 SEO 为了提高搜索引擎的效率，网上营销商为了给自己的商铺带来巨大的经济利益，这些需求驱使众多的网络技术人员成为网络中文主动干扰信息的制造者，导致网络上出现大量遭受中文主动干扰过的中文不良信息。

中文主动干扰是指在不改变文本信息语义的情况下，对文本信息进行干扰，造成计算机无法执行自动中文信息处理的技术。由于文本的删除操作会导致显著的语义改变，故中文主动干扰方法主要采用插入干扰和替代干扰两种方式。网络攻击者了解中文特点，依据汉语同音字、繁体字与简体字并存的特点，利用中文分词技术的困难性，采用在中文连续文本中随机夹杂符号(如宣扬邪教的信息“法？//*轮*！功”)，和/或用繁体字/同音字代替(如用“法轮攻”代替“法轮功”)某个中文关键词的方法，欺骗并绕开各种过滤器，造成网络内容安全处理效果大幅下降。

插入干扰是指在文本的某个字后插入信息值为零的子串。一般插入无实际意义的英文字母、标点符号或特殊符号，如%、*、/、&、#、@等，例如，“抖音”替换成“抖、音”或“抖 aaba 音”。

替代干扰是将文本某个子串替代为信息值相等的子串。替代的最细粒度为单个汉字，最粗粒度是整个文本。为了躲避相关的审查和过滤，变体词成为利用自然语言处理技术来传播秘密消息的一种重要而有效的手段，变体词就是将关键的相对严肃、规范、敏感的词用另外相对不规范、不敏感的词来代替，但是不影响理解，替代方式多种多样，具体如下：

(1) 缩写替代：拼音缩写，如“共产党”替换成“GCD”；英文缩写，如“中国人民解放军”替换成“PLA”；缩句词和新成语，如“虽然不明白是什么，但是感觉好厉害啊”替换成“不明觉厉”。

(2) 谐音替代：汉字谐音，如“代开发票”替换成“代开(发 | 花 华 化 hua…)票(票 | 飘 漂 嫖 piao …)，“专家”替换成“砖家”，“媒体”替换成“霉体”；英文谐音，如“电子邮件 Email”替换成“伊妹儿”，“追星族 fans”替换成“粉丝”；娃娃音或方言谐音，如“喜欢”替换成“稀饭”，“这样子”替换成“酱紫”，“怎么了”替换成“肿么了”，“什么”替换成“虾米”；数字谐音，如“一生一世”替换成“1314”，“我爱你”替换成“520/521”，“就是就是”替换成“9494”，“拜拜”替换成“88”；各种谐音组合，如“谢谢你”替换成“3Q/QQQ”，“多谢”替换成“3X/3QS”，“威武”替换成“V5”，“粉丝圈子”替换成“饭圈”。

(3) 谐音与缩写结合替代：“楼主傻逼(LZSB)”替换成“兰州烧饼”。

(4) 象形替代：象形、表情符号、拆字、合字等，如“拜托”“跪了”替换成“Orz”或“○|￣|_”，“微笑”替换成“:-)”，“贩卖毒品”替换成“贝反卖毒口口口”，“吗啡”替换成“口马口非”，“微信”替换成“薇亻言”或“徽亻訁”、“土豪”替换成“壕”。

(5) 昵称替代：如“杨幂”替换成“幂幂”，“蔡英文”替换成“空心菜”，“特朗普 Trump”替换成“川建国”或“懂王”，“蒋介石”替换成“常凯申”，“北京”替换成“帝都”，“上海”替换成“魔都”，“腾讯”替换成“鹅厂”，“百度”替换成“度娘”。

(6) 同义替代：如“1”替换成“一”“壹”“❶”“㈠”“㊀”或“①”。

(7) 图形或图形符号替代：关键词中有关键字或关键词用图像的方式表示，如“心”替换成“♥”“❤”，“星”替换成“★”“☆”。

(8) 火星文替代：这是流行于中文互联网上的一种普遍用法，融合了各种语言符号(符号、繁体字、日文、韩文、冷僻字等)，用同音字、音近字、特殊符号等来替代中文汉字，由于与日常生活中使用的文字相比明显不同，文法奇异，又叫作“火星文”。火星文替换包括夹杂繁体字、同音字以及拆分偏旁关键词等，如“什么是脑残体”替换成“什庅湜恼残軆”，“那一刻，我哭了，为了你真的变乖了”替换成“那①刻_ゞωǒ哭了 oo O ゞ为了〆伱ゞωǒ真 De づ变乖了ゞゞO”。

(9) 假古文替代：模仿汉语古文排版，将横排文字转换成竖排文字，并自定义每一列分割符号，使认识汉字的人都能读懂内容，又有人称为“假古文”。

(10) 外文替代：在中文串中随机夹杂非汉语字符，如汉语拼音，英文。例如，“蓝天白云”替换为“blue tian 白云”。

中文主动干扰算法包括盲干扰算法和对准干扰算法，其区别在于盲干扰算法产生的干扰信息的位置、类型都是随机的，干扰过程由伪随机序列控制；而对准干扰算法产生干扰信息的位置是确定的，是对关键词库中的词进行干扰，如干扰全文的关键词，干扰类型由伪随机序列控制。

6.5.3　信息隐藏技术

随着网络的越来越普及，网络渗透到人们生活的各个方面，不法分子为了追求经济利益和政治目的，采取各种各样的手段来逃避监管。例如，将不良信息掩藏在正常的文本信息中，在看似正常的大量文本中，隐藏着极小比例的不良信息；在介绍军事相关的文章中，有少数反动言论；使用网络用语、暗语、寓意和影射表达隐含的意思，如“请去喝茶”“送一副银手镯”等。信息隐藏的概念古已有之，例如，在《水浒传》中，宋江和吴用为了逼卢俊义上梁山，吴用写了首藏头诗，“芦花丛里一扁舟，俊杰俄从此地游。义士若能知此理，反躬逃难可无忧”，暗藏卢俊义反 4 个字；《红楼梦》中“贾雨村”暗指“假语存”，“甄士隐”暗指“真事隐”。

信息隐藏(Information Hiding)，也叫数据隐藏。简单地说，信息隐藏就是将秘密信息隐藏于另一非保密的载体之中。这里的载体可以是图像、音频、视频、文本，也可以是信道，甚至是某套编码体制或整个系统。利用信息隐藏技术，可有效逃避网络监管。

1. 信息隐藏与传统密码学的区别

密码学技术主要是研究如何将机密信息进行特殊的编码，以形成不可识别的密码形式(密文)进行传递。信息隐藏则主要研究如何将某一机密信息秘密隐藏于另一公开的信息中，然后通过公开信息的传输来传递机密信息。加密仅仅隐藏了信息的内容，而信息隐藏不但隐藏了信息的内容而且隐藏了信息的存在。信息隐藏将关键信息秘密地隐藏于一般的载体中，或发布于网络或通过网络传递。由于拦截者从网络上拦截的是伪装后的关键信息，并不像传统加密过的文件一样看起来是一堆会激发拦截者破解关键信息动机的乱码，而是看起来和其他非关键性的信息无异的明文信息，因而不会引起拦截者的怀疑。

从信号处理的角度来理解，信息隐藏可视为在强背景信号(载体)中叠加一个弱信号(隐藏信息)。由于人的听觉系统和视觉系统的分辨能力受到一定的限制，叠加的弱信号只要低于某一个阈值，人就无法感觉到隐藏信息的存在。

2. 信息隐藏的分类

信息隐藏主要包括以下几种类型。

(1) 隐写术。隐写术是一种隐蔽通信技术，其主要目的是将重要的信息隐藏起来，以便不引起人注意地进行传输和存储。隐写术在其发展过程中逐渐形成了两大分支，即语义隐写(藏头诗)和技术隐写(隐形墨水)。

(2) 数字水印技术。数字水印技术是信息隐藏技术的另一重要分支，数字水印技术通过在原始数据中嵌入秘密信息——水印来证实该数据的所有权。这种被嵌入的水印可以是一段文字、标识、序列号等，而且这种水印通常是不可见或不可察的，它与原始数据(如图像、音频、视频数据)紧密结合并隐藏其中，并可以经历一些不破坏原数据使用价值或商用价值的操作而保存下来。

(3) 隐蔽信道。隐蔽信道是指在公开的通信信道中建立的以危害系统安全策略的方式传输秘密信息的通信信道。隐蔽信道分析工作包括信道识别、度量和处置。信道识别是对系统的静态分析，强调对设计和代码进行分析，发现所有潜在的隐蔽信道。信道度量是对信道传输能力和威胁程度的评价。信道处置措施包括信道消除、限制和审计。例如，通过在特定的时间点发布一系列微博，接收者通过微博的发布时间提取出隐藏的密码信息。

(4) 阈下信道。阈下信道是指在基于公钥密码技术的数字签名数据中建立起来的一种隐蔽信道，除指定的接收者外，任何其他人均不知道数据中是否有阈下消息存在。

3. 文本隐写算法

文本隐写算法基本上可以归结为以下几类：

1) 基于格式的文本隐写算法

早期的文本隐写算法设计通常是通过改变原有文本的特征来达到隐藏目的。这类隐写算法可以分为变化间距隐写算法、变化字体隐写算法两类。

(1) 行间距编码：在文本的每一页中，每间隔一行轮流地嵌入秘密信息，但嵌入信息的行的相邻上下两行位置不动。该编码技术具有很强的稳健性，即使经过多次拷贝，或者页面按某个伸缩因子进行多次缩放，嵌入的秘密信息也可检测出来。

(2) 字间距编码：通过将文本某一行中的一个单词进行水平移位来嵌入秘密信息。此方法与行间距编码隐写信息的原理大致相当，能够隐藏更多比特，但抗攻击能力不及后者。

(3) 特征编码：通过改变文档中某个字母的某一特殊特征来嵌入标记。字体信息隐藏方法可以利用两种相似的字体，修改文本中一些文字的字体信息来隐藏秘密消息，这些字体被修改后很难被察觉。格式化文本本身具有丰富的字符特征，可以利用字符的颜色、字符尺寸、是否加粗、倾斜、下划线、边框、底纹等特征来隐藏信息。

(4) 行尾附加空格编码：该方法是在每一行的行尾插入空格。这种方法的优点在于几乎对所有的文本格式均可进行隐藏信息的加载，而且不易觉察。其缺点是：通常使用的服务器端软件会提前自动删除文本中的一些多余空格；在对这样的文件进行复制时不会保留所加入的隐藏信息数据。

2) 基于语义的文本隐写算法

该方法的基本原理是在将一段正常的语言文字修改为另一段正常的语言文字的过程中将秘密信息隐藏进去。为了防止攻击者发现，在修改原文字的过程中使用了同义词替换功能，并在句型的选择、标点的处理、语序重排和错误更正等方面做了许多工作，使得含有隐藏信息的语言文字具有伪自然语言的特征。

基于语义的文本信息隐写算法主要包括同义词替换法、等价信息替换法。

(1) 同义词替换法：通过对文本中的文件结构及句法特定的分析，挑出一些词语，用与其意义十分相近的词语进行替换，从而实现秘密消息的隐藏。通信双方必须同时拥有同义词表，隐藏信息的容量与同义词表的大小有关。该算法可用于英文或汉语的纯文本中，如“巴结”“奉承”“讨好”“恭维”分别表示“00”“01”“10”“11”，不同的词代表不同的二进制数字。

(2) 等价信息替换法：该方法跟同义词替换法相似，是用其他同等属性、具有等价信息量的词汇来替换文本中的词汇。与同义词替换中的同义词库类似，等价信息替换中的等价信息主要来源于一个预先建立的事实数据库，库中的信息事先经过编码，隐藏时，根据秘密信息来选择相应的词汇替换。

6.6　数字版权保护

6.6.1　数字版权保护概述

1. 数字版权的概念

版权，又称著作权，《中华人民共和国著作权法》第十条指明了著作权包括下列人身权和财产权：发表权，署名权，修改权，保护作品完整权，复制权，发行权，出租权，展览权，表演权，放映权，广播权，信息网络传播权，摄制权，改编权，翻译权，汇编权，应当由著作权人享有的其他权利。

享有著作权的作品，是指文学、艺术和科学领域内具有独创性并能以一定形式表现的智力成果，包括：文字作品，口述作品，音乐、戏剧、曲艺、舞蹈、杂技艺术作品，美术、建筑作品，摄影作品，视听作品，工程设计图、产品设计图、地图、示意图等图形作品和模型作品，计算机软件，符合作品特征的其他智力成果。《计算机软件保护条例》规定自然人的软件著作权，保护期为自然人终生及其死亡后 50 年；软件是合作开发的，截止于最后死亡的自然人死亡后 50 年；法人或者其他组织的软件著作权，保护期为 50 年。

2. 数字版权保护技术

数字版权保护技术就是以一定的方法，实现对数字作品的保护，其具体的应用可以包括 eBook、视频、音频、图片、文档等数字内容的保护。数字版权保护主要包括以下技术。

1) 密码技术

密码技术旨在实现对数字内容的访问控制。其具体做法是对需要进行版权保护的数字内容进行一定强度算法的加密，拥有密钥或权限的用户才能使用。密码技术主要为数字作品提供机密性、不可否认性和数据完整性服务。

(1) 加密技术：用于对数字内容进行保密。

(2) 数字摘要技术：内容提供者使用一定算法(如单向散列函数)对需要保护的内容生成一段数字摘要，并将这段内容安全存放。使用者在获取内容时首先使用相同的算法生成一段摘要，然后将其与获取的原摘要进行对比以验证数字内容是否完整准确。如果两段数字摘要相同则证明内容完整准确，如果不同则证明内容已被篡改。

(3) 数字签名技术：采用数字签名的技术可以证明签名者对数字内容拥有版权，也可以保证签名者无法抵赖签署过的信息。

2) 数字水印

基于密码技术的版权保护，权限、签名与受保护的数字内容通常相互分离，无法抵抗不良用户对数字内容版权的破坏，往往需要在用户端添加安全模块，提高了用户成本，使得其实际安全性依赖于终端的安全性。而在基于数字水印技术的版权保护中，版权信息、作者的序列号、权限、公司标志、签名等都被作为水印嵌入到了数字内容中，与内容融为一体，如果要破坏他们之间的联系，就必须破坏内容的可用性，从而有效防止了不良用户对版权的破坏。

6.6.2 数字水印在数字版权保护方面的应用

传统水印用来证明纸币或纸张上内容的合法性，数字水印用以证明一个数字产品的拥有权、真实性。数字水印是嵌在数字产品中的数字信息。数字水印技术有多种分类。

(1) 按作用可划分为鲁棒水印和脆弱水印。前者主要应用于数字作品中标志著作版权信息，需要嵌入的水印能够抵抗常见的编辑处理和有损压缩；后者主要用于完整性保护，判断信号是否被篡改。

(2) 按水印的载体可分为图像水印、视频水印、音频水印、文本水印、软件水印等。

(3) 按检测方法可分为明水印(私有水印)和盲水印(公开水印)。在检测过程中需要原数据的技术称为明水印，其鲁棒性较强；在检测过程中不需要原数据的技术称为盲水印。

(4) 按内容可分为有意义水印和无意义水印。有意义水印本身是数字图像或数字音频等；无意义水印则对应于一个序列号。

(5) 按可见性可划分为可见水印(可感知的水印)和不可见水印(不可感知的水印)。可见水印主要用于当场声明对产品的所有权、著作权及来源，起到一个宣传广告或约束的作用，一般为较淡的或半透明的图案，比如电视台播放节目的同时，在某个角落插上电视台的半透明标志。可见水印的另一个用途是为了在线分发作品，比如先将一个低分辨率的有可见水印的图像免费送人，其水印往往是拥有者或卖主的信息，它提供了寻找原高分辨率作品的线索，若想得到高分辨率的原作品则需付费。可见水印在某些产品中或多或少降低了作品的观赏价值，使其用途相对受到一定限制。不可见水印在视觉上不可察觉，隐藏在数字产品中。

(6) 按数字水印应用可划分为版权保护、盗版跟踪、拷贝控制、内容认证。版权保护是指嵌入权力拥有者信息，发生纠纷时，提供该信息作为身份依据，从而防止他人对该作品宣称拥有版权等相关权利。盗版跟踪是指在用户购买的每个数字内容拷贝中，都预先被嵌入了包含购买者信息(数字指纹)的数字水印。当市场上发现盗版时，可以根据其中的数字指纹，识别出哪个用户应该对盗版负责。拷贝控制也是数字水印的一个特殊应用。对于嵌入了数字水印的产品，经正常授权的用户可以无障碍地使用，而对于非授权的用户(或非法拷贝、盗版的产品)，该产品则无法正常使用。在某些应用中，拷贝保护是可以实现的。例如，在 DVD 系统中，在 DVD 数据中嵌入拷贝信息，如“禁止拷贝”或允许“一次拷贝”，而 DVD 播放器中有相应的功能，对于带有“禁止拷贝”标志的 DVD 数据则无法播放。数字水印应用于内容认证时，数字水印被设计为脆弱或半脆弱的。一旦嵌入了脆弱水印的数字内容遭受到任何微小破坏后，从中提取的水印信息便不完整，反之则能确保数字内容的完整性。

对数字水印的评价主要包括安全性、隐蔽性、透明性、鲁棒性和水印容量等指标。

(1) 安全性：要求隐藏算法有较强的抗攻击能力(篡改、伪造、去除水印)，使隐藏信息不会被破坏。例如，不会因文件格式转换而丢失水印，且未经授权者不能检测出水印。

(2) 隐蔽性：即不可检测性(不可感知、不可见性)，是指隐蔽载体与原始载体具有一致的特性。如具有一致的统计噪声分布等，以便使非法拦截者很难判断是否有隐蔽信息。

(3) 透明性：是指经过一系列隐藏处理后，原始数据没有明显的降质现象。

(4) 鲁棒性：经历多种无意或有意的信号处理过程后，数字水印仍能保持部分完整性并能被准确鉴别。鲁棒性是指被保护的信息经过某种改动后抵抗隐藏信息丢失的能力，如传输过程中的信道噪音、滤波操作、重采样、有损编码压缩、D/A 或 A/D 转换、图像的几何变换(如平移、伸缩、旋转、剪裁等)。

(5) 水印容量：水印容量和鲁棒性之间是相互矛盾的。水印容量的增加会带来鲁棒性的下降，对不可见性也有影响。

6.6.3　数字水印算法

这里仅介绍最不重要位(Least Significant Bits，LSB)算法。

LSB 对空域的最不重要位作替换，用来替换最不重要位的序列就是需要加入的水印信息、水印的数字摘要或者由水印生成的伪随机序列。由于水印信息嵌入的位置是 LSB，为了满足水印的不可见性，允许嵌入的水印强度不可能太高。然而针对空域的各种处理，如游程编码前的预处理，会对不显著分量进行一定的压缩，所以 LSB 算法对这些操作很敏感。因此，LSB 算法最初是用于脆弱性水印的。

LSB 算法的基本步骤如下：

(1) 将原始载体图像的空域像素值由十进制转换成二进制；

(2) 用二进制秘密信息中的每一比特信息替换与之相对应的载体数据的最低有效位；

(3) 将得到的含秘密信息的二进制数据转换为十进制像素值，从而获得含秘密信息的图像。

最低比特位替换 LSB 是最早被开发出来的，也是使用最为广泛的替换技术。黑白图像通常用 8 个比特来表示每一个像素(Pixel)的明亮程度，即灰阶值(Gray-Value)。彩色图像则用 3 个字节来分别记录 RGB 3 种颜色的亮度。将信息嵌入至最低比特，对宿主图像(Cover-Image)的图像品质影响最小，其嵌入容量最多为图像文件大小的 1/8。每个 BMP 图像文件只能非压缩地存放一幅彩色图像。文件头由 54 个字节的数据段组成，其中包含该位图文件的类型、大小、尺寸及打印格式等。一幅 24 位 BMP 图像，从第 55 个字节开始，是该文件的图像数据部分，数据的排列顺序以图像的左下角为起点，每连续 3 个字节描述图像一个像素点的颜色信息，这 3 个字节分别代表蓝、绿、红三基色在此像素中的亮度。图像数据部分由一系列的 8 位二进制数(字节)所组成，每个 8 位二进制数中“1”的个数或者为奇数或者为偶数。我们约定：若一个字节中“1”的个数为奇数，则称该字节为奇性字节，用“1”表示；若一个字节中“1”的个数为偶数，则称该字节为偶性字节，用“0”表示。我们用每个字节的奇偶性来表示隐藏的信息。

例如，设一段 24 位 BMP 文件的数据为 01100110，00111101，10001111，00011010，00000000，10101011，00111110，10110000，则其字节的奇偶排序为 0，1，1，1，0，1，1，1。现在需要隐藏信息 79，79 转化为 8 位二进制数为 01001111，将这两个数列相比较，发现第三、四、五位不一致，于是对这段 24 位 BMP 文件数据的某些字节的奇偶性进行调整，使其与 79 转化的 8 位二进制数相一致：第三位将 10001111 变为 10001110，第四位将 00011010 变为 00011011，第五位将 00000000 变为 00000001。经过这样的调整，此 24 位 BMP 文件数据段字节的奇偶性便与 79 转化的 8 位二进制数完全相同，这样，8 个字节便隐藏了一个字节的信息。

由于原始 24 位 BMP 图像文件隐藏信息后，其字节数值最多变化 1(因为是在字节的最低位加“1”或减“1”)，该字节代表的颜色浓度最多只变化了 1/256。嵌入信息的数量与所选取的掩护图像的大小成正比。

6.7　个人信息保护

6.7.1　个人信息保护面临的问题

2019 年 7 月 24 日，美国联邦贸易委员会(FTC)官网发布一则通告，Facebook 因侵犯用户数据隐私而被处以高达 50 亿美元的罚款，对个人信息及数据的保护成为了当今世界的关注焦点。由于互联网的开放性，以牟利为目的的黑客横行网络，又由于行业缺乏自律，法律不够完善，用户防卫意识淡薄，个人信息保护面临十分严峻的形势。

1. 黑客入侵导致的个人信息泄露

侵犯公民个人信息主要元凶莫过于黑客。黑客通过技术手段窃取个人信息，主要有以下方式：黑客利用木马病毒窃取隐私信息，如当用户访问网页或者从网站下载软件并安装时，导致木马进入计算机，他就可窃取用户的隐私信息；勒索软件造成的数据泄露事件频次攀升；利用钓鱼网站引诱用户输入个人敏感信息，被控制钓鱼网站的黑客所窃取；利用漏洞攻击服务器，由此导致个人信息大规模泄露。例如，2018 年 11 月 30 日，万豪国际集团官方微博称，喜达屋旗下酒店的客房预订数据库被黑客入侵，曾在该酒店预定的约 5 亿客人的信息或被泄露，被英国信息监管局处以 9900 万英镑(约合 1.23 亿美元)罚款。泄露的数据包含了用户的姓名、身份证号、家庭住址、开房时间等个人信息。2021 年 6 月，黑客在暗网售卖领英 7 亿条的用户数据，包含用户邮箱、姓名、电话号码、家庭住址、个人和职业背景信息等内容。泄露的个人信息可被用于电信诈骗、广告轰炸、敲诈勒索，也可用于撞库攻击、社会工程攻击。

2. 用户个人信息被违规收集

2021 年 6 月 30 日，滴滴公司正式在纽约证券交易所上市交易，两天后的 7 月 2 日，国家网信办对“滴滴出行”实施网络安全审查，审查期间“滴滴出行”停止新用户注册。7 月 4 日，国家网信办再次宣布，“滴滴出行”APP 存在严重违法违规收集使用个人信息问题，依据《网络安全法》相关规定，通知应用商店下架“滴滴出行”APP。近年，诸如“窃听用户聊天进行精准推送”“根据用户私密文字聊天内容进行精准推送”等舆情持续出现，反映出用户对个人隐私泄露的担忧。2019 年 12 月，全国公安机关网安部门按照公安部网络安全保卫局的部署要求，集中发现、集中侦办、集中查处整改了 100 款违法违规 APP 及其运营的互联网企业，主要涉及无隐私协议、超范围收集用户信息、违规收集用户信息。2021年3月15日，央视曝光了多家企业未经告知，私自通过监控摄像头违法搜集消费者人脸信息。涉事企业包括科勒卫浴、宝马、Max Mara等多家知名企业。在实践中有时较难判断个人信息收集是否符合最小必要原则，例如，智能电饭煲收集地理位置看似并没有正当理由，但是部分地区由于海拔原因，电饭煲的煮饭压力设置直接影响饭的生熟，通过收集地理位置信息可以获得电饭煲所在地的海拔信息，进而智能化调整压力，为用户煮饭带来更优良的品质和体验。

3. 关键信息基础设施单位"内鬼"泄露

行业自律缺失导致泄露用户个人信息，由"内鬼"盗取公民个人信息贩卖给他人的现象屡见不鲜。2017年3月，京东泄露50亿条敏感信息，而犯罪嫌疑人就是京东网络安全员郑某鹏；2019年12月25日，中国裁判文书网公布了《陈德武、陈亚华、姜福乾等侵犯公民个人信息罪二审刑事裁定书》。被告人陈亚华从中国电信全资子公司号百信息服务有限公司数据库获取区分不同行业、地区的手机号码信息提供给陈德武，后者将其在网络上销售，获利累计2000余万元，涉及个人信息2亿余条。"内鬼"泄露主要包括：银行数据、寄递数据、电商数据、招聘数据、医疗数据、电信数据、企业员工数据等。

4. 个人信息被滥用

大数据时代，对个人信息的最普遍的侵害形式就是个人信息被滥用。例如，"大数据杀熟"事件频繁见诸报端；Facebook在2013年向第三方应用开放用户数据的接口；剑桥分析公司付费邀请用户测试用户使用社交媒体和心理健康关系，获取了5000万用户的信息。2016年，该公司受雇于特朗普竞选团队。剑桥分析公司凭借对用户个人状态、社交信息的分析，找出选民中对于总统支持者举棋不定的人，并向他们"定向投送"了特朗普的竞选广告和一些有利于特朗普的竞选信息。2019年3月，号称中国最大的简历大数据公司、曾获李开复旗下创新工场投资的巧达科技有限公司被警方一锅端，其商业模式为通过爬虫获取其他招聘网站的个人数据，以上亿简历数据为基础，可预报员工离职前动态，在未经用户明确同意情况下，将个人信息共享给第三方。

5. 安全意识薄弱导致个人信息被侵害

自我保护意识淡薄，对信息泄露造成的危害认识不足，是导致个人信息泄露的又一原因，如社会工程攻击带来的安全问题。社会工程学的特点是：无技术性、成本低、效率高。该攻击与其他攻击的最大不同是其攻击手段不是利用高超的攻击技术，而是利用受害者的心理弱点进行攻击。例如，黑客先攻击某论坛的网站，使用户无法正常登录；然后再假冒管理员，以维护网站名义向用户发送提醒信息，索要用户的账号和密码，一般用户此时会将密码和账号发送给黑客。此外，还有采用冒充中奖、假冒社交好友、信用卡挂失等欺诈手段获得合法用户信息。

为避免信息泄露造成电话骚扰、电信诈骗，要提高安全意识，防止个人信息泄露。警惕网络上调查问卷式搜集资料、娱乐活动式搜集资料、注册用户搜集资料、各种扫码、授权登录、钓鱼网站等。例如，参加有奖问卷调查、申请免费邮寄资料、申办会员卡都可能泄露个人资料。还要注意公共场合不要随意"蹭"免费WiFi；不将不同平台账号密码设成相同；认真阅读APP服务协议、用户隐私政策等说明，谨慎授权；不轻易授权"免密支付"功能；网络购物不脱离平台；不轻易打开不明来源的链接；不要轻信中奖信息、抽奖活动。

6. 深度收集、使用个人信息带来的挑战

挑战一是利用个性化服务收集隐私信息。很多个性化服务都需要个人信息，以基于位置的服务为例，不少商家与社交网站合作，通过无线网络确定用户位置，从而推送商品或服务，但这一服务意味着用户被实时“监控”，为诈骗、绑架勒索等打开方便之门。挑战二是指纹、声纹、人脸等生物识别在带来便捷体验的同时，也增加了个人敏感信息泄露风险。挑战三是愈加智能便利的服务需要收集更全面、更高频的用户数据。如何在合理必要、知情同意的情况下收集、使用个人信息，如何控制复杂流转链条的个人信息安全保障面临难题。

6.7.2 个人信息、隐私与个人数据

《中华人民共和国刑法》已将泄露个人信息的行为入罪，个人信息保护的相关制度在《网络安全法》有专章规定，其后的《民法典》人格权编和《中华人民共和国数据安全法》也先后规定了涉及个人信息的具体保护制度。2020 年 10 月 GB/T 35273—2020《个人信息安全规范》实施，2021 年 11 月 1 日起施行《中华人民共和国个人信息保护法》，这标志着我国个人信息保护进入新的阶段。

当前各国对个人信息的描述主要有个人信息(Personal Information)、个人隐私(Personal Privacy)、个人数据(Personal Data)3 类说法。中国、日本、韩国等国家主要使用“个人信息”这一说法；美国、加拿大、澳大利亚等英美法系国家主要采用“个人隐私”这一概念；欧盟及其成员国习惯采用“个人数据”的称谓。本书对这 3 种概念不作刻意区分。

《民法典》人格权编第六章隐私权和个人信息保护第 1032 条内容为：“自然人享有隐私权。任何组织或者个人不得以刺探、侵扰、泄露、公开等方式侵害他人的隐私权。隐私是自然人的私人生活安宁和不愿为他人知晓的私密空间、私密活动、私密信息”。明确提出了私密信息作为隐私权保护的重要内容之一。第 1034 条为：“自然人的个人信息受法律保护。个人信息是以电子或者其他方式记录的能够单独或者与其他信息结合识别特定自然人的各种信息，包括自然人的姓名、出生日期、身份证件号码、生物识别信息、住址、电话号码、电子邮箱、健康信息、行踪信息等。个人信息中的私密信息，适用有关隐私权的规定；没有规定的，适用有关个人信息保护的规定”。《个人信息保护法》第二章第 28 条指出“敏感个人信息是一旦泄露或者非法使用，容易导致自然人的人格尊严受到侵害或者人身、财产安全受到危害的个人信息，包括生物识别、宗教信仰、特定身份、医疗健康、金融账户、行踪轨迹等信息，以及不满十四周岁未成年人的个人信息”，其实，敏感个人信息大多属于《民法典》中所指的个人信息中的私密信息。个人信息既包括真实信息(身份信息、银行卡资料、社会活动、行程轨迹)，也包括虚拟账号(理财账号、社交账号、会员账号、游戏账号、实名账号)。因此，个人信息与隐私存在交叉重合关系。

从属性上来看，隐私主要体现的是人格利益，如果隐私受到侵犯，将导致精神受到损害。个人信息权是同时包含了人格权与个人财产权的综合性权利，而不光仅仅体现在精神属性上。一旦个人信息遭受侵害，往往会带来个人利益的受损。例如，大数据杀熟。

从法律防范角度上来看，个人信息的保护有别于传统个人隐私的保护。隐私保护重

点在于防范隐私不被非法披露，而个人信息保护重点在于个人信息是在不违背主体意愿的情况下被控制与利用。

从隐私概念的起源上看，19 世纪美国大众传播媒介大量登载桃色新闻和庸俗的流言，这使公众受到个人隐私被侵犯所带来的极大精神痛苦，由此促使隐私观念的兴起以及隐私权的形成，隐私权核心特征是不被打扰。而个人信息的核心特征是识别性。随着互联网的兴起，通过个人信息的收集与处理，信息处理者能够与信息主体建立某种联系，一旦个人信息被非法获取或者滥用，将极易对被识别个人的生活安宁及私密空间、私密活动和私密信息的安全产生侵害，因此，需要在法律实践中通过扩大解释隐私概念的方式保护个人信息。

2018 年 5 月，欧盟《通用数据保护条例》(GDPR)生效。第 4 条中指出“个人数据是指已识别到的或可被识别的自然人(数据主体)的所有信息。可被识别的自然人是指其能够被直接或间接通过识别要素得以识别的自然人，尤其是通过姓名、身份证号码、定位数据、在线身份等识别数据，或者通过该自然人的物理、生理、遗传、心理、经济、文化或社会身份的一项或多项要素予以识别。”也就是说，个人数据包括了 IP 地址和 cookie 数据。评价数据是否可以识别到个人，并不能只看单个采集数据的主体是否具有识别个人的能力。例如，A 公司搜集的数据 1 不能直接识别用户，但是数据 1 与 B 公司存储的数据 2 结合起来是可以识别自然人的，并且 A 公司是具有“合理可能”的途径接触到 B 公司的数据 2，那么对于 A 公司来说，数据 1 就是法律保护的个人数据。

6.7.3　个人信息处理的基本原则

所谓个人信息的处理，包含收集、存储、使用、加工、传输、提供、公开、删除的完整周期。《个人信息保护法》明确了个人信息处理活动应该遵守以下原则。

(1) 合法性原则：要求个人信息处理行为应当满足法律法规规定，包括《个人信息保护法》《网络安全法》《数据安全法》《民法典》《刑法》《关键信息基础设施安全保护条例》等法律法规。

(2) 正当性原则：要求个人信息处理行为应当符合立法宗旨和法律价值，不得以谋求自身利益而侵害其他个人的个人信息权益。在实践中，部分 APP 运营者在用户注册阶段以不显著、不直接的方式向用户展示个人信息处理的目的、范围和方式等重要信息，这种行为显然违背了正当性原则。

(3) 必要性原则：要求个人信息的收集范围和处理方式应当仅以实现相应的信息服务功能和业务目的为必要。该原则强有力地回应了当下社会对 APP 运营者肆意收集处理个人信息行为的担忧和质疑，避免个人为获取相应信息服务而被动提供个人信息的问题恶化。例如，地图导航类 APP 运营者的个人信息收集范围仅应当以地理位置信息为限，职业、工资、旅游偏好等其他与地图导航功能无关的个人信息显然不在“与处理目的直接相关”的范围之内。

(4) 诚信原则：强调个人信息处理者不得利用自身的优势地位侵害个人信息权益。一方面，个人信息处理者应当诚实守信地按照约定的处理目的和范围处理个人信息；另一方面，个人信息处理者不应当故意隐瞒、有意淡化事关个人信息权益的提示说明事项。

如前所述，个人信息控制者开展个人信息处理应遵循合法、正当、必要的原则，具体包括(见 GB/T 35273—2020《个人信息安全规范》)：

(1) 权责一致：采取技术和其他必要的措施保障个人信息的安全，对其个人信息处理活动对个人信息主体合法权益造成的损害承担责任；

(2) 目的明确：具有明确、清晰、具体的个人信息处理目的；

(3) 选择同意：向个人信息主体明示个人信息处理目的、方式、范围等规则，征求其授权同意；

(4) 最小必要：只处理满足个人信息主体授权同意的目的所需的最少个人信息类型和数量。目的达成后，应及时删除个人信息；

(5) 公开透明：以明确、易懂和合理的方式公开处理个人信息的范围、目的、规则等，并接受外部监督；

(6) 确保安全：具备与所面临的安全风险相匹配的安全能力，并采取足够的管理措施和技术手段，保护个人信息的保密性、完整性、可用性；

(7) 主体参与：向个人信息主体提供能够查询、更正、删除其个人信息，以及撤回授权同意、注销账户、投诉等方法。

GDPR 是欧盟个人信息保护的核心法律。GDPR 具有强制实施效力，构建了一套完善的个人信息保护体系，能够直接适用于欧盟全境。在保护范围上，个人信息的外延得到延展，医疗健康、生物标识等都成为保护对象。在用户权利上，GDPR 引入被遗忘权、可携带权、删除权等新型权利，与知情权、同意权、访问权、反对权等共同构成用户享有的基本权利类型。

GDPR 个人数据的处理有 6 大原则：合法公平透明、目的限制、数据最小化、准确性、储存限额、完整性和机密性。

(1) 合法公平透明：个人数据必须以合法的、公平的和透明的方式处理，即无论是收集、传递还是使用个人数据，均要求符合法律规定，且符合透明性的要求。例如，旅行社通过收集用户登录网站查询机票和酒店的信息，分析其偏好，然后通过程序自动设定针对该用户需要的机票和酒店涨价，这就是不公平的。

(2) 目的限制：个人数据被收集用于指定的、明确的和合法的目的，不得以不符合这些目的的方式进一步处理。例如，用于健康监测的 APP 需要收集用户的各项身体指标，如果该数据进而被分发给药品或医疗器械的销售商，用于推销，则超出了最初的处理目的，违反了 GDPR。

(3) 数据最小化：合理地和限于与处理它们的目的有关的必要条件。即对于个人数据的处理数量以满足该业务需要的最小数量为限，不得收集任何非必需的个人数据。

(4) 准确性：准确，并在必要时保持最新，必须采取一切适当措施，确保及时删除或纠正因处理目的不准确的个人资料。即明确对个人数据的使用要保持数据的真实准确，在个人数据更新时必须及时同步更新或者及时删除。

(5) 储存限额：仅允许在为处理目的所需的时间内识别数据主体。

(6) 完整性和机密性：以确保个人数据的适当安全性的方式处理，包括使用适当的技术或措施防止未经授权或非法处理以及意外丢失、破坏或损坏。

继欧盟的 GDPR 正式实施一个月后，美国加州政府于 2018 年 6 月 28 日快速通过了

《加州消费者隐私法案》(CCPA)。CCPA 旨在加强消费者隐私权和数据安全保护，被认为是美国国内最严格的消费者数据隐私保护法，于 2020 年 1 月 1 日正式生效。

CCPA 将个人信息定义为“直接或间接地识别、关系到、描述、能够相关联或可合理地联结到特定消费者或家庭的信息”，包括但不限于诸如真实姓名、别名、邮政地址、唯一的个人标识符、在线标识符、互联网协议地址、电子邮件地址、商业信息、生物信息、地理位置数据、互联网或其他电子网络活动信息以及从个人信息中获取推论以创建能够反映消费者偏好和态度画像的信息等。基于上述“个人信息”的范围，CCPA 给予了消费者较多的对个人信息保护的权利，并同时对规制企业设置了相应的义务，主要包括：

(1) 披露权。消费者有权要求收集其个人信息的企业向其披露所收集信息的类别和具体要素。收集消费者个人信息的企业也应当在收集时或者收集前告知消费者所收集个人信息的类别及个人信息的使用目的。

(2) 删除权。CCPA 向消费者赋予了“被遗忘权”，也即删除权。消费者在一般情况下均有权要求相关企业删除从该消费者处收集的个人信息。

(3) 选择退出权和反歧视禁令。CCPA 还向消费者赋予了“选择退出权”(Opt-Out Right)，即消费者有权在任何时候指示欲向第三方出售其个人信息的企业不得采取出售行为。此外，为保障消费者的“选择退出权”，CCPA 规定即使消费者行使了该权利，相关企业也不得因此歧视消费者。

(4) 透明度和披露要求。为保障消费者权利的有效落实，CCPA 要求受管辖的企业应确保其网站上载有符合 CCPA 要求的关于隐私操作的相关表述。

6.7.4　隐私保护技术

除了加强网络自律，净化网络传播环境，提高自身防范意识，完善法律法规之外，这里介绍利用隐私保护技术解决隐私泄露问题。

1. 匿名化技术

匿名化(Anonymization)就是通过将预备发布的数据中涉及的个体标识属性在数据发布之前删除，有选择地发布原始数据，不发布或者发布精度较低的敏感数据。泛化、抑制是匿名技术中最常使用的方法。

抑制即不发布某些数据项，如医疗记录中的姓名。泛化是对数据集上某些属性或记录进行更抽象和概括的描述，使其意义变得更加宽泛。比如将生日从“年/月/日”泛化成“年/月”；将地区从“北京”“上海”等泛化成“中国”；将数字 12、15、18 泛化成区间[10, 20]；将身份证号、手机号码中间几位替换成“*”等。抑制会导致发布数据的减少，但是在实际应用中可以降低数据的泛化数量，从而降低数据的信息损失。

例如，原始病人数据表为 T1(姓名，性别，出生日期，邮政编码，疾病名称)，疾病(如艾滋病、肺结核)属于要保护的敏感信息。经过删除姓名，对出生日期、邮政编码泛化处理后的数据表为 T3(性别，出生日期，邮政编码，疾病名称)，将 T3 发布出去。如果 T3(性别，出生日期，邮政编码)的每个属性值序列都至少出现 K 次，则说 T3 满足 K-匿名。即使攻击者从别处获得了该区域的选民信息表 T2(姓名，性别，出生日期，邮政编码，政治面貌)，也无法与 T3 中确定的一条信息进行链接(T2 中的每条记录都对应 T3 中至少 K 条记录)，此时攻击者便无法唯一地识别出某个病人。

2. 数据脱敏

数据脱敏(Data Masking)又称数据漂白、数据去隐私化或数据变形，是对某些敏感个人信息(如身份证号、手机号、卡号、客户姓名、客户地址、种族、宗教信仰、邮箱地址、薪资、医疗健康等)或敏感非个人数据(即重要数据，如未公开的政府信息，包括人口、基因健康、地理、矿产资源等)通过脱敏规则进行数据的变形，将敏感级别降低后对外发布，或供访问使用。在《信息安全技术 数据安全能力成熟度模型》(GB/T 37988—2019)中，数据脱敏被定义为通过模糊化等方法对原始数据进行处理，达到屏蔽敏感信息的一种数据保护方法。常见的脱敏规则有：替换、重排、加密、截断、掩码。用户也可以根据期望的脱敏算法自定义脱敏规则。

数据脱敏根据不同的使用场景可以分为“静态脱敏”和“动态脱敏”两类技术。静态脱敏适用于将数据抽取出生产环境脱敏后分发至测试、开发、培训、数据分析等场景。动态脱敏适用于不脱离生产环境，只对敏感数据的查询和调用结果进行实时脱敏。

以某公司员工工资表 emp、表的属主用户 Alice 以及用户 Matu 为例。表 emp 包含员工的姓名、手机号、邮箱、发薪卡号、薪资等隐私数据，用户 Alice 是人力资源经理，用户 Matu 是普通职员。假设表、用户及用户对表 emp 的查看权限均已设定。

创建脱敏策略，仅允许 Alice 查看员工所有信息，对 Matu 设置成手机号显示前 3 位，后面用“*”替换；发薪卡号不可见，全脱敏成固定值 0；薪资采用数字 9 部分脱敏倒数第 2 位前的所有数位值。则 Matu 查看的工资表中的一行可能是：anny139******** smith@163.com 0 9999.53。

3. 安全多方计算

百万富翁问题是姚期智先生在 1982 年提出并解决的第一个安全多方计算(Secure Multi-Party Computation)问题。问题可以描述为：两个百万富翁街头邂逅，都想知道到底谁更富有，但是又都不想让别人知道自己有多少钱。在没有可信的第三方的情况下如何既保护隐私，又可以比较大小？

在安全多方计算协议中，一群人可在一起用一种特殊的方法计算含有许多变量的任何函数。这一群中的每个人都知道这个函数的值，但除了函数输出的东西外，没有人知道关于任何其他成员输入的任何隐私信息。

4. 安全外包计算

外包计算是利用强大的云计算能力解决客户端能力受限的有效解决方案。在云计算环境中，计算能力和存储资源受限的用户终端可以将复杂的计算任务外包给云服务器处理，云服务器按要求完成相应的计算后，将计算结果返回给用户。

安全外包计算(Secure Outsourcing Computation)需要解决两个问题：一是将计算任务外包时能够保护用户不泄露敏感数据隐私(包括计算函数本身的隐私)；二是能够获得正确的计算结果，并且保证计算结果的隐私性。安全外包计算是安全多方计算的一种。一个安全外包计算方案需要满足的安全性质如下：

(1) 机密性。云服务器不能知道计算任务的输入和最终的计算结果(在有些情况下外包函数也必须要保密)。

(2) 可验证性。云服务器是不可完全信赖的，用户必须能够以不低于一定的概率检测出云服务器的作弊行为，即能够以不可忽略的概率验证计算结果的正确性。

(3) 高效性。验证算法不能涉及更为复杂的运算，也不能需要海量的存储资源，验证算法必须高效。

安全外包计算的发展趋势主要有两个大方向：一是对具体的外包计算设计计算开销、通信开销和验证开销小的协议；二是研究高效实用的全同态加密方案。

5. 联邦机器学习

数据是机器学习的基础。在大多数行业中，由于行业竞争、隐私安全、行政手续复杂等问题，数据常常是以孤岛的形式存在的。另外，各国都在加强对数据安全和隐私的保护，两个公司简单地交换数据在很多法规包括 GDPR 框架下是不允许的。用户是原始数据的拥有者，在用户没有批准的情况下，公司间是不能交换数据的。

联邦机器学习(Federated Machine Learning/Federated Learning)，又名联邦学习、联合学习、联盟学习。联邦机器学习是一个机器学习框架，能有效帮助多个机构在满足用户隐私保护、数据安全和政府法规的要求下，进行数据使用和机器学习建模。例如，采用对等框架的联邦学习，机构对本地模型训练后，将本地模型的参数加密传输给其余参与联合训练的机构，最终建立一个虚拟的共有模型。联邦机器学习是安全多方计算的一种。

习　题　六

1. 网络信息内容生态治理，是指政府、(　　)、社会、网民等主体，以培育和践行社会主义核心价值观为根本，以网络信息内容为主要治理对象，以建立健全网络综合治理体系、营造清朗的网络空间、建设良好的网络生态为目标，开展的弘扬正能量、处置违法和不良信息等相关活动。

A. 企业　　B. 公民　　C. 行业组织　　D. 网络平台

2. 《网络信息内容生态治理规定》中规定：网络信息内容服务使用者和网络信息内容生产者、网络信息内容服务平台不得通过(　　)、删除信息以及其他干预信息呈现的手段侵害他人合法权益或者谋取非法利益。

A. 采编　　B. 发布　　C. 转发　　D. 传播

3. 个人信息采集，实行统筹管理，应当(　　)。

A. 避免多头、重复、反复收集个人信息

B. 尽量减少参与收集、处理个人信息的机构数量

C. 坚持最小范围原则，仅收集能够满足个人信息处理目的的最少个人信息

D. 为提高数据冗余度，可适当扩大收集或调用个人信息的范围、规模、数量和时间跨度

4. 现在的智能设备能直接收集到身体相应信息，比如我们佩戴的手环可收集个人健康数据。以下哪些行为可能造成个人信息泄露？(　　)

A. 将手环外借他人　　B. 接入陌生网络

C. 手环电量低　　　　　　　D. 分享跑步时的路径信息

5. 越来越多的人习惯于用手机里的支付宝、微信等付账，因为很方便，但这也对个人财产的安全产生了威胁。以下哪些选项可以有效保护我们的个人财产？(　　)

A. 使用手机里的支付宝、微信付款输入密码时避免别人看到

B. 支付宝、微信支付密码不设置常用密码

C. 支付宝、微信不设置自动登录

D. 不在陌生网络中使用

6. 根据《计算机软件保护条例》，法人或者其他组织的软件著作权，保护期为(　　)年。

A. 100 年　　　B. 50 年　　　C. 30 年　　　D. 10 年

7. 在日常生活中，以下哪些选项容易造成我们的敏感信息被非法窃取?(　　)

A. 随意丢弃快递单或包裹

B. 在网上注册网站会员后详细填写真实姓名、电话、身份证号、住址等信息

C. 电脑不设置锁屏密码

D. 定期更新各类平台的密码，密码中涵盖数字、大小写字母和特殊符号

8. 现在网络购物越来越多，以下哪些措施可以防范网络购物的风险？(　　)

A. 核实网站资质及网站联系方式的真伪

B. 尽量到知名、权威的网上商城购物

C. 注意保护个人隐私

D. 不要轻信网上低价推销广告

9. 我们在日常生活中网上支付时，应该采取哪些安全防范措施？(　　)

A. 保护好自身信息、财产安全，不要相信任何套取账号、USBkey 和密码的行为

B. 网购时到正规、知名的网上商店进行网上支付，交易时确认地址栏内网址是否正确

C. 从银行官方网站下载安装网上银行、手机银行、安全控件和客户端软件。开通短信口令时，务必确认接收短信手机号为本人手机号

D. 避免在公共场所或者他人计算机上登录和使用网上银行，退出网上银行时一定要将 USBkey 拔出

10. 网络游戏、网络广告、网络直播在内容方面涉及哪些安全问题？

11. 网络信息内容生产者违反《网络信息内容生态治理规定》第六条规定的，网络信息内容服务平台应当依法依约采取哪些处置措施？

12. 试分析豆瓣电影、淘宝、今日头条、抖音采用的推荐算法。

13. 简述什么是信息茧房和回音室效应。

14. 为什么说数字水印在数字版权保护方面能够确定所有权(作者、发行人、分发商、合法的最终用户)、确定作品的真实性和完整性(是否伪造、被篡改)。

第 7 章 新技术对网络空间安全的影响

7.1 新技术是一把双刃剑

“科学技术是第一生产力”。科学技术的伟大发展带给人类文明的巨大进步，促进了经济发展，如铁路的通行、电报的使用、计算机的发明，极大地造福了人类。科学技术同时也带来了负效应，主要表现为以下 3 个方面：一是科学技术的滥用，如计算机病毒严重干扰人们的生活与工作；二是科学技术的不成熟，带来本身的副作用，如电磁辐射影响人体健康等；三是科学技术衍生出的问题。科学技术的突破如同蝴蝶效应，牵一发而动全身，带来各种机遇的同时也带来了风险。例如，网络和虚拟现实技术提供的网络虚拟世界，使人类日渐疏离自然，造成现实世界中的人情淡漠。人工智能、大数据、云计算、区块链、量子科技等新一代信息技术也与其他科学技术一样存在负效应，带来了严峻的安全问题。

技术对于网络空间安全具有“赋能效应”和“伴生效应”(见图 7.1)。新技术既能用来提升网络空间安全，又会带来新的风险。新技术在自身发展的同时，从攻击、防御方面给传统网络空间安全提供了显著的赋能效应。新技术既是维护网络空间安全的武器，能用于提升网络空间安全能力，进行赋能防御，也能被攻击者恶意利用，进行赋能攻击。每一种新技术的出现都会引发伴生的安全问题，新技术的不成熟及恶意应用导致的安全风险逐渐暴露，存在自身安全(内生安全)问题，新技术的广泛应用产生的蝴蝶效应，也会带来衍生的安全问题。

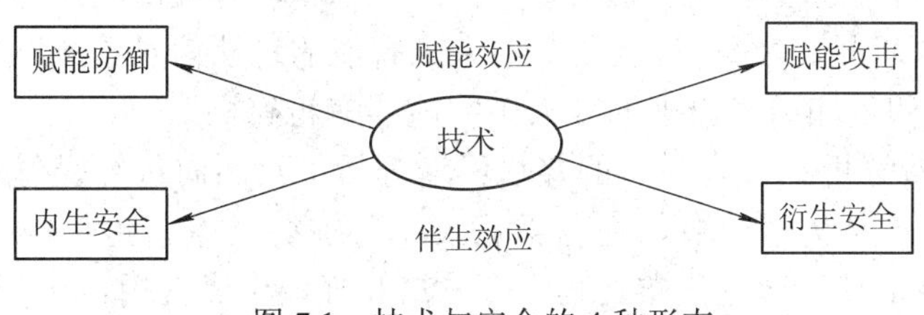

图 7.1 技术与安全的 4 种形态

7.2 人 工 智 能

7.2.1 人工智能赋能防御

随着云计算和大数据技术为人工智能提供超强算力和海量数据、人工智能核心算法取得重大突破、移动互联网和物联网为人工智能技术落地提供丰富应用场景，人工智能迎来了新的发展浪潮。人工智能飞速发展并在各行各业得到广泛应用，在网络空间安全领域也不例外。

机器智能的概念最早在 1950 年图灵的论文《计算机器与智能》中出现：如果有超过 30%的测试者不能确定出被测试者是人还是机器，那么这台机器就通过了测试，并被认为具有人类智能，这种测试被称为图灵测试。1956 年，麦卡锡提出“人工智能就是要让机器的行为看起来更像人所表现出的智能行为一样”。温斯顿认为：“人工智能就是研究如何使计算机去做过去只有人才能做的智能工作。”

习近平指出，人工智能是新一轮科技革命和产业变革的重要驱动力量，加快发展新一代人工智能是事关我国能否抓住新一轮科技革命和产业变革机遇的战略问题；同时强调，要加强人工智能发展的潜在风险研判和防范，维护人民利益和国家安全，确保人工智能安全、可靠、可控；加强人工智能相关法律、伦理、社会问题研究，建立健全保障人工智能健康发展的法律法规、制度体系、伦理道德。

人工智能在安全领域应用广泛，如网络安全防护、信息内容审核、网络舆情分析、智能安防、金融风控等。

(1) 网络安全防护。在入侵检测方面，以色列 Hexadite 公司利用人工智能来自动分析威胁，迅速识别和解决网络攻击，帮助企业内部安全团队管理和优先处理潜在威胁；我国山石网科公司研发的智能防火墙，可基于行为分析技术，帮助客户发现未知网络威胁，能够在攻击的全过程提供防护和检测。在终端安全方面，美国 CrowdStrike 公司基于大数据分析的终端主动防御平台，可以识别移动终端的未知恶意软件，监控企业的数据，侦测零日威胁然后形成一套快速响应措施，提高黑客攻击的风险和代价。在安全运维方面，美国的 Jask 公司采用人工智能算法对日志和事件等数据进行优先级排序并逐一分析，以协助安全分析师发现网络中有攻击性的威胁，提高安全运营中心的运营效率。人工智能还应用于恶意软件/流量检测、恶意域名/URL 检测、钓鱼邮件检测、网络攻击检测、软件漏洞挖掘、威胁情报收集、自动化打补丁等方面。

(2) 信息内容审核。以阿里、腾讯、百度、网易为代表的大型互联网企业，通过基于自身业务安全管理过程中所积累的海量标准样本库，开展对淫秽色情、涉恐涉暴等违法信息识别的建模训练，纷纷推出了基于人工智能的违法信息检测服务，如百度的“人工智能 + 广告打假”和阿里巴巴的“人工智能谣言粉碎机”。

(3) 网络舆情分析。百度公司的媒体舆情分析工具面向传统媒体和新媒体行业，针对内容生产、观点及传播分析、运营数据展示等业务场景，提供舆情分析能力。腾讯 WeTest 舆情监控工具，通过分布式爬虫 7 × 24 h 抓取主流应用市场(应用宝等)评论评星和主流论坛(百度贴吧等)的用户发帖讨论，并智能汇总用户评论，进行智能分类。通过情感分析加情感维度提取技术，智能分析并定位到具体问题。

(4) 智能安防。基于人工智能的智能安防依托对海量视频数据的学习，可完成行为模式的推断和预测，目前已经应用于人脸识别、车辆识别等系统中，进行目标属性提取，实现对目标的智能检测、跟踪及排查。

(5) 金融风控。人工智能技术可用于提升金融风控工作效率和准确度。美国 Neurensic 公司利用人工智能监控电子交易，基于机器学习识别对交易公司构成风险的行为，并可自动检测来自实际监管案例的高风险活动。阿里“钱盾”反诈预警系统利用人工智能技术助力警方预警拦截诈骗事件。

7.2.2　人工智能赋能攻击

人工智能技术同样可以被攻击者用来助力攻击，具体应用如下：

(1) 提高恶意软件编写、分发的自动化程度。2017 年 8 月安全公司 Endgame 发布了可修改恶意软件绕过检测的人工智能程序，通过该程序进行轻微修改的恶意软件样本即可以 16%的概率绕过安全系统的防御检测，大幅提升了恶意代码的免杀和生存能力。

(2) 自动锁定目标，进行有针对性的攻击。英国网络安全公司 Darktrace 分析显示，集成人工智能技术的勒索软件可自动瞄准更具吸引力的目标，劫持工业设备、医疗仪器等相关运行数据勒索赎金。社会工程攻击日益呈现智能化、高仿真特征。McAfee 公司表示，犯罪分子将越来越多地利用机器学习来分析大量隐私记录，以识别潜在的易攻击目标人群，根据目标用户的邮件或帖子内容的上下文生成自然语言文本(如根据出生年月、电话、亲属、位置等关键个人信息，“量身定制”个性化、高仿真的诱饵)，针对易攻击目标投放定制化的钓鱼邮件，提升社会工程攻击的精准性。

(3) 人工智能技术加剧网络攻击破坏程度。人工智能可生成可扩展攻击的智能僵尸网络，利用自我学习能力规模化自主攻击脆弱系统。

(4) 自动化漏洞挖掘与利用。2013 年，DARPA 发起了 CGC 项目，旨在实现漏洞挖掘、分析、利用、修复等环节的完全自动化，进而建立具备自动化攻击与防御能力的高性能网络推理系统。实现无人干预条件下的自动寻找程序漏洞、自动生成漏洞利用程序攻击敌方、自动部署补丁程序抵御对手攻击的基本能力。2016 年，美国在拉斯维加斯举办了信息安全界的顶级赛事 Defcon CTF，名为 Mayhem 的机器战队与另外 14 支人类战队进行角逐，机器战队一度超过两支人类战队，开创了自动化攻防的新局面。

(5) 利用智能推荐算法加速不良信息的传播。Facebook 利用人工智能有针对性地向用户投放游戏、瘾品甚至虚假交友网站的广告，从中获取巨大利益。在信息传播领域，可引发“信息茧房”效应。人工智能可用于影响公众政治意识形态，间接威胁国家安全。2018 年曝光的“Facebook 数据泄露”事件中，美国剑桥分析公司利用广告定向、行为分析等智能算法，推送虚假政治广告，进而形成对选民意识形态和政治观点的干预诱导，影响美国大选、英国脱欧等政治事件走向。美国伊隆大学数据科学家奥尔布赖特指出，通过行为追踪识别技术采集海量数据，识别出潜在的投票人，进行虚假新闻的点对点的推送，可有效影响美国大选结果。个性化智能推荐将使虚假信息、涉黄涉恐、违规言论等不良信息内容的传播更加具有针对性和隐蔽性，在扩大负面影响的同时减少被举报的可能。

(6) 人工智能技术可加强数据挖掘分析能力，加大隐私泄露风险。Facebook 数据泄露事件的主角剑桥分析公司通过关联分析的方式获得了海量的美国公民用户信息，包括肤色、性取向、智力水平、性格特征、宗教信仰、政治观点以及酒精、烟草和毒品的使用情况，借此实施各种政治宣传和非法牟利活动。

(7) 数据深度挖掘分析加剧数据资源滥用。在社会消费领域，“大数据杀熟”对部分消费者的过高定价，导致消费者的知情权、公平交易权等权利受损。2018 年，我国滴滴、携程等均爆出类似事件，根据用户特征实现对不同客户的区别定价。

(8) 利用机器人水军进行舆论干预。有研究估计，网络总流量的 61.5%来自机器人，机器人已经擅长于模仿人类行为来传播信息。利用人工智能的自然语言生成技术，自动化构造信息并进行定制化的虚假宣传活动。例如，剑桥分析公司利用人工智能辅助进行竞选，影响了美国大选结果。

(9) 基于人工智能技术的数据深度伪造将威胁网络安全、社会安全和国家安全。“换脸”虚假视频的制作门槛不断降低，利用深度伪造技术能实现将人脸嫁接到色情明星的身体上，伪造逼真的色情场景，使污名化他人及色情报复成为可能。通过制作虚假新闻影响政治舆论，抹黑政治人物，进而威胁国家安全。2018 年 4 月，美国前总统奥巴马的脸被“借用”来攻击特朗普总统。人工智能技术可制作虚假信息内容，用以实施诈骗等不法活动。2017 年，我国浙江、湖北等地发生多起犯罪分子利用语音合成技术假扮受害人亲属实施诈骗的案件。通过深度伪造技术可生成某上市公司高管的不良视频，丑化公司形象，影响其股票的涨落，对金融秩序造成威胁。“眼见也不一定为实”的深度伪造降低了生物特征识别技术可信度，给网络攻击提供了新手段，造成人际间的信任危机，威胁伦理和社会安全。

(10) 自动识别图像验证码。2017 年，我国浙江省破获了全国第一例人工智能犯罪，案件中黑客利用人工智能识别图片验证码的正确率高达 95%以上。

(11) 人工智能可用于构建新型军事打击力量，直接威胁国家安全。无人驾驶飞机、坦克、汽车以及自主决策武器开始走向战场。美国国防部明确把人工智能作为第三次“抵消战略”的重要技术支柱。俄罗斯军队于 2017 年开始大量列装机器人，计划到 2025 年，无人系统在俄军装备结构中的比例将达到 30%。恐怖分子将越来越多地使用人工智能武器。2018 年 8 月 4 日，委内瑞拉总统在公开活动中受到无人机炸弹袭击。

7.2.3　人工智能内生安全

由于技术发展得不成熟，人工智能在应用过程中不可避免存在各种各样的漏洞，漏洞一旦被恶意利用，将会带来内生安全问题。

(1) 国内人工智能产品和应用的研发主要是基于谷歌、微软、百度等的人工智能学习框架和组件。这些开源框架和组件缺乏严格的测试管理和安全认证，可能存在漏洞和后门等安全风险。一旦被攻击者恶意利用，可危及人工智能产品和应用的完整性和可用性，导致系统决策错误甚至崩溃，攻击者还可利用相关漏洞篡改或窃取人工智能系统数据。

(2) 算法设计或实施有误可产生与预期不符甚至伤害性结果。2016 年 5 月，开启自动驾驶功能的特斯拉汽车无法识别蓝天背景下的白色货车，在美国发生车祸致驾驶员死亡。2018 年 3 月，Uber 自动驾驶汽车因机器视觉系统未及时识别出路上突然出现的行人，导致与行人相撞致人死亡。2020 年特斯拉在全球发生了多起因自动驾驶失效导致的事故。

(3) 算法潜藏偏见和歧视，导致决策结果可能存在不公。使用 Northpointe 公司开发的犯罪风险评估算法 COMPAS 时，黑人被错误地评估为具有高犯罪风险的概率比白人高出一倍。Kronos 公司的人工智能雇佣辅助系统让少数族裔、女性或者有心理疾病史的人更难找到工作。

(4) 算法黑箱导致人工智能决策不可解释，引发监督审查困境。当社会运转和人们生活越来越多地受到智能决策支配时，对决策算法进行监督与审查就变得至关重要，但是“算法黑箱”或算法不透明性会引发监督审查困境。

(5) 逆向攻击可导致算法模型内部的数据泄露。逆向攻击是利用机器学习系统提供的一些应用程序编程接口对算法模型进行黑盒访问，获取系统模型的初步信息，进而通过这些初步信息对模型进行逆向分析，从而获取模型内部的训练数据和运行时采集的数据。例如，Fredrikson 等人在仅能黑盒式访问用于个人药物剂量预测的人工智能算法的情况下，通过某病人的药物剂量就可恢复病人的基因信息。

(6) 含有噪声或偏差的训练数据可影响算法模型准确性，放大数据偏见歧视影响。人工智能训练数据在分布性上往往存在偏差，隐藏特定的社会价值倾向，甚至是社会偏见。例如，海量互联网数据更多体现我国经济发达地区、青壮年网民特征，而对边远地区以及老幼贫弱人群的特征无法有效覆盖。在金融征信领域，科技金融公司 ZestFinance 的人工智能信用评估平台 ZAML，采集分析用户网络行为来判定用户的信用值，曾经错误判定不能熟练使用英语的移民群体存在信用问题。主流人脸识别系统大多用白种人和黄种人面部图像作为训练数据，在识别黑种人时准确率会有很大下降，出现人种歧视。

(7) 数据投毒导致训练数据污染，造成人工智能决策错误。数据投毒是在训练样本环节发动网络攻击，在训练数据里加入伪装数据、恶意样本等破坏数据的完整性，进而导致训练的算法模型决策出现偏差。在自动驾驶领域，数据投毒可导致车辆违反交通规则甚至造成交通事故；在军事领域，通过信息伪装的方式可诱导自主性武器启动或攻击，从而带来毁灭性风险。

(8) 在运行阶段对抗样本攻击可诱使算法识别出现误判漏判，产生错误结果。例如，对路牌加几个便签便可以让“停止”路标被识别成“限速 45”，进而造成交通事故。对抗样本攻击可实现逃避检测，例如，在生物特征识别应用场景中，对抗样本攻击可欺骗基于人工智能技术的身份鉴别、活体检测系统。

7.2.4　人工智能衍生安全

人工智能的广泛应用，也带来许多衍生的安全问题。

(1) 人工智能产业化推进将使就业岗位减少甚至消失，导致结构性失业。智能的算法、机器对传统人工的替代在解放劳动者人力的同时，直接带来了对就业的冲击。麦肯锡报告推测，到 2030 年机器人将取代 8 亿人的工作，如无人驾驶、排雷机器人、餐厅点餐送餐机器人、医疗机器人、虚拟主播、智能管家、乒乓球陪练和工业机器人等。从事重复性、机械性等工作的劳动者更容易被机器人替代，产生严重的社会问题。

(2) 人工智能的广泛应用可导致个人数据被过度采集，加剧隐私泄露风险。2019 年 2 月，我国人脸识别公司深网视界曝出数据泄露事件，超过 250 万人数据、680 万条记录被泄露。美国旧金山、萨默维尔市禁止警察和其他政府机构使用人脸识别技术。2021 年 7 月《最高人民法院关于审理使用人脸识别技术处理个人信息相关民事案件适用法律若干问题的规定》指出，处理自然人的人脸信息，必须征得自然人或者其监护人的单独同意。

(3) 人工智能产品和应用会对现有社会伦理道德体系造成冲击。智能伴侣机器人依托个人数据分析，能够更加了解个体心理，贴近用户需求，对人类极度体贴和恭顺，这就会让人类放弃正常的异性交往，严重冲击传统家庭观念。

(4) 人工智能产品和系统安全事件导致的损失面临无法追责的困境。人工智能系统在人机协同中可能产生不可预知的结果，造成财产损失或人身伤残。由于人工智能产品和应用自身不具备责任承担能力和法律主体资格，在问题回溯上又存在不可解释环节，而且现行立法也未明确界定人工智能的设计、生产、销售、使用等环节的各方主体责任与义务，这给人工智能安全事件的责任认定和划分带来严峻挑战。例如，人工智能医疗助理给出错误的癌症医疗建议、自动驾驶汽车因独立智能决策导致车祸、机器人发布诽谤性的和歧视性的推文或者伤人，如何确定侵权主体及划分责任？2016 年，微软聊天机器人 Tay 上线不到一天被人类教坏，变身集反犹太人、性别歧视、种族歧视于一身，满嘴脏话的“不良少女”，这是微软的责任还是网民的责任？

(5) 人工智能生成物所包含的权利类型和权利归属存有争议。例如，澳大利亚法院判定，利用人工智能生成的作品不受版权保护，因为它不是人类制作的。

7.3　云　计　算

7.3.1　云计算概述

云计算是一种计算资源的利用模式，客户以购买服务的方式通过网络获得计算、存储、软件等不同类型的计算资源。云计算具有按需自助服务、泛在接入、多租户、资源池化、快速弹性和可扩展性、服务可计量等主要特征。

根据云服务商提供的资源类型的不同，云计算的服务模式主要可分为 3 类：软件即服务(Software as a Service，SaaS)、平台即服务(Platform as a Service，PaaS)、基础设施即服务(Infrastructure as a Service，IaaS)。SaaS 云服务用户为终端普通用户；PaaS 云服务用户为程序员、软件公司；IaaS 云服务用户为公司单位的系统管理员。IaaS 涵盖了从机房设备到其中的硬件平台等所有的基础设施资源层面。PaaS 位于 IaaS 之上，PaaS 允许开发者在平台之上开发应用，开发的编程语言和工具由 PaaS 支持提供。SaaS 又位于底层的 IaaS 和 PaaS 之上，SaaS 能够提供独立的运行环境，用以交付完整的用户体验，包括内容、展现、应用和管理能力。在 SaaS 环境中，安全控制及其范围、服务等级、隐私和符合性等在合同中约定。在 IaaS 中，低层基础设施和抽象层的安全保护属于提供商职责，其他职责则属于客户。PaaS 则居于两者之间，提供商为平台自身提供安全保护，平台上应用的安全性及如何安全地开发这些应用则为客户的职责。

根据使用云计算平台的客户范围的不同，将云计算分成私有云、公有云、社区云和混合云 4 种部署模式。在云计算模式下，客户不需要投入大量资金去建设、运维和管理自己专有的数据中心等基础设施，只需要为动态占用的资源付费，即按需购买服务。

在云计算环境下，有必要区别不同参与方的需求和关注点。在云计算的业务执行流程中，主要有 4 类角色：云服务商、云服务客户、第三方评估机构、云服务代理商。云服务商是负责为云服务客户直接或间接提供服务的实体。云服务客户是为使用云资源同云服务商建立业务关系的参与方。第三方评估机构负责对云服务供应与使用进行独立评估、审计。云服务代理商是为云服务客户提供网站开发、网站迁移、网站部署、安全保障等服务的提供商，具体可分为网站开发商、系统集成商、安全服务商等。

云计算作为一种新兴的计算资源利用方式，可以用于安全防御，也可能助力攻击，传统的安全威胁在云计算环境中同样存在，与此同时，伴随着云计算特有的巨大规模和前所未有的开放性与复杂性，还出现了一些新的安全风险。

7.3.2　云计算赋能防御

1. 利用云计算来缓解 DDoS 攻击的影响

调整 DNS 记录，将对客户 Web 服务器的请求发送至云服务提供商，云服务提供商过滤恶意流量并将合法流量返回给客户。由于流量会首先通过 DNS 解析到达云服务提供商，攻击可绕过域名解析(如直接瞄准底层客户 IP 地址)，使其绕过这种保护机制。

2. 反垃圾邮件

垃圾邮件最大的特征是将相同的内容发送给数以百万计的接收者。为此，可以建立一个分布式统计和学习云平台，以大规模用户的协同计算来过滤垃圾邮件：首先，用户安装客户端(云安全探针)，为收到的每一封邮件计算出一个唯一的“指纹”，通过比对“指纹”可以统计相似邮件的副本数，当副本数达到一定数量时，就可以判定邮件是垃圾邮件；其次，由于互联网上多台计算机比一台计算机掌握的信息更多，因而可以采用分布式贝叶斯学习算法，在成百上千的客户端机器上实现协同学习过程，收集、分析并共享最新的信息。

3. 基于云计算的病毒检测

如同处理垃圾邮件一样，可以基于云计算进行病毒检测。通过海量的客户端(云安全探针)感知互联网上出现的恶意程序、危险网站；恶意程序被探测到后，通过专业的反病毒技术和经验在尽量短的时间内分析；通过云平台，将最新的病毒库分发到客户端。

4. 基于云计算的网络靶场

网络靶场的功能主要包括安全人员的培训、安全技术的实验、网络攻防武器的评测等。常见的网络靶场主要有 3 种：基于实物的高逼真靶场；基于 OPNET、NetworkSimulator、Emulab 等仿真软件构建的靶场；基于 VMware 或者 Virtual Box 创建的虚拟机实现的互联网靶场。相对于前两者，基于虚拟机的互联网靶场仿真度高、破坏性小、成本较低，随着云计算的发展，已经成为靶场建设的主流解决方案。

7.3.3　云计算安全风险

1. 云服务利用风险

在大多数情形下，任何用户都可以注册使用云计算服务。2014 年 Rob Ragan 和 Oscar Salazar 在 SyScan360 信息安全会议上作了《云服务攻击利用》报告，探讨利用免费试用机会来访问大量的云计算和存储资源，打破云服务的条款，通过云服务进行攻击。例如，利用云计算服务，自动化注册大量免费账号，上传恶意攻击代码，把云平台作为跳板，发起拒绝服务攻击。另外，攻击者可以利用强大的云计算能力破解密码。

2. 数据泄露或破坏风险

云服务商应提供安全、可靠、有效的用户认证及相应的访问控制机制保护用户数据的完整性与保密性，但因为云服务商的技术方面的漏洞可能存在数据泄露与非法篡改。同时，云服务商存储用户数据带来服务商优先访问问题，即来自云服务商内部人员对用户数据的非授权访问和泄露。用户还面临数据被非授权更改，甚至数据被删除等问题。

3. 隔离失败风险

在云计算环境中，计算能力、存储与网络在多个用户之间共享。如果不能对不同用户的存储、内存、虚拟机、路由等进行有效隔离，恶意用户就可能访问其他用户的数据并进行修改、删除等操作。虚拟机逃逸被认为是对虚拟机安全最严重的威胁。虚拟机逃逸是指攻击者突破虚拟机管理器 Hypervisor，获得宿主机操作系统管理权限，并控制宿主机上运行的其他虚拟机。产生此问题原因有两个：一是 Hypervisor 本身存在漏洞；二是服务商很难辨别虚拟机申请者的真实身份。由此，攻击者既可以攻击同一宿主机上的其他虚拟机，也可控制所有虚拟机对外发起攻击。

4. 应用程序接口(API)滥用风险

云服务中的应用程序接口(API)允许任意数量的交互应用，虽然可以通过管理进行控制，但 API 滥用风险仍然存在。

5. 业务连续性中断风险

当用户的数据与业务应用于云计算平台时，其业务流程将依赖于云计算服务的连续性，一旦云服务因攻击或故障拒绝服务，必将影响用户业务。

6. 基础设施不可控风险

公有云服务商的用户管理接口可以通过互联网访问，并可获得较大的资源集，可能导致多种潜在的风险，使恶意用户能够控制多个虚拟机的用户界面、操作云服务商界面等。

7. 运营终止风险

云服务商常常通过硬件提供商和基础软件提供商采购硬件与软件，采用相关技术构建云计算平台，然后再向云服务客户提供云服务。硬件提供商和基础软件提供商等都是云服务供应链中不可缺少的参与角色，如果任何一方突然无法继续供应，云服务商又不能立即找到新的供应方，就会导致供应链中断，进而导致相关的云服务故障或终止。

8. 内部攻击风险

云计算环境中，云服务商内部人员并不都是可靠的。相对于外部攻击，内部攻击造成的安全威胁更大而且更隐蔽。从组织内部发起的攻击具备逻辑位置的优势，能够渗透到外界攻击所不能及的区域，因此破坏力强、危害性高。

9. 内容违规风险

公共云服务背景下，信息的发布和传播具有不同于以往的特点，公共云平台容易成为有害和垃圾信息的传播渠道，面临内容合规性监管的难题。其主要原因是：公共云服务中，由于信息与其发布载体动态绑定(可以支持公网 IP 地址、域名与云节点的动态绑定)，难以确定服务器的物理位置，使得对有害内容的定位和溯源异常困难；由于境外云计算服务节点通常提供共享访问的加密通道，对境外云服务缺乏有效手段进行内容审查，形成了监管盲区；云计算时代最大的特点就是数据流量超大，现有设备处理能力无法达到要求，导致在线内容审查很困难。

10. 云计算法律风险

云计算服务具有应用地域广、信息流动性大等特点，信息服务或用户数据可能分布在不同地区甚至不同国家，可能导致组织(如政府)信息安全监管等方面的法律差异与纠纷，同时，云计算的多租户、虚拟化等特点使用户间的物理界限模糊，可能导致司法取证难等问题。

11. 可移植性风险(过度依赖风险)

云计算服务缺乏统一的标准与接口，导致不同云计算平台上的用户数据与业务难以相互迁移，同样也难以从云计算平台迁移回用户的数据中心。云服务商出于自身利益考虑，往往不愿意为用户的数据与业务提供可迁移能力。这种对特定云服务商的潜在依赖，可能导致用户的业务因云服务商的干扰或停止服务而终止，也可能导致数据与业务迁移到其他云服务商的代价过高。云服务商可以通过收集统计用户的资源消耗、通讯流量、缴费等数据，获取用户的大量信息，这些信息的归属权问题容易引起纠纷。

12. 可审查性风险(合规风险)

可审查性风险是指用户无法对云服务商如何存储、处理、传输数据进行审查。因此，云服务商应满足合规性要求，并应进行公正的第三方审查。

7.4 大数据技术

7.4.1 大数据概述

随着计算机的处理能力的日益强大，获得的数据量越大，能挖掘到的价值就越多。例如，对大量消费者提供产品或服务的企业可以利用大数据进行精准营销；基于城市实时交通信息、利用社交网络和天气数据来规划实时交通路线；警察应用大数据追捕罪犯；信用卡公司应用大数据来预防欺诈性交易；谷歌通过统计人们对流感信息的搜索，预测世界各地流感情况等。目前，大数据技术广泛应用在科研、电信、金融、教育、医疗、军事、智慧城市、电子商务、政府决策等领域。

GB/T 35295—2017《信息技术 大数据 术语》给出了大数据(Big Data)的定义。大数据是指具有体量巨大、来源多样、生成极快、多变等特征并且难以用传统数据体系结构有效处理的包含大量数据集的数据。大数据具有以下 4 个主要特征：

(1) 体量(Volume)：构成大数据的数据集的规模。数据量非常大，PB 级别将是常态，且增长速度较快，统计发现非结构化数据占总数据量的 80%～90%，比结构化数据增长快 10 倍到 50 倍，是传统数据仓库的 10～50 倍。

(2) 多样性(Variety)：数据可能来自多个数据仓库、数据领域或多种数据类型。大数据种类繁多，一般包括结构化、半结构化和非结构化等多类数据，数据也有很多不同形式，如文本、图像、视频、音频。这些数据在编码方式、数据格式、数据特征等多个方面存在差异性，多种信息源(如网络日志、社交媒体、手机通话记录、互联网搜索及传感器数据)形成了大量的异构数据，导致数据处理和分析方式也有所不同。由于新型多结构数据，导致数据多样性的增加。

(3) 速度(Velocity)：单位时间的数据流量。数据快速流动和处理是大数据区分于传统数据挖掘的显著特征。数据产生得快、增加得快、随时间的折旧也快，数据的时效性成为关键。例如，涉及感知、传输、控制的大数据，对数据的实时处理有极高的要求，通过传统数据库查询方式得到的结果可能已经没有价值。因此，大数据更强调实时分析而非批量分析，数据输入后即刻处理，处理后则丢弃。

(4) 多变性(Variability)：大数据其他特征(即体量、速度和多样性)都处于多变状态。

根据 GB/T 38667—2020《信息技术 大数据 数据分类指南》，按数据内容敏感程度对数据进行分类，可分为高敏感数据、低敏感数据和不敏感数据。不同的数据内容敏感程度对应不同的大数据应用边界、数据保护策略、数据脱敏方案。

7.4.2　大数据面临的安全挑战

大数据在带来巨大价值的同时，也引入了大量的安全风险与技术挑战，要合理利用大数据，首先应满足其安全需求和隐私保护需求。

经典的数据安全需求主要包括数据的机密性、完整性和可用性，其目的是防止数据在传输和存储阶段被泄露和破坏。而在大数据背景下，不仅要满足经典的数据安全需求，还必须应对大数据特性所带来的各项新的技术挑战。这些安全挑战是以数据为核心，贯穿数据全生命周期的采集、传输、存储、使用和销毁的各阶段。

1. 大数据的可信性

数据分析首先需要在数据采集阶段获得真实的数据，当伪造数据或误差信息混杂在真实信息中时，往往容易得出无意义甚至错误的结果。大数据环境下，出现了各种不同的终端接入方式和各种各样的数据应用。来自大量终端设备和应用的超大规模数据源输入，对鉴别大数据源头的真实性提出了挑战。数据来源是否可信、源数据是否被篡改都是需要防范的风险。

大数据可信性的威胁之一是伪造或刻意制造的数据。一些点评网站上的虚假评论，混杂在真实评论中使得用户无法分辨，可能误导用户去选择某些劣质商品或服务。深度伪造使得声音、图片、视频可以以假乱真。造谣、传谣导致网络谣言泛滥。商家通过网络刷单伪造销售量、销售营业额，通过大量技术手段给竞争对手恶意刷差评从而使得商家信誉等级降低，或者通过大量刷好评的方法使得平台监控者发现异常，基于平台的相关规则使得商家受到降权的惩罚。用技术手段鉴别所有数据来源的真实性是不可能的。

大数据可信性的威胁之二是数据在传播中的逐步失真，原因有两个，一是人工干预的数据采集过程可能引入误差；二是数据版本变更的因素。例如，餐馆电话号码已经变更，但早期的信息已经被其他搜索引擎或应用收录，所以用户可能看到矛盾的信息。

2. 大数据中的用户隐私保护

大数据未被妥善处理会对用户的隐私造成极大的侵害。根据需要保护的内容不同，隐私保护又可以进一步细分为位置隐私保护、标识符匿名保护、连接关系匿名保护等。例如，某零售商通过历史记录分析，比家长更早知道其女儿已经怀孕的事实，并向其邮寄相关广告信息；通过分析用户的 Twitter 信息，可以发现用户的政治倾向、消费习惯以及喜好的球队；通过人们在社交网站中写入的信息、智能手机显示的位置信息等多种数据组合，可以精准锁定个人，挖掘出个人信息体系等。有时即使通过匿名保护也不能很好地达到隐私保护目的，例如，AOL 公司曾公布了匿名处理后的 3 个月内部分搜索历史，但其中的某些记录项还是可以被准确地定位到具体的个人，纽约时报随即公布了其识别出的 1 位用户编号为 4417749 的用户是 1 位 62 岁的寡居妇人，家里养了 3 条狗，患有某种疾病等。

3. 大数据支撑平台——云计算安全

云计算的出现打破了地域的概念，数据不再存放于某个确定的物理节点，而是由服务商动态提供存储空间，这些空间有可能是现实的，也可能是虚拟的，还可能分布在不同国家及区域。大数据存储于云端，使得用户不再对数据和环境拥有完全控制权，云平台是否会泄露、破坏用户数据，云平台是否会遭攻击破坏可用性，云服务商是否会破产倒闭等问题给用户带来了安全风险。

4. 大数据的安全共享

要实现数据在线共享，经典的安全服务是访问控制，但在大数据应用背景下，用户多样性、数据种类多样和业务场景多样性使得安全管理员对授权管理的难度急剧增加，我们不知道该如何分享私人数据，才能既保证数据隐私不被泄露，又保证数据的正常使用。这个问题带来了权限控制动态性和精细化的要求。因此，需要一种在访问控制过程中，自适应地调整权限的智能化动态访问控制机制；其次，在一些特定应用场景下，很难建立传统访问控制的引用监视机制。例如，大数据外包存储使得数据所有者无法控制数据，用户往往难以信赖服务提供者，导致数据存储需求和安全需求的矛盾。再比如，大数据分布式处理结构复杂，也难以建立可信引用监视器，这种情况下需要提供基于密文的访问控制，而传统的数据存储加密技术，在性能效率上很难满足高速、大容量数据的加密要求。另外，数据的分布式存储增大了各个存储节点暴露的风险，在开放的网络化社会，对于攻击者而言更容易找到侵入点，一旦遭受攻击，失窃的数据量和损失是巨大的。

5. 大数据访问控制难题

访问控制是实现数据受控共享的有效手段。由于大数据应用范围广泛，它通常要为来自不同组织或部门、不同身份与目的的用户所访问，实施访问控制是基本需求。然而，在大数据的场景下，有大量的用户需要实施权限管理，且用户具体的权限要求未知。面对未知的大量数据和用户，预先设置角色十分困难。同时，难以预知每个角色的实际权限。面对大数据，安全管理员可能无法准确为用户指定其可以访问的数据范围，而且这样做效率不高。

不同类型的大数据存在多样化的访问控制需求。例如，在 Web2.0 个人用户数据中，存在基于历史记录的访问控制；在地理地图数据中，存在基于尺度以及数据精度的访问控制需求；在流数据处理中，存在数据时间区间的访问控制需求等。如何统一地描述与表达访问控制需求是一个挑战。

6. 大数据技术被用作攻击手段

在为企业创造价值的同时，数据挖掘和分析技术也容易产生隐私泄露问题。大数据应用为入侵者实施可持续的数据分析和高级持续性攻击提供了极好的隐藏环境。比如通过对社交网络、邮件、微博、电子商务、电话和家庭住址等信息进行收集和分析，为发起攻击做准备，大数据分析让黑客的攻击更精准。此外，大数据为黑客发起攻击提供了更多机会。黑客可以利用大数据发起个人隐私信息挖掘、网络舆论控制等。

7. 跨境数据流动问题

大规模数据流动在创造巨大的经济财富和价值的同时，也可能引发一系列风险。数据的无序流动会对一国的国家安全利益、监管框架，甚至执法权提出严峻挑战。近年来，世界各国围绕网络空间的战略博弈与数据资源的争夺日益激烈。许多国家都在尝试分级分类监管的方法，例如，法国规定政府管理、商业开发、税收数据需要本地存储；澳大利亚明确禁止与健康医疗相关的数据出境；美国不允许属于安全分类的数据存储于任何公共云；韩国禁止涉及经济、工业、科学技术等重要数据跨境流动。

我国《网络安全法》规定，要求网络运营者采取数据分类、重要数据备份和加密等措施，防止网络数据被窃取或者篡改，加强对公民个人信息的保护，防止公民个人信息被非法获取、泄露或者非法使用，要求关键信息基础设施的运营者在境内存储公民个人信息等重要数据，网络数据确实需要跨境传输时，需要经过安全评估和审批。

2018 年 3 月，美国议会通过《澄清境外数据的合法使用法案》(Clarifying Lawful Overseas Use of Data Act，CLOUD Act)。该法案秉承“谁拥有数据谁就拥有数据控制权”原则，打破了以往“服务器标准”，而是实施“数据控制者”标准，允许政府跨境调取数据。与此同时，美国还通过限制重要技术数据出口以及特定数据领域的外国投资进行数据跨境流动管制。例如，2018 年 8 月签署的《美国出口管制改革法案》就特别规定，出口管制不仅限于“硬件”出口，还包括“软件”，例如，科学技术数据传输到美国境外的服务器或数据出境，必须获得商务部工业与安全局(BIS)的出口许可。

7.4.3　大数据的安全应用

1. 基于大数据的威胁发现

安全检测与评估是保证网络空间系统安全的有效手段，其目的是通过一定的技术手段发现系统中的安全威胁，并对系统的安全状态作出正确评估，安全人员可以更主动的发现潜在的安全威胁。冯登国认为“棱镜计划”可被理解为应用大数据方法进行安全分析的成功故事。通过收集各个国家各种类型的数据，发现潜在危险局势，在攻击发生之前识别威胁。相较于传统方案，基于大数据的威胁发现技术具有如下的特点：

1) 分析数据的范围更大

大数据环境下从数据源、大数据平台和大数据流转提供全方位、全视角的统一威胁发现与预警能力，可以将组织内的包括数据资产、软件资产、实物资产、人员资产、服务资产和其他一些业务资产覆盖进去。利用大数据分析技术，可更全面地发现针对这些资产的攻击。例如，基于大数据技术的网络入侵检测系统 NIDS，能够在捕获所有数据包的情况下开展深度数据包检测和深度网络分析，针对多源网络数据构建分布式数据关联分析系统。

基于大数据的分析技术应用到内部威胁检测，运用数据挖掘算法对人员的主客观要素进行联合分析，精准刻画人员特征，甚至将分析对象的心理、行为等个人因素进一步扩展到组织因素。IBM 大数据安全智能工具可以扫描公司内部数十年以来的电子邮件、社交网络等网络流量，并进行模式分析，检测心怀不满的员工，预防数据泄露。大数据技术应用到系统漏洞挖掘、恶意软件检测等领域。例如，Symantec 公司大数据分析平台 WINE，通过分析全球 1100 万个主机上二进制文件的下载情况，识别了 18 个 0day 漏洞。

2) 分析时序数据跨度更长

APT 攻击是针对大数据系统的最具代表性的网络攻击之一。由于 APT 检测的一大挑战就是要对大量多源异构的数据进行长期分析，传统分析技术的分析窗口受限于内存大小，无法应对持续性和潜伏攻击。大数据分析技术特别适合于 APT 攻击的检测，高效地处理具有长时间跨度的多种数据(包括系统日志、NIDS 和防火墙监控数据等) 以进行 APT 检测。

3) 可预测攻击

基于大数据的威胁分析利用已经存在的包含大量时序数据的合法行为、威胁行为的样本进行分析，找出其潜在或可能的攻击路径，对威胁进行超前预判，智能学习并发现潜在的入侵和高隐蔽性攻击。对安全事件的预测也是网络态势感知的主要目标。

4) 可检测未知攻击

传统的威胁分析是利用以往经验对攻击特征进行建模，利用模式匹配检测已知攻击，而大数据分析侧重于关联分析，可以通过恰当的分析模型，发现未知的威胁。

2. 基于大数据的网络内容安全分析

网络信息内容安全是研究从动态网络的海量数据中对与特定安全主题相关的信息进行自动获取、识别和分析的技术，旨在利用大数据分析技术识别信息内容是否合法。常见的应用有主题信息监控、舆情监控、社交网络社团挖掘、垃圾邮件过滤、社交点评网站的虚假评论识别等。例如，社交点评类网站 Yelp 利用大数据对虚假评论进行过滤，为用户提供更为真实的评论信息；Yahoo 和 Thinkmail 等利用大数据分析技术来过滤垃圾邮件；新浪微博等社交媒体利用大数据分析来鉴别各类垃圾信息等。

3. 基于大数据的认证技术

传统的认证技术主要通过用户所知秘密、所持有的凭证(令牌)或生物特征进行用户鉴别，这些方法有的需要用户记忆、有的需要随身携带硬件，并且即使生物认证也有被对抗样本攻击的可能。为了减轻用户的负担，降低被攻击的风险，在认证技术中引入大数据分析技术。基于大数据的认证技术是收集用户行为和设备行为数据，并对这些数据进行分析，获得用户行为和设备特征，进而通过鉴别操作者的行为和设备状态来确定身份。

利用大数据技术所能收集的用户行为和设备行为数据是多样的，可以包括用户使用系统的时间、经常采用的设备、设备所处物理位置，甚至是用户的操作习惯数据。通过对这些数据的分析能够为用户勾画一个行为特征轮廓。而攻击者很难在方方面面都模仿到用户行为，因此其与真正用户的行为特征轮廓必然存在一个较大偏差，无法通过认证。相比于传统认证技术，基于大数据的认证极大地减轻了用户负担。

7.5 区　块　链

7.5.1 区块链概述

1. 区块链简介

2008 年 11 月 1 日，中本聪(Satoshi Nakamoto)发布了比特币白皮书《比特币：一种点对点的电子现金系统》，提出了支撑比特币运行的底层技术——区块链。狭义来讲，区块链由区块链接而成，区块链按照时间顺序将数据区块以顺序相连的方式组合成的一种链式数据结构，并以密码学方式保证的不可篡改和不可伪造的分布式账本。广义来讲，区块链技术是利用块链式数据结构来验证与存储数据、利用分布式节点共识算法来生成和更新数据、利用密码学的方式保证数据传输和访问的安全、利用由自动化脚本代码组成的智能合约来编程和操作数据的一种全新的分布式基础架构与计算范式。习近平强调，“区块链技术的集成应用在新的技术革新和产业变革中起着重要作用”。目前，区块链广泛应用于数字货币、金融资产交易结算、数字政务、存证防伪、版权保护、商品溯源、医疗记录、供应链管理等场景。

区块链利用密码学实现了去中心化、匿名化、可追溯性、不可篡改性、去信任化的分布式共享总账。

(1) 去中心化。整个网络无中心化的硬件或机构，任何节点都处于平等状态，用纯数学方法而非中心机构来建立分布式系统结构与节点间信任关系，去中心化、自组织地运转。

(2) 匿名化。账户用公钥代替用户的真实身份，具有一定的隐私保护功能。

(3) 可追溯性。内部存储的数据信息都是按照时间顺序记录的，因此可以全面掌握数据信息的具体情况，确保信息的完整性与可追溯性。

(4) 不可篡改性。存有交易的区块按照时间顺序持续加到链的尾部。要修改一个区块中的数据，就需要重新生成它之后的所有区块。

(5) 去信任化。区块链从根本上实现了弱信任环境下不依靠第三方权威机构背书的信任体系。任何一个区块链上的节点，都无法篡改，并且无法伪造，因此两个陌生人的交易就无需信任机制了，因为数据块上的信息随时可以被核查，这便是区块链的去信任。“去信任”使得整个系统中的多个参与方无须互相信任就能够完成各种类型的交易和协作。

2. 区块链的数据结构

这里以比特币为例，介绍区块链的数据结构。区块是区块链的基本组成结构，存储着所有的比特币交易信息，交易描述了比特币的收付款双方及交易金额等支付细节，是证明比特币所有权的凭证，区块链记录的就是比特币的交易。交易包括付款人账号、收款人账号、付款金额、付款人密钥、收款人公钥等。用户生成交易后需要矿工打包到区块内才可能链接到区块链上，最终获得全网节点的认可。交易以 Merkle-Tree 的形式聚集在一起被存储在区块上。假设某区块上的交易有 n 个，为了证明某个交易在该区块上，使用这种存储方式只需要查找(log n)次。

区块由区块头和区块体组成。区块头包含着一些元数据，主要包括 6 个字段(见表 7.1)，其中，表 7.1 中后面 3 个字段与挖矿过程有关。区块体包含的交易内容如表 7.2 所示。

表 7.1　区块头结构表

字节	字段	说　明
4	版本(version)	区块版本号，表示该区块符合的验证规则
32	前一区块头哈希值(pre_hash)	前一区块头哈希值
32	Merkle 根(merkle_root)	该区块中交易的 Merkle 树根的哈希值，取决于本区块中所包含的交易，交易的任何变动都会影响此值的结果
4	时间戳(ntime)	区块产生的近似时间，即从 1970 年 01 月 00 时 00 分 00 秒(格林威治时间)开始所经过的秒数
4	难度值(nbits)	工作量证明算法的难度值，用于调节区块生成时间，是一个可调节的变量
4	随机数(nonce)	工作量证明遍历的随机数，当全网算力增加，本字段位数不够时，可以扩展此位数

表 7.2　区块体结构表

字节	字段	说　明
4	魔法数	不变常量，是比特币客户端解析区块数据时的识别码
4	区块大小	用字节表示的该字段之后的区块大小
1～9	交易数量	本区块包含的交易笔数
大小不定	交易	本区块中包含的所有交易，采用 Merkle 树结构

区块的链接是通过区块头的哈希指针来完成的。区块头中存储着父区块的哈希值，它指向了区块链中的唯一一个区块，每个区块通过该指针首尾相连，形成区块的链式结构，构成区块链(见图 7.2)。

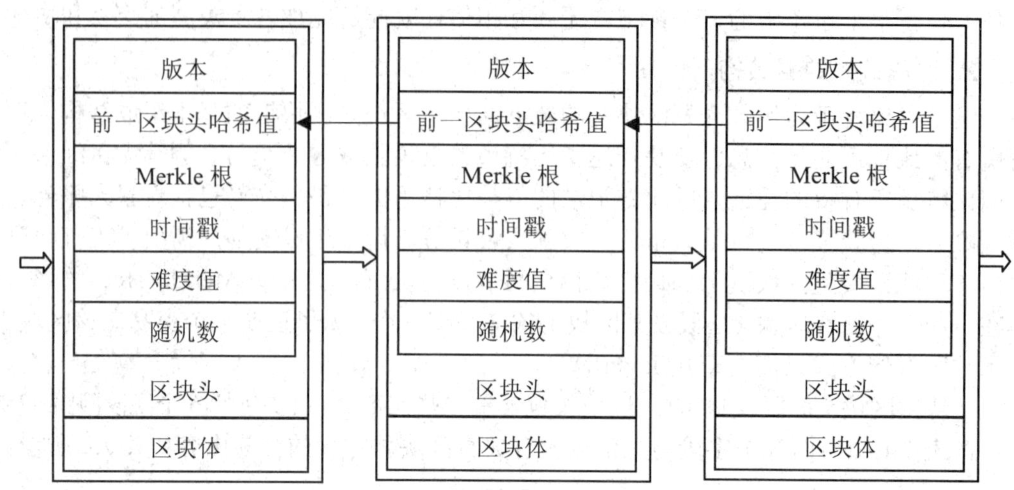

图 7.2　区块链的结构

Hash 算法获得的结果具有随机性，只能通过穷举法不断尝试随机值，直到得到最后的结果，计算能力强的节点将会有更大的概率算出随机值。为了维护节点的参与性，给予出块节点虚拟货币作为奖励，激励矿工不停地挖矿。系统根据当前算力，不断调整参数值，使得出块的速度保持稳定。目前比特币出块时间大致稳定在 10 min/块。当不同节点在一段时间内同时计算出随机数时，会发生区块分叉的情况，当连续出块 6 个区块后，确认当前区块，即选择最长的区块链作为主链。

3. 区块链的基础架构

区块链的基础架构模型一般由数据层、网络层、共识层、激励层、合约层和应用层 6 部分组成。

(1) 数据层：封装了区块中的数据和基本的数据加密算法，实现区块数据的安全存储。

(2) 网络层：区块链是 P2P 的分布式网络，实现点对点的通信，包含了 P2P 网络组网方式、传播和验证机制。

(3) 共识层：封装了共识机制，让所有参与节点能在区块链中达成有效性的共识，网络节点存储的信息达成一致。

(4) 激励层：集成了经济因素，包括发行经济激励的机制和如何分配的机制。在比特币中，当节点不断尝试并找到合适的随机值时就会获得一定的比特币。

(5) 合约层：分装了各种脚本、算法和智能合约。智能合约是一种特殊协议，旨在提供、验证及执行合约。区块链加入智能合约允许用户把更智能的协议写入到区块链中，达到双方约定条件后完成交易，实现对交易成功条件的可编程。智能合约的出现使得基于区块链的两个人不只可以进行简单的价值转移，还可以设定复杂的规则，由智能合约自动、自治地执行，这极大地扩展了区块链的应用可能性。

(6) 应用层：分装了各种应用的场景，如数字货币、版权保护、医疗数据管理、存证、供应链溯源等。

区块链系统根据应用场景和设计体系的不同，一般分为公有链、联盟链和专有链。公有链的各个节点可以自由加入和退出网络，并参与链上数据的读写，网络中不存在任何中心化的服务端节点。联盟链的各个节点通常有与之对应的实体机构组织，通过授权后才能加入与退出网络。各机构组织组成利益相关的联盟，共同维护区块链的运转。专有链的各个节点的写入权限收归内部控制，而读取权限可视需求有选择性地对外开放。专有链仍然具备区块链多节点运行的通用结构，适用于特定机构的内部数据管理与审计。

7.5.2　区块链在安全领域中的应用

区块链在安全领域中的应用主要包括数据存证、数据防篡改、数据交易安全、防伪溯源等方面。区块链可以通过哈希时间戳证明某个文件或者数字内容在特定时间的存在，加之其公开、不可篡改、可溯源等特性为司法鉴证、身份证明、产权保护、防伪溯源等提供了完美解决方案。在知识产权领域，通过区块链技术的数字签名和链上存证可以对文字、图片、音频视频等进行确权，通过智能合约创建执行交易，让创作者重掌定价权，实时保全数据形成证据链，同时覆盖确权、交易和维权 3 大场景。在防伪溯源领域，通过供应链跟踪区块链技术被广泛应用于食品医药、农产品、酒类、奢侈品等各领域。

7.5.3　区块链安全风险

区块链技术应用已延伸到数字金融、物联网、智能制造、供应链管理、数字资产交易等多个领域，这些场景对安全性的要求极高，然而区块链安全问题也日趋突出，重大安全事件频发，攻击手段层出不穷，造成巨大的经济损失。其主要的安全风险有：

(1) 技术安全问题。由于自身机制存在诸多漏洞，攻击者可以利用这些漏洞发布非法内容，传播木马、病毒，以及实施 51%攻击、DDoS 攻击等，这些攻击不易检测、传播迅速。

(2) 隐私泄露风险。相对于传统的中心化存储架构，区块链机制不依赖特定中心节点处理和存储数据，因此能够避免集中式服务器单点崩溃和数据泄露的风险。但是为了在分布式系统中的各节点之间达成共识，区块链中所有的交易记录必须公开给所有节点，数据在所有用户侧同步记录和存储，攻击者可以通过不同形式的攻击，在不同的位置获取数据副本，达到窃取隐私、分析区块数据、提取用户画像等目的。

(3) 数据安全及监管面临挑战。区块链的数据存储结构决定了区块链难以篡改的特性，加之区块链的匿名性，给数据安全和网络监管带来巨大挑战。区块链上的数据难以通过传统的方式进行修改和删除，一旦暴恐、色情等有害信息被写入区块链中，不但可利用其同步机制快速扩散，也难以进行修改、删除；区块链数字货币为洗钱、勒索病毒等犯罪活动提供了安全稳定的资金渠道，促进了地下黑市的运行；区块链数字货币使跨国境的资金转移变得更为简单，将有可能损害各国的金融主权，影响金融市场的稳定；监管方难以通过敏感信息和涉及违法犯罪交易的发送方地址找到发送方的真实身份。

(4) 比特币的高价值引发犯罪。比特币的价格一路飙升，采用的工作量证明共识机制电力资源消耗巨大，因此不法分子频繁盗窃国家电力挖取比特币。比特币交易所吸引黑客攻击。例如，2013 年，全球超过 70%的比特币交易都在 Mt.Gox 平台上进行，黑客对 Mt.Gox 平台攻击造成比特币被盗，最大一笔价值 4.6 亿美元，导致 Mt.Gox 破产；近年来，西班牙加密货币交易平台 2gether 遭攻击，损失约 140 万美元；在以太经典(EThereum Classic，ETC)平台上爆发的一起 51%攻击导致大约价值 560 万美元的加密货币被双倍消费。

(5) 能源过度消耗风险。工作量证明机制是非常耗电的，从经济学上来说这是一项沉没成本，这是维护区块链安全必须要付出的资源。国内的采矿产量曾占全球 2/3 以上，2021 年 6 月，我国开始禁止挖矿。

7.6 量子技术

7.6.1 量子密码学

量子密码学是密码学与量子力学相结合发展而成的保密通信理论，被认为是下一代信息安全的核心。与经典密码不同的是，量子密码的安全性不是基于数学假设，而是由量子力学基本原理保证。在经典通信中，人们是通过数学方法对信息进行加密的。但随着计算机计算能力的提升，特别是量子计算机的研制不断成熟，基于数学问题复杂性的经典密码遭受到严重威胁。

1969 年，Wiesner 提出将量子效应应用到信息技术领域，给出了利用量子力学的不确定性原理制造不可伪造的量子钞票的思想。1982 年，Bennett 和 Brassard 利用量子比特的储存来实现量子密码并提出量子公钥密码算法。此后不久，他们意识到量子比特的传输比量子比特的储存更便于实现和利用，基于该出发点，1984 年他们提出了著名的量子密钥分发的概念，并构造了 BB84 密钥分发协议，BB84 协议的提出标志着量子密码学研究的真正开始。

量子密钥分发是指两个或多个合法通信者在公开的量子信道利用量子效应或原理获得秘密信息(量子密钥)的过程，它不像经典密码系统中分发密钥需要通过安全信道。量子密钥分发使通信双方能够产生并分享一个随机的、安全的密钥，之后可以用该密钥安全通信。量子密码系统是以量子态为信息载体实现通信，其安全性取决于信息载体的物理属性。根据量子力学性质，在量子密钥分发系统中，若窃听者对量子信息载体进行窃听，则必然会产生干扰，从而使这种窃听行为被合法通信者发现。

例如，Alice 和 Bob 事先约定好编码规则，令 45° 对角线方向⤢偏振的光子和水平方向↔偏振的光子编码为 0，135° 对角线方向⤡和垂直方向↕偏振的光子编码为 1，用“×”表示偏振滤光器的方向为对角线方向，用“+”表示水平或垂直方向。量子密钥分发步骤如表 7.3 所示。

表 7.3　一个 BB84 密钥分发协议实例

Alice's 比特值	1	0	0	1	0	1	1	1	0	1
Alice's 编码基	×	×	+	×	+	+	+	×	+	+
Alice's 偏振光子	⤡	⤢	↔	⤡	↔	↕	↕	⤡	↔	↕
Bob's 测量基	+	×	+	×	×	+	×	+	+	+
Bob's 测量结果	↔	⤢	↔	*	⤡	↕	⤡	*	↔	↕
Bob's 比特值	0	0	0		1	1	1		0	1
Sifted key （相同基）		0	0			1			0	1

注：表中“*”表示 Bob 没有检测到光子脉冲。

当 Bob 的偏振滤光器设置与 Alice 的设置一致时，他将得到正确的结果；若 Bob 的设置与 Alice 的设置不同时，他将得到一个随机的结果；Bob 并不知道他所获得的结果中哪些比特是正确的。此外，光子可能会在传输中丢失，或偏振滤光器等测量设备不够灵敏没有检测到光子，致使 Bob 收到的光子脉冲会少于 Alice 发送的光子脉冲。若无窃听，Alice 和 Bob 将得到相同的比特流 00101，作为 Alice 和 Bob 之间通信的共享密钥流。

可以将量子密钥分发技术融入经典通信网络的应用中，一是结合一次一密的加密技术，能达到无条件安全；二是将量子密钥分发生成的安全密钥用于其他需要使用密钥的加密算法，如 AES 或 DES，适合于安全级别较低但通信速率要求较高的商业应用。

量子密钥分发已经进入实用化阶段。2016 年 8 月，我国发射了量子科学实验卫星“墨子号”，进行经由卫星中继的“星地高速量子密钥分发实验”，并在此基础上进行“广域量子通信网络实验”，在空间量子通信实用化方面取得了重大突破。目前，研究人员在量子加密、量子签名、量子安全协议等方面也取得了丰硕的成果。

7.6.2　后量子密码学

量子计算机是一种使用量子逻辑进行通用计算的设备，量子计算中用来存储数据的对象是量子比特，它使用量子算法来进行数据操作，最著名的量子算法是 Shor 算法和 Grover 算法。量子计算机能够有效解决一些经典计算机无法解决的数学问题。

1994 年，Shor 提出了著名的量子整数分解算法，该算法使用量子计算机可以在多项式时间内找到大整数的因子。Shor 算法的核心是利用量子 Fourier 变换求函数周期，这一算法不仅对大整数分解有效，对求解离散对数也有同样的效果。现有商用密码系统均是基于算法复杂度与当前计算能力的不匹配来保证其安全性，而 Shor 算法可以将对于经典计算机难以解决的大整数分解问题和离散对数问题，转换为可在多项式时间求解的问题。这就使得量子计算机可利用公钥高效地计算得到私钥，从而对现有的大部分公钥算法构成实质性威胁。

Grover 提出的量子搜索算法可以对无结构数据的搜索加速。设在一个大小为 N 的无结构数据空间中有 M 个解，量子搜索通过大约 $N^{\frac{1}{2}}$ 次操作，可以找到一个解，它虽然不像 Shor 算法那样具有指数级加速效果，但也大大提升了搜索速度。例如，对于 AES-128 算法，其 128 位长度的密钥具有 2^{128} 种可能性，采用 Grover 算法则仅需搜索 2^{64} 种可能性。

目前，可用于破解密码的实用化量子计算机仍未出现，但量子计算机的发展突飞猛进，已经实现了量子霸权。量子霸权是指量子计算装置在特定测试案例上表现出超越所有经典计算机的计算能力。一旦实用化量子计算机出现，将导致当前所使用的基于离散对数、整数分解的公钥密码体制直接被攻破。

量子计算带来的潜在安全威胁已经引起了广泛重视，应对"量子安全"问题成为必须考虑的问题。应对措施除了量子密钥分发技术之外，还有现有密码的加强、后量子密码(或称抗量子密码)。

(1) 现有密码的加强。美国国家安全局重新定义了其国家商用安全算法集合。在对称密码方面，弃用了原有的 AES-128 和 SHA-256 算法，使用更长密钥的 AES-256 和更长输出的 SHA-384 算法，在公钥密码方面，RSA 算法的密钥长度由 1024 位增加到 3072 位，并提请美国国家标准与技术研究所(NIST)尽快建立后量子时代的公钥算法密码标准。

(2) 后量子密码。后量子密码指面对量子敌手时仍然安全的经典密码。目前，认为可抵抗量子算法攻击的数学问题主要来源于格理论、编码理论、多元多项式理论等数学领域。后量子密码方案的构造也已经趋于成熟，标准化工作也正在进行中。

习 题 七

1. 伴随新技术或实际应用而产生的安全属于伴随(伴生)安全或"+安全"，主要包括通信安全，网络安全，操作系统安全，数据库安全，中间件安全，数据安全，终端安全，内容安全，软件安全，硬件安全，计算安全，工业控制系统安全，重要行业信息系统安全，大数据安全，云安全，人工智能安全，物联网安全等。还能举出哪些例子？

2. 举例说明人工智能会让哪些职业消失？

3. 云计算有哪些典型应用？在这些应用中涉及哪些安全问题？

4. 交通大数据、淘宝大数据、健康大数据分别涉及哪些安全问题？

5. 电信网络诈骗中，"杀猪盘"隐蔽性更强，社会危害性更大。分析如何利用大数据预警、侦查、遏制"杀猪盘"。

6. 区块链在安全领域中有哪些应用？

7. 查找量子计算机的最新发展状况。

第 8 章　网络空间犯罪与取证

8.1　网络空间犯罪与取证概述

8.1.1　网络空间犯罪的分类

近年来，我国日益受到恶意网络活动威胁，具有国家背景支持的黑客组织持续不断地攻击我国关键基础设施，网络犯罪分子频繁进行网络诈骗、网络盗窃、勒索金钱、黑客攻击、侵犯用户隐私、网络洗钱、传播淫秽色情、侵害公民个人信息、贩枪贩毒、侵犯知识产权等行为，造成巨大的社会危害。ISO/IEC 27032:2012(以下简称 ISO 27032)将网络空间犯罪定义为："网络空间中的服务或应用程序被用于犯罪或者成为犯罪目标的犯罪活动，或者网络空间是犯罪来源、犯罪工具、犯罪目标或者犯罪地点的犯罪活动。"

可以看出，ISO 27032 以两种维度来解释网络空间犯罪的含义，第一种是以网络空间中的服务或应用程序在网络空间犯罪活动中的作用为依据，第二种是以网络空间作为一个整体在网络空间犯罪中的作用为依据。

1. 根据网络空间中的服务或应用程序所起作用分类

1) 网络空间中的服务或应用程序被用于犯罪

网络空间可以为人们提供通信、娱乐、购物、浏览、搜索等各种各样的服务，但不法分子也可以利用这些服务进行犯罪，就像抢劫犯利用枪支、管制刀具等工具抢劫一样，犯罪分子利用网络服务或应用程序作为犯罪工具而实施犯罪。例如，有些犯罪分子利用或建立网络交易平台销售违禁物品、管制物品；利用即时通信软件发布色情、诈骗、赌博、暴恐以及其他违法犯罪活动的信息；使用邮件发送勒索信、钓鱼诱饵；利用、制作、贩卖病毒、木马、非法 VPN 翻墙软件、漏洞利用程序、口令破解程序、硬件解密机器、拦截通信的硬件、安装了攻击程序的计算机、数字货币挖矿机等；利用 Facebook 和 Twitter 等社交工具，传递犯罪信息，躲避警察抓捕，寻找犯罪对象，从而实施犯罪行为等；在微博、微信、论坛中捏造事实，散布谣言，造成社会恐慌；对他人进行侮辱、诽谤，侵犯人权等。

2) 网络空间中的服务或应用程序为犯罪目标

以服务或应用程序为对象的犯罪，其主要目标是网络上的各种各样的资源。例如，偷窃、损毁服务器；盗窃或破坏商业机密；传播病毒，造成服务器崩溃；贩卖、传播盗版软件和影视作品；破坏通信线路，造成服务中断；发起拒绝访问攻击，导致视频网站服务质量下降；美国利用震网病毒破坏伊朗核设施；黑客攻击导致美国燃油管道停运；Facebook 用户信息被盗等。

2. 根据网络空间作为一个整体所起作用分类

1) 以网络空间为犯罪目标

以网络空间为犯罪目标的犯罪即《刑法》中第二百八十五条、二百八十六条规定的罪名，诸如非法侵入计算机系统罪，非法获取计算机信息系统数据、非法控制计算机信息系统罪，破坏计算机信息系统罪等。以网络空间为犯罪目标就是以攻击计算机信息系统为主要目的。《刑法》中的“计算机信息系统”和“计算机系统”是指“具备自动处理数据功能的系统，包括计算机、网络设备、通信设备、自动化控制设备等”。因此，为了获得信息数据、敲诈勒索、盗取公私财产等目的，攻击企业或者个人的网络信息系统。其采用的攻击手段包括利用僵尸网络发起拒绝访问攻击瘫痪目标系统、利用木马对目标系统进行远程控制、利用勒索病毒加密目标系统的重要文件、摧毁物理设施造成网络系统瘫痪等。

2) 以网络空间为犯罪工具

以网络空间为犯罪工具的犯罪是以网络空间为犯罪手段，视其为工具。其本质上仍然属于传统犯罪，只是因为网络技术的进步而出现了网络空间，之前传统的犯罪行为被延伸到网络上了，如纸质勒索信变成了电子邮件勒索信。传统犯罪除了杀人、抢劫、强奸等需要面对面以外，其他绝大多数都可以通过网络进行。网络空间为传统的犯罪行为提供了犯罪的平台，如利用微博进行诽谤，利用交易平台进行非法经营等。以网络空间为犯罪工具的犯罪行为还可表现为利用网络实施敲诈勒索、诈骗、盗窃、贪污等行为。《刑法》第二百八十七条规定“利用计算机实施金融诈骗、盗窃、贪污、挪用公款、窃取国家秘密或者其他犯罪的，依照本法有关规定定罪处罚”。

3) 以网络空间为犯罪地点

网络空间正在改变人类对物理空间的依赖，逐渐成为人们生活的第二空间，于是出现了以网络空间为犯罪地点的犯罪类型，此类犯罪以网络空间为犯罪土壤，所侵犯的客体是网络空间的秩序。与以网络空间为犯罪工具的犯罪行为不同的是，此类犯罪行为如果离开网络空间，或者不可能发生，或者不会爆发巨大的破坏力，如网络赌博、网络色情、网络谣言、软件盗版、版权侵犯等。网络赌博利用平台的国际化脱离了现实空间的束缚，几乎复制了现实赌场的全部功能，还借助网络技术具备了实体赌场所不具备的巨大优势，网络赌博迎来了爆发性的增长。与传统的赌博犯罪相比，网络空间赌博犯罪有跨国性、规模大、危害大、侦查难等特点。网络色情在网络空间这个开放而自由的空间里已经成为一种新型的社会公害。例如，利用网络直播平台组织色情表演、“声音性交”“视频性交”等，教唆、引诱网民进行淫秽色情活动。网络色情严重污染网络空间，毒害人们思想，危害严重。在传统手段下，谣言传播的途径、速度有限，危害性较小，但在网络空间中，谣言借助微博、微信、论坛等，传播速度非常快，爆发出了极大的危害性。编造虚假信息，或者明知是编造的虚假信息，在信息网络上散布，或者组织、指使人员在信息网络上散布，起哄闹事，造成公共秩序严重混乱的，以寻衅滋事罪定罪处罚。文字作品、音乐、美术、视听作品、计算机软件等网络盗版行为属于侵犯知识产权罪。侵犯知识产权罪是指违反知识产权保护法规，未经知识产权所有人许可，非法利用其知识产权，破坏国家对知识产权的管理秩序，侵犯知识产权所有人的合法权益，违法所得数额较大或者情节严重的行为。随着互联网技术的发展和网民规模的扩大，网络空间中的侵犯知识产权犯罪行为层出不穷。

4) *以网络空间为犯罪来源*

以网络空间为犯罪来源的犯罪行为通常利用网络空间对现实空间的影响，使犯罪目的最终在现实空间达成，如网络战、网络恐怖主义。网络战是为干扰、破坏敌方网络信息系统，并保证己方网络信息系统的正常运行而采取的一系列网络攻防行动，目的是使敌方的经济、政治、社会陷入混乱。网络战的攻击目标通常是一国的关键信息基础设施系统，包括交通、电力、金融、公共服务、军事系统等，网络战的实施主体通常是国家或者国家背书的组织。与网络战密不可分的是网络恐怖主义，美国国防部将网络空间恐怖主义定义为“利用计算机和电信能力实施的犯罪行为，以造成暴力和对公共设施的毁灭或破坏来制造恐慌和社会不稳定，旨在影响政府或社会实现其特定的政治、宗教或意识形态目标”。恐怖分子擅长利用网络平台宣扬恐怖主义、募集经费、招纳更多的极端分子，传授电脑病毒的制作方法，破坏关键信息基础设施。网络恐怖主义与传统恐怖主义有很大的不同，传统恐怖主义大多通过绑架、暴乱等暴力型犯罪来达到恐怖主义的目的，这种犯罪模式易被侦破和镇压，但是新型网络恐怖主义犯罪具有隐蔽性更强、攻击范围更广、对经济的破坏性更大等特点。网络战与网络恐怖主义的范围是有交集的，当实施网络恐怖犯罪的主体是国家或者国家支持的组织时，此时就是网络战。

8.1.2 网络空间犯罪的特点

网络空间犯罪主要具有如下特点：

1. 高技术性

网络系统的安全防范措施日趋严密，要进入网络空间实施犯罪，行为人必须具备相当程度的专业知识和熟练的操作技能，否则难以达到侵入或破坏网络系统的目的。高技术性是网络空间犯罪区别于传统犯罪(如暴力犯罪、偷盗、贩毒)的标志，具有高度复杂性和隐蔽性，表现为从侵害性显现的侵害式犯罪转变为隐匿的服务式犯罪。

2. 虚拟性

网络空间是针对传统的物理空间而言的，也称为电子空间、虚拟空间或赛博空间。网络空间犯罪可以在没有人身接触犯罪现场的情况下秘密进行，即没有目击证人、没有物理证据、没有任何暴力或争斗的物理迹象，有时被称为数字犯罪。与传统犯罪相比，虚拟性表现为从面对面接触式犯罪转变为非接触式犯罪。

3. 跨区域性

网络空间是一个虚拟的数字化空间，信息的交流是自由且无限制的，这使得网络空间区别于传统的现实空间。物理上的空间限制已经不复存在，网络的发展打破了地域限制，这为犯罪分子跨地域、跨国界作案提供了可能，表现为从地域受限的当地狭域犯罪转变为无地域限制的跨地广域犯罪。

4. 物证电子化

网络空间犯罪不像传统犯罪那样会留下物理证据，如脚印、刀具、指纹、DNA 等，网络空间犯罪只有电子物证表明犯罪已经发生。只有经过培训的人员对电子物证仔细观察，才能发现不是传统格式而是数字格式的证据。与传统证据相比，物证电子化表现为从普通的物理证据转变为电子化的数字证据。

5. 严重的危害性

互联网的传播途径便捷、高效、飞速，其所带来的最直接弊端体现为危害结果的难以控制。相比传统犯罪，从一对一的单点犯罪转变为同时一对多的撒网式犯罪，网络空间犯罪产生的社会危害性更大。

除了网络空间犯罪的高技术性、虚拟性、跨区域性、物证电子化、严重的危害性之外，网络空间犯罪还有着其他重要的特点，如成本低、风险低、隐蔽性高与取证困难等，这些特点在很大程度上给惩治网络空间犯罪造成了困难。

8.1.3 网络空间犯罪的取证

网络空间不是法外之地，网络空间不容罪犯藏身。在任何犯罪案件中，犯罪分子或多或少会留下蛛丝马迹，电子物证(Electronic Evidence，也称电子证据)就是网络空间犯罪分子留下的蛛丝马迹。这些电子物证的物理存在构成了网络空间取证(Cyberspace Forensics)的物质基础，但是如果不把它提取出来，它们只是一堆无意义的数据。网络空间犯罪的证据是电子物证，电子物证是网络空间取证的对象。打击网络空间犯罪的关键就是要将嫌疑人留在网络空间中的“痕迹”作为有效的诉讼证据提供给法庭，该过程涉及的技术便是网络空间取证技术。

网络空间取证是指按照符合法律规范的方式，对能够为法庭接受的、足够可靠和有说服性的，存在于计算机、相关外设和网络中的电子证据的保护、固定、获取、分析和呈堂的过程。网络空间取证首先是保护证据，防止证据受损；通过拍照、录像、记录等方法固定证据；对于搜集到的存储介质，进行逐字节的只读镜像操作来获取证据，保证原始的存储设备不被任何修改操作，而之后所有的数据分析均会从镜像数据上读取；查找相关犯罪证据，给出分析结果；将相关犯罪信息通过归纳总结形成报告，作为最终的证据向法庭提交。这些报告要易于被法庭控辩双方理解，客观地表述事实。

8.2 电子物证

8.2.1 电子物证的概念

电子物证是与案(事)件相关的存储介质和电子数据。电子数据是指案(事)件发生过程中形成的，以数字化形式存储、处理、传输的，能够证明案(事)件事实的数据。2020 年 5 月 1 日起施行的《最高人民法院关于民事诉讼证据的若干规定》第十四条规定电子数据包括：网页、博客、微博客等网络平台发布的信息；手机短信、电子邮件、即时通信、通信群组等网络应用服务的通信信息；用户注册信息、身份认证信息、电子交易记录、通信记录、登录日志等信息；文档、图片、音频、视频、数字证书、计算机程序等电子文件；其他以数字化形式存储、处理、传输的能够证明案件事实的信息。

关于电子物证的概念，诸如电子证据(Electronic Evidence)、计算机证据(Computer Evidence)、数字证据(Digital Evidence)都有其使用者。依据用以证明案件事实的数据信息的存在形式，可将电子证据划分为数字证据和模拟证据；依据用以证明案件事实的数据信息是否与计算机有关，可将电子证据划分为计算机证据和非计算机证据。

广义地说，电子证据是指以电子形式存在的用作证据的一切材料及其派生物，或者说是借助电子技术或电子设备而形成的一切证据。早期的唱片等视听资料采取模拟信号进行信息的存储、传递、显示，可以归入广义的电子证据中，目前的电子邮件、电子数据交换(EDI)、聊天资料、电子签名等成为电子证据的主干。

计算机证据是指在计算机或计算机系统运行过程中产生的，以其记录的内容来证明案件事实的电磁记录物，计算机证据存在于作为犯罪的工具或目标的计算机及网络设备中。计算机证据既包括 Word 电子文档、电子合同文本、音频视频文件等，又包括计算机本身的一些系统记录资料，如系统日志、硬盘分区表、临时文件或隐藏文件等，还包括微博、博客、聊天记录、短视频等网络证据。

数字证据是指以数字形式存储或传输的信息或资料。数字证据一般存储于硬盘、光盘、U 盘、记忆棒、存储卡、存储芯片等存储介质中。

电子数据取证是指对能够为法庭接受的、足够可靠和有说服性的，存在于计算机和相关外设中的电子证据的确认、保护、提取和归档的过程。其目的是将存储在计算机及相关设备中的犯罪信息作为有效的诉讼证据提供给法庭。电子证据可以证明一个人是有罪的或无罪的。

电子数据主要来自两个方面，一个是系统方面，另一个是网络方面。来自系统方面的证据有系统日志、软件设置、浏览器书签和历史记录以及由应用软件产生的记录和日志等；来自网络方面的证据有防火墙日志、路由器日志、邮件服务日志、网络监控流量以及其他网络工具所产生的记录和日志等。

电子数据勘验分为现场勘验和远程勘验。现场勘验是指提取、固定现场存留的与犯罪有关的电子数据、电子设备、传统物证和其他信息。远程勘验是指为查明有关情况，对远程系统进行的网络勘验。进行网络远程勘验时，需要采取技术侦查措施的，需依法经过严格的批准手续。

电子数据证据具有系统性，它表现为任何一个简单的操作，往往产生很多关联文件，这些文件是电子数据的附属信息。电子数据证据的系统性表现一般分为数据电文证据、附属信息数据和关联痕迹证据 3 类。数据电文证据是指数据电文正文本身，即记载法律关系发生、变更与灭失的数据，如电子邮件、文本文档、图片文件、加密文件、压缩文件等。附属信息数据是指因数据电文生成、存储、传递、修改、增删而形成的时间、制作者、格式、修订次数、版本等信息，如制作人、发件人、收件人、传递路径、日志记录、文档属性等。关联痕迹证据是指电子数据的存储位置、传递信息、使用信息及相关文件的信息，如缓存文件、休眠文件、分页文件、快捷文件、源文件的存储记录以及副本文件等。

8.2.2 电子物证的特征

电子物证不同于普通物证，普通物证以其外部特征、物质属性、所处的位置以及状态来证明案件事实，因此普通物证是实物或者现场遗留的痕迹。也就是说，普通物证是直观的，而电子物证却是非直观的，这是由它的存在特征所决定的，电子物证存储于介质载体中，主要以电磁或光电的形式记录下来。

与普通证据相比，电子物证呈现出很多不同的特征。对于取证来说，电子物证有不利的一面。

(1) 潜在的，不是显而易见的。电子证据就像指纹和 DNA 一样，不是很容易就可以分辨的，分析电子证据需要专业的工具和专业的技术人员。电子证据可能是碎片化的，可能是经过加密、隐藏或删除了的，因此需要专家证词在法庭上解释分析。

(2) 脆弱性。传统证据如书面文件如有改动或添加，都会留有痕迹，可通过司法鉴定技术加以鉴别。而电子证据与传统证据不同，它们多以磁性介质为载体，易被有意或者无意地修改。例如，一旦不小心打开文件，那么文件的最近修改时间就会改变。电子证据的这种脆弱性特点，使得计算机犯罪的作案变得更容易，而事后追踪和复原变得更困难。例如，黑客在入侵之后，可对现场进行一些灭迹、制造假象等工作，给证据的认定带来了困难，直接降低了证明力度，增加了跟踪和侦查的难度。计算机信息最终都是以数字信号的方式存在的，易对电子证据进行截收、监听、删节、剪接等操作；或者由于计算机操作人员的误操作或供电系统、通信网络的故障等环境和技术方面的原因，造成电子证据的不完整。

(3) 挥发性。在计算机系统中，数据无时无刻不在改变，有些紧急事件的数据必须在一定的时间内收集才有效，这就是数据的“挥发性”(易失性)，如计算机系统时间的流逝、系统进程的变化、计算机内存数据的变化(移动鼠标、按键都可以引起)。因此，在收集电子证据时必须充分考虑到数据的挥发性，在数据的有效期内及时收集数据，基本原则是尽早搜集证据，并保证其没有受到任何破坏。计算机系统中所处理的数据有一些是动态的，有一定的时间效应，即有些数据会因失效或消失而挥发。因此，电子证据只能反映过去发生事件的部分事实。

电子物证与传统物证相比，除了不利的一面外，也有有利的一面。

(1) 可以被精确地复制，制作多个副本。这样只需对副本进行检查分析，避免原件受损坏，并允许多人同时分析，提高了取证效率。

(2) 用适当的软件工具和原件对比，很容易鉴别当前的电子证据是否有改变。例如，消息摘要算法可以认证消息的完整性，数据中的一比特的变化就会引起检验结果的很大差异。

(3) 在一些情况下，犯罪嫌疑人完全销毁电子证据是比较困难的。例如，计算机中的数据被删除后，还可以从磁盘中恢复，数据的备份可能会被存储在嫌疑犯意想不到的地方。由于计算机运行的复杂性，许多计算机数据不仅仅只保存在计算机中的一个位置；一处的计算机数据遭到破坏以后，往往可以从其他的地方找到该数据的副本或相关的冗余数据，如计算机中存在的各种临时文件。计算机数据虽然易被破坏，但是却很难被完全毁灭，例如，被擦除七次的硬盘仍能获取曾经保存的数据。

8.2.3 电子数据的审核认定

《最高人民法院关于民事诉讼证据的若干规定》第八十七条规定审判人员对单一证据可以从下列方面进行审核认定：证据是否为原件、原物，复制件、复制品与原件、原物是否相符；证据与本案事实是否相关；证据的形式、来源是否符合法律规定；证据的内容是否真实；证人或者提供证据的人与当事人有无利害关系。第八十八条规定审判人员对案件的全部证据，应当从各证据与案件事实的关联程度、各证据之间的联系等方面进行综合审查判断。

当事人以视听资料作为证据的，应当提供存储该视听资料的原始载体。当事人以电子数据作为证据的，应当提供原件。电子数据的制作者制作的与原件一致的副本，或者直接来源于电子数据的打印件或其他可以显示、识别的输出介质，视为电子数据的原件。人民法院调查收集视听资料、电子数据，应当要求被调查人提供原始载体。提供原始载体确有困难的，可以提供复制件。提供复制件的，应当在调查笔录中说明其来源和制作经过。

第九十三条规定人民法院对于电子数据的真实性，应当结合下列因素综合判断：电子数据的生成、存储、传输所依赖的计算机系统的硬件、软件环境是否完整、可靠；是否处于正常运行状态，或者不处于正常运行状态时对电子数据的生成、存储、传输是否有影响；是否具备有效的防止出错的监测、核查手段；电子数据是否被完整地保存、传输、提取，保存、传输、提取的方法是否可靠；电子数据是否在正常的往来活动中形成和存储；保存、传输、提取电子数据的主体是否适当；影响电子数据完整性和可靠性的其他因素。人民法院认为有必要的，可以通过鉴定或者勘验等方法，审查判断电子数据的真实性。

8.3 电子数据取证的基本流程

电子数据取证的基本流程具体可分为以下步骤：

1. 取证准备

证据收集工作应由专门的计算机取证人员完成。在现场取证之前，必须做好充分的准备工作。首先建立要取证的搜索参数。要对案件情况进行多方面了解，明确案件性质；了解现场所在的位置、现场可能有哪些人；知道要查找什么样类型的证据，要取证的是照片、文档、数据库，还是电子邮件。其次还要知道用户(嫌疑人)的计算机技能水平，进而大致推断嫌疑人可能采取的隐匿计算机证据的措施；所涉及的是何种硬件，是计算机(还要区分是 Mac，还是 Windows 或 Linux)，还是掌上计算机、手机、手表等；所涉及的是何种软件；另外，还要考虑是否要搜集其他形式的证据，如指纹、DNA、足迹等。除此之外，取证还要注意计算机的环境——网络(协议，拓扑，……)、网络服务提供商、安全性(包括用户的 ID、口令、是否加密等)，取证现场是否真的装有定时炸弹、是否是在化学污染的环境等问题。根据所了解的案情，准备前往现场的勘查人员和勘查设备。

2. 管理现场

首先要注意保持数据收集过程的完整性；估计出所需的现场检查的时间；考虑取证给被调查机构带来的成本问题，诸如商务中断的法律责任、犯罪的严重性(以此衡量是继续调查还是停止调查)。此外，还要评估现场的设备是否有必要继续工作。对现场的人员也要作评估，如哪些人应当出现在现场，他们的参与是否会妨碍某些重要的调查等。要让无关人员离开计算机现场，以防造成证据销毁。不要让嫌疑犯接触计算机，以免他破坏或删除一些重要数据，例如，他可能准备好程序以删除关键的证据，也可能触碰键盘热键，或通过语音命令操作计算机，以达到删除证据的目的。因此，要立即将可能的嫌疑人隔离开，远离计算机现场。如果有必要，还需要采取强制性手段，决不允许他们返回再次接触计算机，避免任何可以使证据毁坏的行为发生。

3. 记录现场信息

为了保护现场，以备将来必要时恢复现场，要对现场进行全面记录，按照有关规定绘制图形，拍摄现场全过程的照片、录像，制作现场勘查笔录及现场图，记录清楚系统结构布局。现场记录可将现场情况永久性保存下来，为今后模拟和犯罪现场还原提供直接依据。

如果计算机是关闭的，就让它关闭；如果计算机是运行着的，就让它运行。如果启动关闭的计算机，会带来一定的风险，这些风险主要包括如下几个方面：改变了系统中的文件时间属性，对于 Windows 系统而言，会造成大量文件属性的改变，如果此案件涉及计算机开机时间的取证与检验，那么势必导致取证及检验的条件发生重要的变化。如果对正在运行的计算机关闭或断电，将导致内存数据丢失。例如，一个正在运行的应用系统，将电源关闭之后，可能造成两个方面的不良后果，一是使得内存中处于动态运行的程序以及文件的相关数据大量丢失，从而使屏幕上所显示的全部信息不能很好地重现；二是各种存储介质中的相关数据即使能够进行很好地克隆和备份，但是对于需要在实际运行中分析检验的专用系统，重新搭建系统运行环境，则很可能会遇到系统启动密码、文件加密、应用系统运行时需要支持的各种工具软件的安装等。

确切记录计算机及各种存储介质、其他电子设备和传统痕迹物证的位置、状态和使用条件等，可以为以后电子证据的检验和分析提供重要信息。需要注意的是，现在存储介质的形状样式越来越多样化，例如，U 盘可以做成各种玩具样式，注意不要遗漏。现场记录应当贯穿于现场勘查的始终，并尽可能地详尽，包括各种设备的位置。例如，鼠标放在计算机左侧，则操作者可能惯用左手操作。对计算机的工作状态也必须记录，如计算机系统是处于工作状态、关闭状态，还是处于休眠状态。大多数计算机有指示灯，可以说明计算机的工作状态。如果计算机的指示灯未亮，应当仔细听一下是否有风扇运转的声音，来判断其是否是在工作。假如计算机确实是关闭的，感受一下主机箱及显示器的温度，可以确定计算机是否刚刚关闭。除文字记录外，还应当对计算机系统进行拍照，特别是对计算机显示器的内容进行拍照。可能的话，还应进行 360° 连续回转拍照。如果显示器的画面是活动的，如某项程序正在执行，则应迅速用摄像机将其记录下来。目前通常使用数码相机来对现场进行拍摄。而作为证据的照片，都会经过真伪的辨别后成为有效证据。我们还可以用摄像机记录整个取证过程。显然，证据的可信性十分重要。拍摄的记录都要有时间戳，但是也要注意存在证据伪造的可能性。在现场，需要拍摄正在运行中的计算机屏幕，特别是系统时间。照片中的一切都有可能成为证据。数码相机的使用使得拍摄的花费不再是一个考虑的因素，所以应尽可能多地拍摄现场。还要检验打印机，如果是点阵式打印机，里面的色带能够保留痕迹，经过分析便能提取其中包含的内容。

4. 收集电子物证

证据固定的目的是保护原始证据不被破坏。例如，当现场的计算机处于开机状态时，对于内存信息、屏幕信息、进程信息等关机后就会丢失的易丢失证据，需要将其提取出来进行保存，然后再关机。对于硬盘数据等非易失性数据，也须用硬盘复制机复制下来以便后续分析，从而避免硬盘硬件出现故障或硬盘中的数据被篡改。

收集电子证据时必须对相同内容的证据全部收集。对相同内容的电子证据，不论其在同一载体还是在不同的载体上，都应当全部收集。这对证明电子证据的真实性，加强电子证据的证明力，搞清电子证据的原始状态具有重要作用。

收集电子证据的同时要收集存储的载体。电子证据只能存在于特定的载体中，所以收集电子证据时必须收集电子证据的载体；因为载体上的电子证据更符合最佳证据规则，证明力更强，且载体的属性和特征能从侧面证实电子证据的相关信息，如计算机的品牌、型号、CPU、内存、硬盘、显卡、网卡、MAC 地址等信息。

收集电子证据的同时要收集与电子证据相关联的电子程序软件的名称及版本。电子证据在刑事诉讼中最终要以人们所认识的形式来展现，而电子证据本身只是二进制的数据，只有通过特定的电子程序转化为可直观认识的形式才具有证据意义和证明力。因此，在收集电子证据时应当同时记录电子证据所处的操作系统、所对应的程序软件和扩展名的名称，以备日后用相同程序软件对涉案电子证据进行转化和展现。

收集电子证据同时要收集与电子证据相关联的外部环境信息。电子证据只能存在于特定的载体上，而该载体必须存在于一定的环境中。收集电子证据的外部环境信息是对电子证据的内容和所反映的信息的补充，是收集电子证据的重要环节。单纯的电子证据会因形不成证据链而失去证明力。要收集存储电子信息的电子设备的放置地点、连接网络情况、各接口的连接情况、计算机的 IP 地址等相关的外部信息。

在获取证据的过程中，也存在如下一些争论，需要考虑实际情况进行：

(1) 是否断开外界的控制？断开外界的控制，主要指移除网络连接，包括电话线、DSL 宽带接入、调制解调器；因为嫌疑人可能将数据存储到远程的系统上。无线连接比较难处理，无线接入可能被集成在计算机机箱里，尤其是在笔记本电脑上。另外，还要注意家庭网络，有可能证据就是存放在某个位置。但移除网络，也可能使正在传输的证据丢失。

(2) 如何处理正在下载的东西？如果系统有迹象显示该用户正在下载文件，那么就拍下下载的窗口，降低嫌疑人否认涉嫌下载的可能。可以允许计算机完成下载，有可能正在传输的数据是很重要的罪证，应当对整个下载的过程进行录像。但网络连接也给嫌疑人销毁证据提供了可能。

(3) 是否拔掉计算机的电源？为了避免损坏数据，要考虑是否断开计算机的电源。首先要确定操作系统，要考虑是否将正在运行的程序的数据存储起来，是否将内存中的数据保存到磁盘中。同时，还要考虑具体的操作系统，要区别对待笔记本计算机。首要的，在做其他工作之前，要用专业的工具，对内存及磁盘做逐位镜像。要确定操作系统的版本，是 Mac 版本、Windows 版本、Unix 系统，还是硬件的特定操作系统(如手机、掌上电脑)。不同的版本，必须要有合适的工具和程序，以避免不精确的拷贝。

(4) 如何处理正在运行的程序？如果看见某个程序正在运行(例如，屏幕上显示运行进度条)，是立即断掉电源，还是等程序运行完毕呢？专家们对此颇有争议。拔掉电源插头，有可能导致运行数据的破坏，特别是缓冲区的临时数据，这些临时数据有可能还没有写入磁盘。或者是等待临时数据保存进磁盘后，再拔掉插头。因此要了解计算机内存工作的原理及其本质。例如，许多操作系统使用的后写缓冲、加密卷，可能因为突然断电而遭到破坏。

(5) 是否保存 RAM？大多数操作系统使用虚拟内存，硬盘上有保留空间用于扩展内存。数据在虚拟内存和 RAM 之间来回交换，因此虚拟内存的交换文件存在有价值的数据，这些数据曾经存在于 RAM 中。因为有大容量的 RAM，有些用户禁用虚拟内存。可以使用专门保存内存数据的工具，直接从 RAM 中将数据保存到硬盘上，这些工具依赖于操作系统及硬件。需要注意手机和掌上电脑依赖电池供电来维持挥发性内存。拔下笔记本电脑的电源插座，它会立即切换到电池电源。因此，要取出电池。需要注意的是，我们要使用套袋装运笔记本电脑及电池，以防止静电。

5. 拆卸计算机

要保证拆卸后的计算机都能够被重新组合成原样。我们可以贴标签作为计算机的组件标识符，确定每台计算机具有独特的标识，特别是端口的标识，包括连接方向(即连接到哪台计算机和端口)，对特定的计算机可以分配不同的颜色标签来进行标记。

在移动硬件之前，用照相、录像、文字的形式把被提取设备在现场中的相对位置、具体外观、产品记录下来，用图示的形式将计算机端口和相应的连线标明，未使用的端口应注明“未用”，将收缴的存储介质置于写保护状态。用胶带把硬件、相应的计算机外设捆绑在一起，并设置醒目标志。在包装箱上注明箱内物件并密封，一方面可以警示他人不得随意开启计算机，以保证计算机证据的完整性、真实性；另一方面，可以保证证物在运输、保存的过程中不发生丢失。

6. 保护外围设备

在计算机取证的过程中，有多少外围设备需要我们扣押查封呢？这主要需从两方面考虑：第一，要根据司法部门下发的搜查令中的条款，依法扣押搜查令中授权的设备；第二，根据要调查取证的系统的自身特性，例如，要考虑到系统的新旧兼容问题。

(1) 检查系统的外围设备，包括输入/输出设备、外部存储设备、多媒体设备、网络通信设备等。

(2) 有时候，不起眼的外围设备中会隐藏重要的取证线索和资料。这些外围设备包括相机(可能拍摄有犯罪现场或有关嫌疑人的照片)、游戏机(如 Xbox、PSP)、扫描仪(检查电子扫描仪的基部)、录音设备、iPods(大容量的存储空间，甚至可以装载计算机的数据和操作环境)、计算器(具有非常大的内存)。

(3) 其他证据。例如一些纸质便签、文件、上机记录、打印结果等，数字存储媒介(磁质或光学硬盘，又或者是老式的磁带存储系统)。还有掌上电脑、手机、数字手表以及较为小巧的 USB 接口的闪存盘，该种存储设备体积非常小且形状各异，可能像笔、像食物、像手表或者其他一些东西，形状千变万化，在取证时难以察觉。同时，还应检查是否存在文件或书面材料等可能是证据的信息，它们可能正好包含一些加密解密的密钥、密码和宏指令；查看环境中有没有能够提供密码的线索等，例如，墙上贴有嫌疑人的女朋友照片，则密码可能含有其女朋友的生日；查看桌子上摆放的黑客书籍，可能暗含着嫌疑人使用的攻击手法；在现场寻找有关硬件、软件的使用说明或某类特殊应用软件的安装盘，以方便取证人员使用，提高工作效率。

7. 证据保存

证据保存是将获取的物证进行封装，以便存储和运输。电子证物的封装除了要考虑通常的防潮、防震以外，部分证物还应注意防静电或进行信号屏蔽，例如，开机状态的手机应立即放入信号屏蔽盒中，以避免新短信或电话呼叫导致覆盖手机内存或 SIM 卡中的原有信息。证据保存的主要过程如下：

(1) 完善资产扣押记录：包括为嫌疑人提供记录备份，让嫌疑人在记录清单上签字，记录嫌疑人拒绝交出的物品。

(2) 采用防静电的垫子、包和箱子运输：注意不能使用聚苯乙烯泡沫塑料来固定电子设备，因为这样容易产生静电，使内容丢失；另外，读取移动媒介(如磁盘，光盘等)的驱动设备在运输途中应塞入空白的移动媒介以防止驱动设备受损。证据在包装时应尽可能用原来的包装箱，包装箱外注明证据特征，属于同一系统的包装箱一起运输，在运输过程中要注意磁、热、湿度、重压等因素，采取措施避免证据被人为破坏。不得将取证所得电子设备放在汽车的后备箱中，因为高温和电子干扰会损坏证据。

(3) 证据运输到目的地后，检查封条是否完好和证据物证的状态：将文档与证据放在一起，建立证据保管历史表格，对存储介质进行数据完整性测量和磁盘镜像。

(4) 注意存放物理环境：存放计算机设备、软盘、光盘、磁带时应当注意安全。例如，存放时应当远离强磁场、高温、高压、静电等，使用时应当注意对计算机病毒的检测。

(5) 及时进行公证：对于具有时限性的电子证据，如利用网络对他人进行侮辱诽谤的事实，司法机关应对当时的数据加以记录并由公证机关进行公证。

(6) 维持保管链：维持对在押证物可信保护，必须对采集的证据及时标注提取的时间、来源、提取过程、使用方法、提取人员，以证明计算机证据是真实的。数字证据是随时都有可能被篡改的；永远不要让证物处于不安全的状况下；必须使用特殊的认证来确保证物在法庭上的可信性；必须详细记录下取证的人员，取证的时间及取证耗时的长短；并且要详细记录下与证据单独接触的个体及其接触证物各自的原因。

8. 证据分析

证据分析是借助取证分析软件对获取的电子证据进行深入分析，挖掘出潜在的犯罪证据和线索的过程。综合功能的取证软件包括 Encase、FTK、取证大师等。证据分析包括以下内容：

(1) 数据呈现：将二进制的电子数据呈现为具体的文字、图片、声音、视频等。

(2) 关键词搜索：可以提高调查人员分析数据的速度。进行关键词搜索，要恢复出关键词数据，再通过调查工具的关联搜索筛选出数据。当获取的数据足够多时可以采用索引加速搜索的方式。

(3) 解压：对压缩文件需要解压。

(4) 雕复：就是重建出那些已经被标记为删除，但仍残留在磁盘上的碎片。在此过程中有可能会用到文件头信息。

(5) 解密：在文件级、分区级、磁盘级有可能会用到解密。许多密码恢复工具都能够生成密码字典，可以据此进行字典攻击。如果字典破解失败，则转入暴力破解。

(6) 书签：首次发现证据后就要作标记，这对以后生成取证报告是很有用处的。

分析数据是取证的核心和关键。分析电子数据的类型、采用的操作系统，是否为多操作系统或有隐藏的分区；有无可疑外设；有无远程控制、木马程序。进行数据恢复，获得文件被增、删、改、复制前的痕迹。通过将收集的程序、数据和备份与当前运行的程序数据进行对比，可发现篡改的痕迹。检验计算机的用户名、电子签名、密码、交易记录、邮件信箱、邮件发送服务器的日志、上网 IP 等计算机特有信息，结合其他证据进行综合审查，要同其他证据相互印证、相互联系起来综合分析。

对某些特定案件，如网络遭受黑客攻击，应收集的证据包括系统登录文件、应用登录文件、网络日志、防火墙登录、磁盘驱动器、文件备份、电话记录等。当在取证期间罪犯还在不断入侵计算机系统时，采用入侵检测系统对网络攻击进行监测是十分必要的，或者通过采用相关的设备或设置陷阱跟踪捕捉犯罪嫌疑人。

9. 重建

重建的通俗说法就是模拟展示嫌疑人犯罪的过程，明白犯罪嫌疑人在计算机上做了什么，获取了什么资料。它具有如下子功能：磁盘到磁盘的复制、镜像到磁盘的复制、分区到分区的复制、镜像到分区的复制。

10. 生成报告

通过全面分析，给出分析结论，包括：整体情况；发现的文件结构、数据和作者的信息；对信息的任何隐藏、删除、保护、加密企图以及在调查中发现的其他的相关信息；标明提取时间、地点、机器、提取人及见证人；将取证结果生成符合规定的报告形式，报告里包含取证得到的全部信息。取证软件本身一般都提供报告的制作和导出功能。

8.4 网络空间取证技术

8.4.1 网络空间取证技术分类

由于网络空间犯罪的多样性，涉及的取证技术也较复杂。一般地，网络空间取证技术包含以下内容：

1. IP 地址追踪和定位技术

IP 地址是揭示犯罪嫌疑人身份和地理位置的重要线索。获取被调查对象 IP 地址的主要方法有：分析系统日志信息；和被调查对象进行直接通信(如实时聊天)，通过嗅探器抓包分析获取对方的 IP 地址；利用陷阱技术(如蜜罐技术)，获取 IP 地址后就可利用软件和全球地址分配表定位该 IP 地址的位置，如果是国内的则可以通知有关单位进行协查，如果是国外的则可以对该 IP 地址实施监控。

2. 陷阱技术

如果没有足够的电子证据，调查人员可采用陷阱技术获取犯罪嫌疑人的记录，诱骗对方访问某个受控制的服务器以获取相关信息，通过设置蜜罐诱骗黑客，即设置一些存在明显漏洞的服务器诱骗黑客攻击，并使用特定的入侵检测系统记录所有入侵记录。

3. 电子证据的收集和传输技术

常用的电子证据收集技术包括对计算机系统和文件的安全获取技术，避免对原始介质进行任何破坏和干扰，具体包括：对数据和软件的安全搜集技术；对磁盘或其他存储介质的安全无损伤镜像备份技术；对已删除文件的恢复、重建技术；对交换文件、缓存文件、临时文件中包含的信息的复原技术；对计算机在某一特定时刻活动内存中数据的搜集技术；网络流动数据的获取技术等。在电子证据收集的过程中，将待收集的数据从目标机器安全地转移到取证设备上，必然需要安全的传输技术，用唯一接口的传输光缆进行异步传输，确保计算机取证的整个过程具有不可篡改性的要求。安全的传输技术主要采用加密技术，如隧道加密，可保证数据的安全传输。另外，可通过使用消息鉴别机制来保证数据在传输过程中的完整性。

4. 数据保存技术

在数据安全传送到取证系统的机器后，就要对机器和网络进行物理隔离，以防外部攻击，并对数据使用加密技术进行保存，防止内部非法人员的篡改和删除。磁盘加密的主要方法有固化部分程序、激光穿孔加密、掩膜加密和芯片加密等，还可利用修改磁盘参数表如扇区间隙、空闲的高磁道来实现磁盘的加密。

5. 电子证据的分析技术

电子证据的分析技术包括查找网络论坛水军、虚假账号、谣言来源，查找磁盘空间的关键词，对加密的信息进行解密等。

8.4.2　基于单机和设备的取证技术

单机取证技术是针对一台可能含有证据的非在线计算机进行证据获取的技术，主要包括以下技术：

1. 数据恢复技术

数据恢复技术主要用于把犯罪嫌疑人删除或者通过格式化磁盘擦除的证据恢复出来。由于磁盘的格式化只不过是对用于访问文件系统的各种表进行了重新构造，因此，如果格式化之前的硬盘上有数据存在，则格式化操作后这些数据仍然存放在磁盘上。删除文件的操作也不能真正删除文件，只不过把构成这些文件的数据簇回收到系统中。使用适当的设备可以恢复被多次覆盖的数据。通过数据恢复技术，可以将被直接删除的数据及少量次数覆盖的数据全部或部分还原出来。

2. 加密解密技术和口令获取

取证在很多情况下都面临如何将加密的数据进行解密的问题，可采取密码破解、口令搜索(在计算机四周搜查可能有口令的地方、在文档或电子邮件中搜索明文的口令和从网络中捕获明文口令)、口令提取(许多 Windows 的口令都以明文的形式存储在注册表或其他指定的地方，可以从中提取口令)等方法。

3. 隐藏数据的再现技术

将隐藏在图像、音视频或其他类型文件中的内容信息进行还原的主要技术是隐藏信息检测与还原算法，即分析检材中的相关信息中是否含有隐藏信息以及将这些隐藏信息通过各种还原算法还原出来。

4. 信息搜索与过滤技术

在计算机取证的分析阶段往往使用搜索技术进行相关数据信息的查找。这些信息可以是文本、图片、音频或视频。通过信息搜索、过滤和挖掘技术，可快速定位电子数据证据，包括数据搜索引擎技术、数据过滤技术、数据挖掘技术等。

5. 磁盘镜像拷贝技术

由于证据的提取和分析工作不能直接在被攻击机器的磁盘上进行，所以，磁盘的镜像拷贝技术就显得十分重要和必要了。

6. 反向(逆向)工程技术

反向工程技术用于分析目标主机上可疑程序的功能，从而获取证据。通常采用反汇编工具与软件调试工具进行逆向分析。

7. 芯片数据提取技术

通常采用不同类型的芯片编程器进行数据提取，然后利用工具软件或手工对提取的数据进行解析或解码。

8.4.3 基于网络的取证技术

所谓网络取证技术，就是在网上跟踪犯罪分子或通过传输的数据信息获取证据的技术。网络取证技术主要针对网络数据流、网络设备日志的实时监控和分析，发现网络系统的入侵行为或犯罪线索，自动记录犯罪证据，对网络的动态信息进行收集和对网络攻击进行主动防御。网络取证主要包括以下技术：

1. 网络环境下的证据保全技术

网络环境下的证据保全技术是指在网络环境下对电子数据证据进行实时保全、导出、备份，同时对这些备份信息进行 Hash 校验，以保证证据信息的客观真实性。

2. 日志分析技术

日志分析技术用于了解某时段的 CPU 负荷、IP 来源、恶意访问、系统异常、用户操作记录和习惯等重要信息。

3. 数据捕获技术

数据捕获技术是指截获和分析入侵终端发出的或者被入侵主机发出的网络数据包，获得攻击源地址以及攻击的类型与方法。

4. 网络入侵追踪技术

网络入侵追踪的最终目标是定位攻击源的位置，推断出攻击报文在网络中的串行路线，从而找到攻击者。

5. 现场重建技术

现场重建技术通常使用 Web 数据库技术、远程连接与控制技术、网络攻击与防御技术等，建立一个与相应网络环境类似的模拟试验环境。

6. 人工智能和数据挖掘技术

计算机的存储容量越来越大，网络的传输速度越来越快。对于计算机内存储的和网络中传输的大量数据，可以应用数据挖掘技术以发现与特定的犯罪有关的数据，如针对网络数据的水军检测、虚假账号的发现、网络恐怖分子的检测等。

习　题　八

1. 计算机现场勘查中，以下哪项是必须填写的清单？(　　)

A. 现场勘查笔录　　B. 封存电子证据清单

C. 固定电子证据清单　　D. 勘验检查照片记录

2. 固定和封存电子证据的目的是(　　)。

A. 保护电子证据的完整性　　C. 确保电子证据的原始性

B. 保护电子证据的真实性　　D. 确保电子证据检材的有效性

3. 检查原始电子设备，需要直接检查原始存储媒介的，应当遵循的原则是(　　)。

A. 对解除封存状态、检查过程的关键操作、重新封存等重要步骤应当录像

B. 检查完毕后应当重新封存原始存储媒介和原始电子设备

C. 应当制作《原始证据使用记录》，但不需要签字

D. 检查完毕后，因为已经取得相关信息，原始存储媒介可以任意处置

4. 判断计算机现场勘查中，证物封装时，如果不能找到设备的原始包装，可以随意使用物品包装，只要不丢失就好。(　　)

5. 判断计算机现场勘查中，证物须贴好标签，注明提取时间、人员姓名以及设备的名称、型号等信息。(　　)

第 9 章　网络空间安全管理

9.1　网络安全等级保护 2.0

9.1.1　网络安全等级保护标准体系

网络安全等级保护是指对网络(含信息系统、数据等)实施分等级保护、分等级监督，对网络中发生的安全事件分等级响应、处置。2017 年 6 月 1 日起施行的《中华人民共和国网络安全法》明确了“国家实行网络安全等级保护制度”(第 21 条)、“国家对一旦遭到破坏、丧失功能或者数据泄露，可能严重危害国家安全、国计民生、公共利益的关键信息基础设施，在网络安全等级保护制度的基础上，实行重点保护”(第 31 条)。2019 年 12 月 1 日,《信息安全技术网络安全等级保护基本要求》《信息安全技术网络安全等级保护测评要求》《信息安全技术网络安全等级保护安全设计技术要求》等国家标准开始实施，进一步明确了网络安全定级及评审、备案及审核、等级测评、安全建设整改、自查等工作要求，网络安全等级保护正式进入“网络安全等级保护 2.0”(简称等保 2.0)时代。

在等保 2.0 标准中，等级保护对象已经从狭义的信息系统扩展到网络基础设施、云计算平台/系统、大数据平台/系统、物联网、工业控制系统、采用移动互联技术的系统等。关键信息基础设施在网络安全等级保护制度的基础上，实行重点保护。

等级保护对象根据其在国家安全、经济建设、社会生活中的重要程度，遭到破坏后对国家安全、社会秩序、公共利益以及公民、法人和其他组织的合法权益的危害程度等，由低到高被划分为五个安全保护等级。例如，第五级：等级保护对象受到破坏后，会对国家安全造成特别严重的危害。

《中华人民共和国保守国家秘密法》规定：存储、处理国家秘密的计算机信息系统(以下简称涉密信息系统)按照涉密程度实行分级保护。等级保护与分级保护不同，主要不同在监管部门、适用对象、分类等级等方面。监管部门不一样，等级保护由公安部门监管，分级保护由国家保密局监管。适用对象不一样，等级保护适用于非涉密系统，分级保护适用于涉及国家秘密的系统。等级分类不同，等级保护制度将保护等级分为五级，第一级为自主保护级，第二级为指导保护级，第三级为监督保护级，第四级为强制保护级，第五级为专控保护级；分级保护分 3 个级别，即秘密级、机密级、绝密级。

等级保护与关键信息基础设施保护(简称“关保”)的区别是，“关保”是在网络安全等级保护制度的基础上，实行重点保护。《中华人民共和国网络安全法》第三章第二节规定了关键信息基础设施的运行安全，包括关键信息基础设施的范围、保护的主要内容等。目前国家标准《信息安全技术　关键信息基础设施网络安全保护基本要求》正在报批中，相关试点工作已启动。

《网络安全法》第二十一条规定网络运营者应当按照网络安全等级保护制度的要求，履行相关的安全保护义务。同时第七十六条定义了网络运营者是指网络的所有者、管理者和网络服务提供者。等级保护相关标准虽然为非强制性的推荐标准，但网络(个人与家庭网络除外)运营者必须按网络安全法开展等级保护工作。

等保 2.0 标准体系主要标准包括：网络安全等级保护条例(总要求/上位文件)，计算机信息系统安全保护等级划分准则(GB 17859—1999)(上位标准)，网络安全等级保护实施指南(GB/T 25058—2019)，网络安全等级保护定级指南(GB/T 22240—2020)，网络安全等级保护基本要求(GB/T 22239—2019)，网络安全等级保护设计技术要求(GB/T 25070—2019)，网络安全等级保护测评要求(GB/T 28448—2019)，网络安全等级保护测评过程指南(GB/T 28449—2018)。

9.1.2　网络安全等级保护工作流程

等保 2.0 时代，安全等级保护的核心是将等级保护对象划分等级，按标准进行建设、管理和监督。安全等级保护实施过程中应遵循以下基本原则：

(1) 自主保护原则：等级保护对象运营、使用单位及其主管部门按照国家相关法规和标准，自主确定等级保护对象的安全保护等级，自行组织实施安全保护。

(2) 重点保护原则：根据等级保护对象的重要程度、业务特点，通过划分不同安全保护等级的等级保护对象，实现不同强度的安全保护，集中资源优先保护涉及核心业务或关键信息资产的等级保护对象。

(3) 同步建设原则：等级保护对象在新建、改建、扩建时应同步规划和设计安全方案，投入一定比例的资金建设网络安全设施，保障网络安全与信息化建设相适应。

(4) 动态调整原则：应跟踪定级对象的变化情况，调整安全保护措施。由于定级对象的应用类型、范围等条件的变化及其他原因，安全保护等级需要变更的，应根据等级保护的管理规范和技术标准的要求，重新确定定级对象的安全保护等级，根据其安全保护等级的调整情况，重新实施安全保护。

网络安全等级保护实施过程一般包括定级、备案、建设整改、等级测评、监督检查。

1. 定级

等级保护对象是指网络安全等级保护工作中的对象，通常是指由计算机或者其他信息终端及相关设备组成的按照一定的规则和程序对信息进行收集、存储、传输、交换、处理的系统，主要包括基础信息网络、云计算平台/系统、大数据应用/平台/资源、物联网(IoT)、工业控制系统和采用移动互联技术的系统等。

网络运营者应当在规划设计阶段确定网络的安全保护等级。网络运营者依据 GB/T 22240—2020《信息安全技术 网络安全等级保护定级指南》，确定等级保护对象，明确定级对象，梳理等级保护对象受到破坏时所侵害的客体及对客体造成侵害的程度。根据保护对象等级矩阵表(见表 9.1)分别确定等级保护对象业务信息等级和系统服务等级。

表 9.1　保护对象定级矩阵表

所侵害的客体	对相应客体的侵害程度		
	一般损害	严重损害	特别严重损害
公民、法人和其他组织的合法权益	第一级	第二级	第二级
社会秩序、公共利益	第二级	第三级	第四级
国家安全	第三级	第四级	第五级

在分别确定业务信息安全的安全等级和系统服务的安全等级后，由二者中的较高级别确定等级保护对象的安全级别，例如，业务信息安全为第二级，系统服务为第三级，则最终等级保护级别为第三级。定级可根据实际业务系统的情况参照定级标准进行，采用“定级过低不允许、定级过高不可取”的原则。当出现网络安全事件进行追责的时候，如因系统定级过低，需承担系统定级不合理、安全责任没有履行到位的风险。

安全保护等级初步确定为第二级及以上的，定级对象的网络运营者需组织网络安全专家和业务专家对定级结果的合理性进行评审，并出具专家评审意见。有行业主管(监管)部门的，还需将定级结果报请行业主管(监管)部门核准，并出具核准意见。最后，网络运营者按照相关管理规定，将定级结果提交公安机关进行备案审核。审核不通过，其网络运营者需组织重新定级；审核通过后最终确定定级对象的安全保护等级。等级保护对象定级工作一般流程如图 9.1 所示。

图 9.1　等级保护对象定级工作一般流程

2. 备案

第二级以上网络运营者在定级、撤销或变更调整网络安全保护等级时，在明确安全保护等级后需在 10 个工作日内，到县级以上公安机关备案，提交相关材料。公安机关应当对网络运营者提交的备案材料进行审核。对定级准确、备案材料符合要求的，应在 10 个工作日内出具网络安全等级保护备案证明。

3. 建设整改

安全建设整改工作分五步进行：落实安全建设整改工作部门，建设整改工作规划，进行总体部署；确定网络安全建设需求并论证；确定安全防护策略，制订网络安全建设整改方案(安全建设方案经专家评审论证，三级以上报公安机关审核)；根据网络安全建设整改方案，实施安全建设工程；开展安全自查和等级测评，及时发现安全风险及安全问题，进一步开展整改。

4. 等级测评

等级测评是经公安部认证的具有资质的第三方测评机构，依据国家信息安全等级保护规范规定，受有关单位委托，按照《网络安全等级保护基本要求》等有关管理规范和技术标准，定期对信息系统安全等级保护状况进行检测评估的活动。

等保 2.0 规定，通过测评需满足两个条件：测评分在 70 以上；无高危风险项。高危风险项有一票否决权。第三级以上网络的运营者应当每年开展一次网络安全等级测评(第二级建议每两年开展一次测评)，发现并整改安全风险隐患，并于每年将开展网络安全等级测评的工作情况及测评结果向备案的公安机关报告。网络运营者应当每年对本单位落实网络安全等级保护制度情况和网络安全状况至少开展一次自查，发现安全风险隐患及时整改，并向备案的公安机关报告。

5. 监督检查

公安机关对第三级以上网络运营者每年至少开展一次安全检查，涉及相关行业的可以会同其行业主管部门开展安全检查。必要时，公安机关可以委托社会力量提供技术支持。县级以上公安机关对网络运营者开展下列网络安全工作情况进行监督检查：日常网络安全防范工作；重大网络安全风险隐患整改情况；重大网络安全事件应急处置和恢复工作；重大活动网络安全保护工作落实情况；其他网络安全保护工作情况。

9.1.3　网络安全等级保护基本要求

1. 不同级别的安全保护能力

不同级别的等级保护对象应具备的基本安全保护能力如下：

(1) 第一级安全保护能力：应能够防护和免受来自个人的、拥有很少资源的威胁源发起的恶意攻击、一般的自然灾难，以及其他相当危害程度的威胁所造成的关键资源损害；在自身遭到损害后，能够恢复部分功能。

(2) 第二级安全保护能力：应能够防护和免受来自外部小型组织的、拥有少量资源的威胁源发起的恶意攻击、一般的自然灾难，以及其他相当危害程度的威胁所造成的重要资源损害；能够发现重要的安全漏洞和处置安全事件；在自身遭到损害后，能够在一段时间内恢复部分功能。

(3) 第三级安全保护能力：应能够在统一安全策略下防护和免受来自外部有组织的团体、拥有较为丰富资源的威胁源发起的恶意攻击、较为严重的自然灾难，以及其他相当危害程度的威胁所造成的主要资源损害；能够及时发现、监测攻击行为和处置安全事件；在自身遭到损害后，能够较快恢复绝大部分功能。

(4) 第四级安全保护能力：应能够在统一安全策略下防护和免受来自国家级别的、敌对组织的、拥有丰富资源的威胁源发起的恶意攻击、严重的自然灾难，以及其他相当危害程度的威胁所造成的资源损害；能够及时发现、监测攻击行为和处置安全事件；在自身遭到损害后，能够迅速恢复所有功能。

(5) 第五级安全保护能力：略。

2. 安全通用要求框架结构

《网络安全等级保护基本要求》《网络安全等级保护测评要求》和《网络安全等级保护安全设计技术要求》三个标准采取了统一的框架结构。例如，《网络安全等级保护基本要求》采用的框架结构如图 9.2 所示

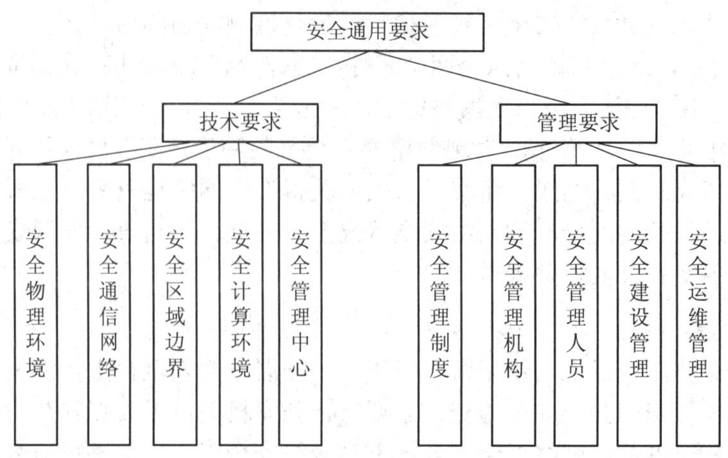

图 9.2　安全通用要求框架结构

安全通用要求针对共性化保护需求提出，无论等级保护对象以何种形式出现，都需要根据安全保护等级实现相应级别的安全通用要求。安全扩展要求针对个性化保护需求提出，等级保护对象需要根据安全保护等级、使用的特定技术或特定的应用场景实现安全扩展要求。等级保护对象的安全保护需要同时落实安全通用要求和安全扩展要求提出的措施。

(1) 安全物理环境：针对物理机房提出的安全控制要求，主要对象为物理环境、物理设备和物理设施等，涉及的安全控制点包括物理位置的选择、物理访问控制、防盗窃和防破坏、防雷击、防火、防水和防潮、防静电、温湿度控制、电力供应和电磁防护。

(2) 安全通信网络：针对通信网络提出的安全控制要求，主要对象为广域网、城域网和局域网等，涉及的安全控制点包括网络架构、通信传输和可信验证。

(3) 安全区域边界：针对网络边界提出的安全控制要求，主要对象为系统边界和区域边界等，涉及的安全控制点包括边界防护、访问控制、入侵防范、恶意代码防范、安全审计和可信验证。

(4) 安全计算环境：针对边界内部提出的安全控制要求，主要对象为边界内部的所有对象，包括网络设备、安全设备、服务器设备、终端设备、应用系统、数据对象和其他设备等，涉及的安全控制点包括身份鉴别、访问控制、安全审计、入侵防范、恶意代码防范、可信验证、数据完整性、数据保密性、数据备份与恢复、剩余信息保护和个人信息保护。

(5) 安全管理中心：针对整个系统提出的安全管理方面的技术控制要求。它是通过技术手段来实现集中管理的，涉及的安全控制点包括系统管理、审计管理、安全管理和集中管控。

(6) 安全管理制度：针对整个管理制度体系提出的安全控制要求，涉及的安全控制点包括安全策略、管理制度、制定和发布以及评审和修订。

(7) 安全管理机构：针对整个管理组织架构提出的安全控制要求，涉及的安全控制点包括岗位设置、人员配备、授权和审批、沟通和合作以及审核和检查。

(8) 安全管理人员：针对人员管理提出的安全控制要求，涉及的安全控制点包括人员录用、人员离岗、安全意识教育和培训以及外部人员访问管理。

(9) 安全建设管理：针对安全建设过程提出的安全控制要求，涉及的安全控制点包括定级和备案、安全方案设计、安全产品采购和使用、自行软件开发、外包软件开发、工程实施、测试验收、系统交付、等级测评和服务供应商管理。

(10) 安全运维管理：针对安全运维过程提出的安全控制要求，涉及的安全控制点包括环境管理、资产管理、介质管理、设备维护管理、漏洞和风险管理、网络和系统安全管理、恶意代码防范管理、配置管理、密码管理、变更管理、备份与恢复管理、安全事件处置、应急预案管理和外包运维管理。

3. 安全扩展要求

《网络安全等级保护基本要求》中云计算安全扩展要求章节针对云计算的特点提出了特殊保护要求。云计算环境中主要增加的内容包括“基础设施的位置”“虚拟化安全保护”“镜像和快照保护”“云服务商选择”和“云计算环境管理”等。

移动互联安全扩展要求章节针对移动互联的特点提出了特殊保护要求。移动互联环境中主要增加的内容包括“无线接入点的物理位置”“移动终端管控”“移动应用管控”“移动应用软件采购”和“移动应用软件开发”等。

物联网安全扩展要求章节针对物联网的特点提出了特殊保护要求。物联网环境中主要增加的内容包括“感知节点的物理防护”“感知节点设备安全”“感知网关节点设备安全”“感知节点的管理”和“数据融合处理”等。

工业控制系统安全扩展要求章节针对工业控制系统的特点提出了特殊保护要求。工业控制系统中主要增加的内容包括“室外控制设备防护”“工业控制系统网络架构安全”“拨号使用控制”“无线使用控制”和“控制设备安全”等。

等保 2.0 安全标准充分体现了“一个中心，三重防护”的思想。“一个中心，三重防护”，就是针对安全管理中心和计算环境安全、区域边界安全、通信网络安全的安全合规进行方案设计，建立以计算环境安全为基础，以区域边界安全、通信网络安全为保障，以安全管理中心为核心的信息安全整体保障体系。

9.2　安全管理体系

在网络空间安全领域，我们常说“三分技术、七分管理”，足以见得管理的重要性。通过技术手段可获得的安全是有限的，更多的是通过管理和规程来保证安全。

信息安全确保信息的保密性、可用性和完整性。信息安全的管理通过信息安全策略、规程和指南的制定与采用来表达，然后应用到整个组织中所有与组织相关的个人，主要内容包括安全需求的发掘、安全管理目标的确定、安全管理体系的设计与实施、效果的评估、应急响应以及法律支撑等方面。

信息安全管理体系(Information Security Management System，ISMS)由策略、规程、指南和相关资源及活动组成，由组织集中管理，目的在于保护其信息资产。ISMS 是建立、实施、运行、监视、评审、维护和改进组织信息安全来实现业务目标的系统方法。它是基于风险评估和组织的风险接受程度，为有效地处置和管理风险而设计。分析信息资产保护要求，并按要求应用适当的控制来切实保护这些信息资产，有助于 ISMS

的成功实施(见 GB/T 29246—2017)。

2013 年 10 月，国际标准化组织 ISO 正式发布了 ISO/IEC 27001:2013，ISO 27001 是国际上具有代表性的 ISMS 标准，该标准是基于英国 BS7799 标准发展起来的。我国国家标准 GB/T 22080—2016/ISO/IEC 27001:2013《信息技术 安全技术 信息安全管理体系 要求》使用翻译法等同采用。国内的大型机构多数参照 ISO 27001 标准建立了内部的 ISMS，并通过了国际认证。

ISO 27001 标准基于 PDCA 管理模型详细说明了建立、实施、运行、监控、评价和改进 ISMS 的要求。PDCA 模型是基于持续改进的闭环管控模型，就是按照规划(Plan，P)、实施(Do，D)、检查(Check，C)、处置(Act，A)开展管理工作并且不断循环的一种主流管理模型。

(1) 规划：建立与组织总体战略、目标和方针保持一致的信息安全管理方针、目标、过程和规范，以管理信息安全风险。

(2) 实施：实施和运行信息安全管理体系的方针、控制措施、过程和规范。

(3) 检查：对照信息安全管理体系的方针、目标，对信息安全管理的有效性进行评价，并将结果报告管理者以供评审。

(4) 处置：基于对体系的内部审核和管理评价的结果，采取纠正和预防措施，以持续改进组织的信息安全管理体系。

安全可通过实现一组合适的控制来达到，包括策略、过程、规程、组织结构和软硬件功能。必要时，需要建立、实现、监视、评审和改进这些控制，以确保其满足组织特定的安全和业务目标。ISO 27001 标准附录 A 包括以下 14 个控制域。

(1) 信息安全策略：依据业务要求和相关法律法规，制定安全策略，为信息安全提供管理指导和支持。信息安全策略由管理者批准，并发布、传达给所有员工和外部相关方。应按计划的时间间隔或当重大变化发生时进行安全策略评审，以确保其持续的适宜性、充分性和有效性。

(2) 信息安全组织：建立一个管理框架，以启动和控制组织内信息安全的实现和运行，如划分信息安全的角色和责任、实现职责分离等。应采用相应的策略及其支持性的安全措施，确保移动设备远程工作及其使用的安全。

(3) 人力资源安全：任用前确保员工和合同方理解其责任，并适合其角色，任用中确保雇员和合同方知悉和实施他们的信息安全职责。在任用变更或终止过程中要保护组织的利益。

(4) 资产管理：识别组织资产并定义适当的保护责任。通过信息分级确保信息按照其对组织的重要程度受到适当水平的保护。对于介质，需要防止存储在介质中的信息遭受未授权的泄露、修改、移除或破坏。

(5) 访问控制：应基于业务和信息安全要求，建立访问控制策略，仅向用户提供他们已获专门授权使用的网络和网络服务的访问；确保授权用户对系统和服务的访问，并防止未授权的访问；应要求用户遵循组织在使用秘密鉴别信息时的惯例。

(6) 密码学：确保适当和有效地使用密码技术以保护信息的保密性、真实性和(或)完整性。

(7) 物理和环境安全：定义安全区域，防止对组织信息和信息处理设施的未授权物理访问、损坏和干扰，保护设备的安全，防止资产的丢失、损坏、失窃或危及资产安全以及组织活动的中断。

(8) 操作安全：确保正确、安全的运行信息处理设施；确保信息和信息处理设施防范恶意软件；利用备份防止数据丢失；利用日志记录事态并生成证据；确保运行系统的完整性；防止对技术脆弱性的利用；使审计活动对运行系统的影响最小化。

(9) 通信安全：确保网络中的信息及其支持性的信息处理设施得到保护，维护在组织内及与外部实体间传输信息的安全。

(10) 系统获取、开发和维护：确保信息安全是信息系统整个生命周期中的一个有机组成部分。确保信息安全在信息系统开发生命周期中得到设计和实现。确保用于测试的数据得到保护。

(11) 供应商关系：确保供应商可访问的组织资产得到保护。在供应商服务交付管理中，维护与供应商协议一致的信息安全和服务交付的商定级别。

(12) 安全事件管理：确保采用一致和有效的方法对信息安全事件进行管理，包括对安全事态、弱点的报告，安全事态的评估与决策，安全事件的响应，证据的收集等。

(13) 业务连续性管理的信息安全方面：组织应确定在不利情况(如危机或灾难)下，对信息安全及信息安全管理满足连续性的要求，应将信息安全连续性纳入组织业务连续性管理之中。信息处理设施应当实现冗余，以满足可用性要求。

(14) 符合性：符合法律和合同要求，避免违反与信息安全有关的法律、法规、规章或合同义务以及任何安全要求。应按计划的时间间隔或在重大变化发生时，对组织的信息安全管理方法及其实现(如信息安全的控制目标、控制、策略、过程和规程)进行独立评审。管理者应定期评审其责任范围内的信息处理和规程与适当的安全策略、标准和任何其他安全要求的符合性，应定期评审信息系统与组织的信息安全策略和标准的符合性。

国家标准 GB/T 22081—2016/ISO/IEC 27002:2013《信息技术　安全技术　信息安全控制实践指南》可作为组织基于 GB/T 22080 实现信息安全管理体系过程中选择控制时的参考。

9.3　风险管理

风险管理是组织管理活动的一部分，其管理的主要对象就是潜在的风险。风险是指某一有害事故发生的可能性与事故后果的组合，具有客观性、突发性和多样性，通常用风险发生的可能性和造成的影响两项指标来衡量。GB/T 23694—2013 / ISOGuide 73:2009《风险管理　术语》认为，风险管理是由一系列的活动所组成的，这些活动包括标识、评价和处理以及可能影响组织正常运行事件的整个过程。风险管理是指管理组织通过对风险的认识、衡量和分析，以最小的成本取得最大控制风险效果的一种管理方法。

2007 年，《信息安全技术　信息安全风险评估规范》(GB/T 20984—2007)正式颁布。依据该标准，2009 年，制定完成上位指导标准《信息安全技术　信息安全风险管理指南》(GB/Z 24364—2009)；2015 年，GB/T 20984—2007 的实施细则《信息安全技术　信息安全风险评估指南》(GB/T 31509—2015)正式发布；2016 年底，GB/T 31509—2015 的姊妹篇《信息安全技术 信息安全风险处理实施指南》(GB/T 33132—2016)正式发布。截至目前，我国信息安全风险管理标准体系基本搭建完成。

9.3.1 风险管理内容

网络空间安全风险管理包括背景建立、风险评估、风险处理、批准监督、监控审查和沟通咨询六个方面的内容。背景建立、风险评估、风险处理和批准监督是风险管理的四个基本步骤，监控审查和沟通咨询则贯穿于四个基本步骤中，如图 9.3 所示。

(1) 背景建立：确定风险管理的对象和范围，确立实施风险管理的准备，进行相关信息的调查和分析。

(2) 风险评估：针对确立的风险管理对象所面临的风险进行识别、分析和评价。

(3) 风险处理：依据风险评估的结果，选择和实施合适的安全措施。

(4) 批准监督：机构的决策层依据风险评估和风险处理的结果是否满足信息系统的安全要求，作出是否认可风险管理活动的决定。

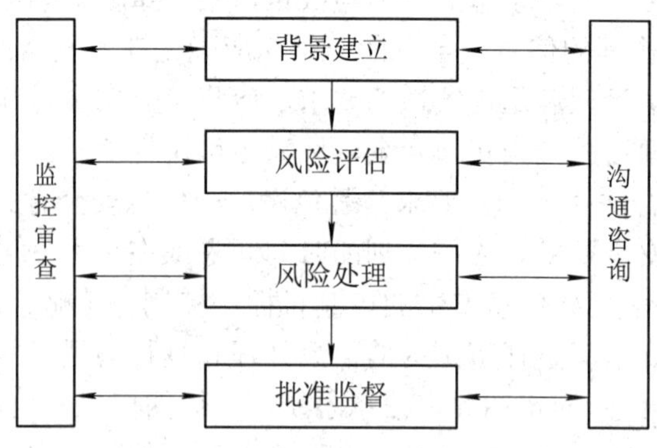

图 9.3 风险管理的四个基本步骤

当受保护系统的业务目标和特性发生变化或面临新的风险时，需要再次进入上述四个步骤，形成新的一次循环。监控审查对上述四个步骤进行监控和审查。监控是监视和控制上述四个步骤的过程有效性和成本有效性；审查是跟踪受保护系统自身或所处环境的变化，以保证上述四个步骤的结果有效性和符合性。沟通咨询为上述四个步骤的相关人员提供沟通和咨询。沟通是为上述过程参与人员提供交流途径，以保持相关人员之间的协调一致，共同实现安全目标。咨询是为上述过程所有相关人员提供学习途径，以提高人员的风险意识和知识，配合实现安全目标。背景建立、风险评估、风险处理、批准监督、监控审查、沟通咨询构成了一个螺旋式上升的循环，使得受保护系统在自身和环境的变化中能够不断应对新的安全需求和风险。

9.3.2 安全风险评估

2018 年 1 月形成《信息安全技术 信息安全风险评估规范(修订版)》(征求意见稿)，提交进行意见征集。遵照《网络安全法》的要求，“信息安全风险评估规范”中的有关术语被修订成网络空间安全风险评估、国家关键信息基础设施风险评估等相关术语。对标准评估对象进行调整，将原有的基于资产的评估方法，调整为基于国家安全战略、组织战略、单位核心业务保护的风险评估方法。GB/T 20984—2007 中风险评估要素为资产、威胁、脆弱性、安全措施、风险。这次修订风险评估要素变为业务、资产、威胁、脆弱性、安全措施和风险。增加了“业务”这个要素，由原来的基于资产的评估调整为基于业务保护的风险评估，体现了安全的终极目标是保障业务安全。对原有基于资产的评估流程和方法进行了修订，调整为基于国家或组织发展战略的风险评估方法，调整后的评估流程如图 9.4 所示。

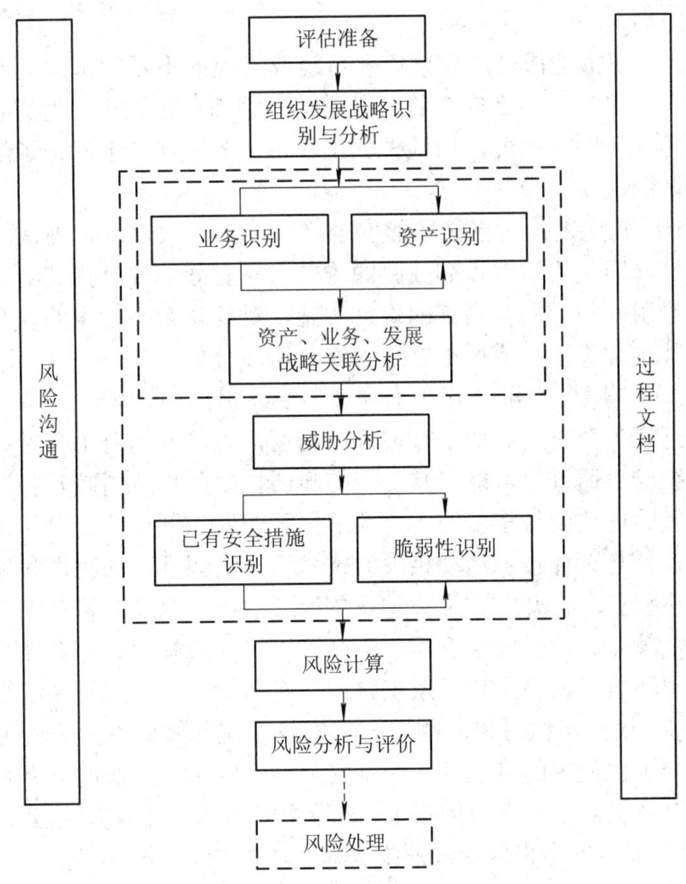

图 9.4　调整后的风险评估流程

(1) 评估准备：整个风险评估过程有效性的保证。组织实施风险评估是一种战略性的考虑，其结果将受到组织的业务战略、业务流程、安全需求、系统规模和结构等方面的影响。因此，在风险评估实施前，应做到以下几点：确定风险评估的目标；确定风险评估的范围；组建适当的评估管理与实施团队；进行系统调研；确定评估依据和方法；制订风险评估方案；获得最高管理者对风险评估工作的支持。

(2) 组织发展战略识别与分析：包括组织的属性与职能定位、发展目标、业务规划和竞争关系。

(3) 业务识别：包括业务的定位、业务关联性识别和业务完整性。业务识别是风险评估的关键环节。业务识别与战略识别关系紧密，相互补充。

(4) 资产识别：资产是对组织具有价值的信息或资源，是安全策略保护的对象。威胁、脆弱性以及风险都是针对业务、资产而客观存在的。因此，资产是风险评估的重要对象。不同价值的资产受到同等程度破坏时对组织造成的影响程度不同，资产价值是资产重要程度或敏感程度的表征。识别资产并评估资产价值是风险评估的一项重要内容。

(5) 资产、业务、发展战略关联分析：重点是战略对业务的依赖性分析、业务对资产的依赖性关系和资产三大属性(保密性、完整性、可用性)丧失对业务/战略影响的分析。

(6) 威胁分析：威胁是指可能导致危害系统或组织的不希望事故的潜在起因。威胁是一个客观存在，无论对于多么安全的信息系统，它都存在。正因为威胁的存在，组织和信息系统才会存在风险。因此，风险评估工作中，需全面、准确地了解组织和信息系统所面临的各种威胁。

(7) 已有安全措施识别：对已采取的安全措施及其有效性进行确认。安全措施的确认应分析其有效性，即是否能够抵御威胁的攻击。对有效的安全措施继续保持，以避免不必要的工作和费用，防止安全措施的重复实施，对确认为不适当的安全措施应核实是否需要取消或对其进行修正，或用更合适的安全措施替代。

(8) 脆弱性识别：脆弱性可能存在于物理环境、组织、过程、人员、管理、配置、硬件、软件和信息等各个方面，如没有被威胁利用，脆弱性本身不会对业务、资产造成损害。因此，组织一般通过尽可能消减资产的脆弱性来阻止或消减威胁造成的影响，所以脆弱性识别是风险评估中最重要的一个环节。脆弱性识别可从管理和技术两个方面进行，管理脆弱性包括与具体技术活动相关的技术管理脆弱性，如物理和环境、通信、运行、访问控制、系统获取、开发和维护、业务连续性等，以及与管理环境相关的组织管理脆弱性，如安全策略、信息安全组织、资产管理、人力资源、符合性等。技术脆弱性识别对象包括物理环境、网络结构、系统软件、应用中间件、应用系统等。

(9) 风险计算：根据组织已采取的安全措施及存在的脆弱性，分析可引发哪些安全事件，并计算安全事件发生的可能性，一旦安全事件发生，造成的损失有多大。根据安全事件的可能性以及安全事件造成的损失，选择相应的风险计算方法(公认算法或自创算法)实施风险计算，判断安全事件造成的损失对组织的影响，即安全风险值。

(10) 风险分析与评价：通过风险计算，应对风险情况进行综合分析与评价。风险分析是基于计算出的风险值确定风险等级。风险值越高，风险等级越高。风险等级一般可划分为五级：很高、高、中等、低、很低；也可根据项目实际情况确定风险的等级数，如划分为高、中、低三级。风险评价则是对组织或信息系统总体信息安全风险的评价。风险评价方法是根据组织或信息系统面临的各种风险等级，通过对不同等级的安全风险进行统计、分析，并依据各等级风险所占全部风险的百分比，确定总体风险状况。

(11) 风险处理：依据风险评估的结果，选择和实施合适的安全措施。其目的是根据组织可接受的处理成本将残余安全风险控制在可以接受的范围内。风险处理包括风险接受准则、风险处理计划、残余风险评估。风险处理基本原则是合规原则、有效原则、可控原则、最佳收益原则。风险处理的方式主要有风险降低、风险规避、风险转移和风险接受四种。这四种方式并不互相排斥，组织可以通过多种风险处理方式的合理组合充分获益。风险处理应该组建团队，分清角色，明确职责。风险处理的基本流程包括了三个阶段的工作，分别为风险处理准备阶段、风险处理实施阶段和风险处理效果评价阶段。

9.4　网络威胁情报管理

网络安全是攻击者和防御者之间的一种权衡较量，由于信息的不对称性，攻击者具有先下手为强的优势，而防御者往往处于被动的地位，威胁情报的诞生就源于攻防的这种不对等。随着黑客攻击的规模化、自动化、多样化、灵活化，传统的基于“已知”规则的检测与防御体系在遇到 0day、APT 等“未知”威胁时，完全无法感知和防御。网络威胁情报(Cyber Threat Intelligence，CTI)是传统形式下的安全情报以网络空间为载体的自然延伸，是网络上现有的或者曾经存在的安全威胁的一种信息。Gartner 机构在 2014 年发布的《安全威胁情报服务市场指南》中给出威胁情报的定义：“威胁情报是一种基于证据的知识，包括情境、机制、指标、影响和操作建议。威胁情报描述了现存的或者是即将出现的针对资产的威胁或危险，并可以用于通知主体针对相关威胁或危险采取某种响应”。威胁情报就是对组织产生潜在危害与直接危害的信息集合。这些信息能帮助组织研判当前发展现状与趋势，并可推算出所面对的威胁，然后由此制订决策。威胁情报的出现驱动了应急响应体系甚至是网络安全防御体系的转型，即从静态的、基于规则的被动防御，转变为动态的、自适应的主动防护体系。

1. 与网络威胁信息的比较

《网络安全威胁信息发布管理办法(征求意见稿)》对发布网络安全威胁信息有严格的规定。网络安全威胁信息包括：对可能威胁网络正常运行的行为，描述其意图、方法、工具、过程、结果等的信息，如计算机病毒、网络攻击、网络侵入、网络安全事件等；可能暴露网络脆弱性的信息，如系统漏洞，网络和信息系统存在风险、脆弱性的情况，网络的规划设计、拓扑结构、资产信息、软件源代码，单元或设备选型、配置、软件等的属性信息，网络安全风险评估、检测认证报告，安全防护计划和策略方案等。

发布的网络安全威胁信息不得包含下列内容：计算机病毒、木马、勒索软件等恶意程序的源代码和制作方法；专门用于从事侵入网络、干扰网络正常功能、破坏网络防护措施或窃取网络数据等危害网络活动的程序、工具；能够完整复现网络攻击、网络侵入过程的细节信息；数据泄露事件中泄露的数据内容本身；具体网络的规划设计、拓扑结构、资产信息、软件源代码，单元或设备选型、配置、软件等的属性信息；具体网络和信息系统的网络安全风险评估、检测认证报告，安全防护计划和策略方案；其他可能被直接用于危害网络正常运行的内容。

2014 年，FireEye 的 Bianco 在公开演讲中提出，所有事件(Facts)、机器采集的原始数据(Raw Data)、专家所作的相关分析(Epert Analysis)等，都可以被认为是有价值的威胁信息，可以用来进行集中过滤、处理，然后得到有价值的威胁情报。“网络威胁情报”与“网络威胁信息”的比较如表 9.2 所示。

表 9.2　“网络威胁情报”与“网络威胁信息”比较

类型	数据格式	数据来源	数据评估	数据可信度	是否可直接应用
威胁信息	原始数据且未经过滤	任意源	无	低	否
威胁情报	经处理后的分类数据	可信源	专业情报师进行评估与解释	高	是

威胁情报最大的价值在于帮助防守方了解他们的对手，包括对手的背景、思维方式、能力、动机、使用的攻击工具、攻击手法、攻击模式等。对对手了解得越多，就能越好地识别威胁，以便快速地作出响应。

2. 网络威胁情报分类

根据网络威胁情报应用场景的不同，可以将其分为三类：指导整体安全策略的战略级情报、以自动化检测分析为主的战术级情报、以安全响应分析为目的的运营级情报。其中，战略级情报比较宽泛抽象，多以报告、指南、框架文件等形式提供给高级管理者阅读，侧重安全态势的整体性描述，以辅助组织的安全战略决策。战术级情报则泛指机读情报的收集和输出，多以 IoCs(Indicators of Compromise)的形式输出，如某个木马的 C2(命令与控制)服务器 IP 地址、钓鱼网站的 URL 或某个黑客组织常用工具 hash 等，它们都是可机器阅读的情报，可以直接被设备使用，自动完成相应的安全响应。运营级情报是建立在对战术级情报进行多维分析之上而形成的更高维情报知识，如银行的哪些客户信息已经外泄并被利用于业务欺诈，某个 APT 攻击的杀伤链是怎么构成的等，主要用于制定针对性的整体防御、检测和响应策略。

3. 网络威胁情报共享

网络威胁情报共享作为网络安全威胁情报体系架构中的一项重要环节，对网络安全防御战略体系起着至关重要的作用。2018 年 10 月 10 日，我国正式发布了威胁情报的国家标准《信息安全技术　网络安全威胁信息格式规范》，该规范成为国内第一个关于威胁情报的相关标准。该规范给出一种描述网络安全威胁信息的结构化方法，其创建目的是实现各组织间网络安全威胁信息的共享和利用，并支持网络安全威胁管理和应用的自动化。目前，大多数威胁情报数据仍以非结构化方式共享，并且威胁情报质量通常很差。

网络威胁情报难以共享的主要原因有：一是技术要求高，需要专业操作才能完成共享过程；二是存在共享信任障碍和共享利益难分配的问题；三是从共享数据的角度考虑，存在敏感数据泄露和数据价值难评估等问题。

4. 网络威胁情报应用场景

(1) 攻击检测与防御。传统攻击检测和防御体系依赖静态、被动和孤立的已知签名和规则，无法有效应对当前以规模化、自动化、0day 高级持续性攻击为特征的各种复杂安全威胁。威胁情报是构筑“情报驱动的网络安全主动式防御”的关键，通过机读情报以订阅方式集成到现有的安全产品之中，能够实现与安全产品协同工作。威胁情报对已有的 IP/Domain/Hash 等信誉库进行了标准化的补充，可以让其更加有效地发挥作用，如在安全信息和事件管理(SIEM)、IDS 等产品中，可以有效地缩短平均检测时间。

(2) 事件监测与响应。当前的黑客攻击越来越规模化、自动化，从漏洞挖掘到规模化攻击的时间间隔正急剧减小，但客户不同组织间或同一组织内部的大多安全防护控制手段和技术设备是各自孤立的，无法在全网内共享。利用威胁情报了解攻击者，能更好地识别威胁，从而快速地作出响应。

(3) 攻击团伙追踪。还原攻击过程，通过威胁情报提供“证据”，攻击溯源到 APT 组织。

(4) 基于情报驱动的漏洞管理。结合威胁情报，可以快速定位影响资产安全的关键风险点。当漏洞情报被披露时，结合组织的资产信息来分析漏洞对整个业务的影响，提前修复关键漏洞。

(5) 安全态势感知。网络威胁情报主要是利用大数据、分布式系统等收集方法获取，具有很强的自主更新能力，能够提供最全、最新的安全事件数据，提高网络安全态势感知中对新型和高级别危险的察觉能力。通过网络威胁情报共享机制，可使安全管理员对行业面临的威胁处境、攻击者类型、攻击技术及防御策略信息有更加深入的了解，对企业正在经历或潜在的威胁进行有效防御，提高态势感知分析的准确率与效率，以及对安全事件的响应能力。

9.5　网络安全事件管理

9.5.1　网络安全事件概述

1. 网络安全事件概念

随着网络信息系统在政治、军事、金融、商业、文教等方面发挥的作用越来越大，社会对网络信息系统的依赖也日益增强。仅靠信息安全策略或控制不能保证信息、信息系统、服务或网络得到完全保护。若组织对可能发生的网络安全事件未做好充分准备，将使响应的效果变差并增加业务的潜在负面影响。因此，对于任何期望具有强健网络安全计划的组织，采用结构化和有计划的方法来管理安全事件十分必要。GB/T 20985.1—2017/ISO/IEC 27035-1:2016《信息技术　安全技术　信息安全事件管理　第 1 部分：事件管理原理》给出了信息安全事件管理的基本概念和阶段，以及如何改进事件管理。

网络安全事件(Cybersecurity Incident)是指由于人为原因、软硬件缺陷或故障、自然灾害等，对网络和信息系统或者其中的数据和业务应用造成危害，对国家、社会、经济造成负面影响的事件。网络安全事件管理的主要目标是避免或遏制网络安全事件的影响，以尽可能减少事件造成的直接或间接损害。

2. 网络安全事件分类

网络安全事件可以是故意、过失或非人为原因引起的。可通过综合考虑网络安全事件的起因、表现、结果等，来对信息安全事件进行分类。网络安全事件可分为有害程序事件、网络攻击事件、信息破坏事件、信息内容安全事件、设备设施故障、灾害性事件和其他网络安全事件 7 类。

(1) 有害程序事件，包括计算机病毒事件、蠕虫事件、特洛伊木马事件、僵尸网络事件、混合攻击程序事件(如兼有病毒、蠕虫、木马特征的有害程序)、网页内嵌恶意代码事件和其他有害程序事件等。

(2) 网络攻击事件，包括拒绝服务攻击事件、后门攻击事件、漏洞攻击事件、网络扫描窃听事件、网络钓鱼事件、干扰事件和其他网络攻击事件等。

(3) 信息破坏事件，包括信息篡改事件、信息假冒事件、信息泄露事件、信息窃取事件、信息丢失事件和其他信息破坏事件等。

(4) 信息内容安全事件，包括违反宪法和法律、行政法规的事件；针对社会事项进行讨论、评论，形成网上敏感的舆论热点，出现一定规模炒作的事件；组织串连、煽动集会游行的事件；其他信息内容安全事件等。

(5) 设备设施故障，包括软硬件自身故障、外围保障设施故障、人为破坏事故和其他设备设施故障等。

(6) 灾害性事件，包括水灾、台风、地震、雷击、坍塌、火灾、恐怖袭击、战争等导致的信息安全事件。

(7) 其他网络安全事件，是指不能归为以上 6 个基本分类的网络安全事件。

3. 网络安全事件分级

对网络安全事件的分级主要考虑三个要素：信息系统的重要程度、系统损失和社会影响。

根据网络安全分级考虑要素，将网络安全事件分为四级：特别重大网络安全事件、重大网络安全事件、较大网络安全事件、一般网络安全事件。

(1) 符合下列情形之一的，为特别重大网络安全事件：重要网络和信息系统遭受特别严重的损失，造成系统大面积瘫痪，丧失业务处理能力；国家秘密信息、重要敏感信息和关键数据丢失或被窃取、篡改、假冒，对国家安全和社会稳定构成特别严重威胁；其他对国家安全、社会秩序、经济建设和公众利益构成特别严重威胁、造成特别严重影响的网络安全事件。

(2) 符合下列情形之一且未达到特别重大网络安全事件的，为重大网络安全事件：重要网络和信息系统遭受严重的系统损失，造成系统长时间中断或局部瘫痪，业务处理能力受到极大影响；国家秘密信息、重要敏感信息和关键数据丢失或被窃取、篡改、假冒，对国家安全和社会稳定构成严重威胁；其他对国家安全、社会秩序、经济建设和公众利益构成严重威胁、造成严重影响的网络安全事件。

(3) 符合下列情形之一且未达到重大网络安全事件的，为较大网络安全事件：重要网络和信息系统遭受较大的系统损失，造成系统中断，明显影响系统效率，业务处理能力受到影响；国家秘密信息、重要敏感信息和关键数据丢失或被窃取、篡改、假冒，对国家安全和社会稳定构成较严重威胁；其他对国家安全、社会秩序、经济建设和公众利益构成较严重威胁、造成较严重影响的网络安全事件。

(4) 除上述情形外，对国家安全、社会秩序、经济建设和公众利益构成一定威胁、造成一定影响的网络安全事件，为一般网络安全事件。

4. 网络安全事件管理体系

应急管理的“一案三制”体系是具有中国特色的应急管理体系。“一案”为国家突发公共事件应急预案体系，“三制”为应急管理体制、运行机制和法制。

目前，我国已经基本形成以“一案三制”为核心的网络安全事件应急管理体系。

(1) 我国已制定各级各类网络安全事件应急预案，基本形成覆盖范围较广的应急预案体系，并开展培训和演练。

(2) 基本建立了统一领导、综合协调、谁主管谁负责、谁运营谁负责、全社会参与的网络安全应急管理体制。

(3) 逐步形成了“统一指挥、反应灵敏、协调有序、运转高效”的运行机制。网络安全事件的信息共享机制、事件研判机制、跨部门协同机制逐步完善。

(4) 网络安全应急管理法制建设得到加强。

9.5.2 网络安全事件管理的五个阶段

为实现网络安全事件管理目标，GB/T 20985.1—2017 将网络安全事件管理分为五个阶段：规划和准备、发现和报告、评估和决策、响应、经验总结。

1. 规划和准备

有效的网络安全事件管理需要进行适当的规划和准备。这些准备活动包括：制定和发布网络安全事件管理策略并获得最高管理者的承诺；更新安全策略；制订包括沟通和信息披露等方面在内的安全事件管理计划；建立事件响应小组；建立与内部和外部组织的关系和联络；获得技术及其他方面(包括组织和运行方面)的支持；进行网络安全事件管理的意识教育和培训；进行网络安全事件管理计划的测试。

2. 发现和报告

通过人工或自动手段发现安全事态的发生和安全脆弱性的存在，收集相关信息并报告。其关键活动包括：从本地环境、外部数据源和新闻报道收集态势感知信息；监视系统和网络；发现异常、可疑或恶意活动并报警；从使用方、供应商和其他事件响应小组或安全组织以及自动传感器等收集安全事态报告；报告安全事态，并保持安全数据库处于最新状态。

3. 评估和决策

第三阶段是对网络安全事态发生的相关信息进行评估，并判断是否将事态归为网络安全事件。其关键活动包括：收集信息，包括网络安全事态发现时采集到的测试、测量数据和其他数据；评估该事态是网络安全事件还是一次误报；确保所有参与方，特别是事件响应小组正确地记录了所有活动、结果和相关决策，以便后续分析；保持安全数据库处于最新状态。

4. 响应

第四阶段，按照在评估和决策阶段所决定的行动响应信息安全事件。响应可能是立即的、实时的或接近实时的，并且一些响应可能包含网络安全调查。其关键活动包括：通过调查判断网络安全事件是否在可控范围内；遏制和根除网络安全事件；从安全事件中的恢复；一旦事件得到解决，按照事件响应小组或上级组织的要求关闭该事件处理，并通知所有利益相关者。

5. 经验总结

这个阶段是从事件(和脆弱性)如何得到处理中汲取经验教训。其关键活动包括：经验教训的总结；网络安全的总结和改进；安全风险评估和管理评审结果的总结和改进；安全事件管理计划的总结和改进；事件响应小组表现和有效性的评价。

9.5.3 应急预案

1. 安全事件应急预案概念

安全事件应急预案就是安全事件应急计划，是指针对可能发生的安全事件，为迅速、有序地开展应急行动而预先制定的行动方案。网络安全事件应急预案是安全管理制度的一个重要部分。要想有效应对突发的网络安全事件，做好预案工作是非常重要的。事件发生前有预案，一旦发生安全事件，就可以触发相应的预案处理程序，在最短的时间内恢复正常的网络服务，力求把安全事件的损失降到最低。网络安全防护与应急预案建设是营造健康网络环境的保障。

1) 国家网络安全事件应急预案

中央网信办发布的《国家网络安全事件应急预案》兼顾了管理和处置要求，明确了中央和国家各部门、各省(区、市)网信部门在网络安全事件预防、监测、报告和应急处置工作中的职责，提出了特别重大网络安全事件的应急响应流程，是国家网络安全事件应急预案体系的总纲，为各级部门制定相应级别网络安全应急预案提供了指导和参照。

2) 行业、地方网络安全应急预案

《中华人民共和国网络安全法》明确指出，“网络运营者应当制定网络安全事件应急预案，及时处置系统漏洞、计算机病毒、网络攻击、网络侵入等安全风险；负责关键信息基础设施安全保护工作的部门应当制定本行业、本领域的网络安全事件应急预案，并定期组织演练。”同时，根据《国家网络安全事件应急预案》要求，各地区、各部门、各单位需制定或修订本地区、本部门、本行业的网络安全事件应急预案，在事件分级上与国家预案一致，在事件报告、指挥机构、处置流程上与国家预案有效衔接，以形成国家网络安全事件应急预案体系。因此，各地区、各部门的预案都要在国家级的网络安全应急预案的总体框架下分别制定或修订。行业、地方网络安全应急预案主要包括：中央国家机关应急预案、行业部门应急预案、地方应急预案、企事业单位应急预案、专项应急预案。

应急预案可以协调各部门的行动，缩短沟通时间，因为事件发生后，每分钟、每秒钟的耽误都可能导致很大的损失。应急预案并不是万能的，有了应急预案也不能保证事件处理过程中万无一失或零损失，但是至少可以减少事件发生时的慌乱、毫无头绪和措手不及等现象的发生。

2. 等保 2.0 中对应急预案管理的要求

GB/T 22239—2019《信息安全技术　网络安全等级保护基本要求》对应急预案管理

进行了规定，第三级安全要求包括：

(1) 应规定统一的应急预案框架，包括启动预案的条件、应急组织构成、应急资源保障、事后教育和培训等内容；

(2) 应制定重要事件的应急预案，包括应急处理流程、系统恢复流程等内容；

(3) 应定期对系统相关的人员进行应急预案培训，并进行应急预案的演练；

(4) 应定期对原有的应急预案重新评估，修订完善。

第四级安全要求在第三级的基础上增加了一条：

(5) 应建立重大安全事件的跨单位联合应急预案，并进行应急预案的演练。

3. 国家网络安全事件应急预案

2017 年中央网信办印发《国家网络安全事件应急预案》主要内容包括：组织机构和职责(明确责任、组织保障)；监测与预警(预警分级、预警监测、预警研判和发布、预警响应、预警解除)；应急处置(事件报告、应急响应、应急结束)；调查与评估(调查处理、总结评估)；预防工作(日常管理、演练、宣传、培训、重要活动期间的预防措施)；保障措施(机构和人员、技术支撑队伍、专家队伍、社会资源、基础平台、技术研发和产业促进、国际合作、物资保障、经费保障、责任与奖惩)。

9.5.4 应急演练

建立网络安全事件应急工作机制、开展应急演练是减少和预防网络安全事件造成损失和危害的重要保证。为规范和指导网络安全事件应急演练工作，我国制定了 GB/T 38645—2020《信息安全技术　网络安全事件应急演练指南》。

网络安全事件应急演练是指有关政府部门、企事业单位、社会团体组织相关人员，针对设定的突发事件模拟情景，按照应急预案所规定的职责和程序，在特定的时间和地域，开展应急处置的活动。

应急演练的目的是检验预案、完善准备、锻炼队伍、磨合机制、宣传教育。应急演练的原则是结合实际、贴合实战、提高实效、保证安全、统筹规划。

按照应急演练的组织形式、内容、目的和作用的不同，应急演练形式可以从多个维度进行划分：按照应急演练的组织形式，分为桌面推演、模拟演练、实操演练；按照应急演练的内容，分为专项演练、综合演练；按照应急演练的目的和作用，分为检验性演练、示范性演练、研究性演练；其他演练形式，不同维度的演练相互组合，可以形成专项桌面推演、综合性桌面推演、专项实操演练、综合性实操演练、专项示范演练、综合性示范演练等常用演练形式。

有关组织根据实际情况，依据相关法律法规、应急预案的规定和管理部门的要求，对一定时期内各类应急演练活动作出总体规划，包括应急演练的频次、规模、形式、时间、地点、预算等。一般以一年为一个周期制定演练规划。

应急演练组织架构包括管理部门、指挥机构和参演机构。根据事件等级、演练规模、演练目的、演练形式等，组织机构可对相关机构人员和职责进行归并等调整，按实际情况进行相应组织细分。

应急演练实施过程包括准备阶段、实施阶段、评估与总结阶段、成果运用阶段。

1. 准备阶段

(1) 制定演练计划。应急指挥机构根据应急演练规划和应急预案制定演练计划，明确演练目的，分析演练要求，确定演练范围，起草日程计划，编制演练经费预算。

(2) 制定演练方案。制定演练方案包括编制工作方案、编制保障方案、编制评估方案、编写演练脚本。

(3) 评审与修订演练方案。对演练方案进行评审，确定演练方案科学可行，以确保应急演练工作的顺利进行。对涉密或不宜公开的演练内容，宜制订保密措施。

(4) 应急演练保障。应急演练保障包括人员保障、经费保障、场地保障、基础设施保障、通信保障、技术保障、安全保障、保障检查。

(5) 演练动员与培训。在演练开始前宜组织演练动员和培训，确保所有参演人员已熟练掌握演练规则、演练情景，明确各自在演练中的职责分工。

(6) 应急演练预演。为保证正式应急演练效果，宜在前期培训的基础上，在演练正式开始前安排一次或多次预演，为演练的成功举行奠定基础。

2. 实施阶段

(1) 演练启动。检查演练各环节准备到位后，由管理部门派员或指挥机构宣布演练开始，启动演练活动。对演练实施全过程的指挥控制，随时掌握演练进展情况，按照演练方案要求向指挥机构报告安全事件的发现及处置进展情况。视情对演练过程进行解说。

(2) 安全事件模拟。演练实施过程中，根据演练指令，按照演练方案开展安全事件模拟。安全事件模拟分为现象模拟(通过可控的方法复现出安全事件在设备、网络、服务等方面表现出的现象)和机理模拟(在演练场景中通过可控的方式真实触发安全事件)。

(3) 演练执行。安全事件演练执行具体步骤分为监测预警、事件研判、事件通告、事件处置、系统确认五个阶段。

(4) 演练记录。演练实施过程中，评估人员按照演练方案采用文字、脚本、照片和音像等手段开展评估素材采集，尽可能全方位反映演练实施过程。

(5) 演练结束与终止。网络安全事件处置结束后，指挥机构宣布演练执行过程结束，所有人员停止应急处置活动。在确认参演系统恢复正常后，指挥机构作简短总结，宣布演练实施阶段结束，并对演练过程进行点评。

3. 评估与总结阶段

(1) 演练评估。分析演练记录及相关资料，对演练活动及组织过程作出客观评价，编写演练评估报告。

(2) 演练总结。根据演练记录、演练评估、演练方案等材料，对演练进行系统和全面的总结，并形成演练总结报告。参演机构可对本单位的演练情况进行总结。

(3) 文件归档与备案。将演练计划、演练方案、演练评估报告、演练总结报告等资料归档保存。对于由管理部门布置或参与的演练，或者法律、法规、规章要求备案的演练，宜将相关资料报有关部门备案。

(4) 考核与奖惩。对演练参与人员进行考核。对在演练中表现突出的工作组和个人，可给予表彰和奖励；对不按要求参加演练，或影响演练正常开展的个人，可给予相应批评。

4. 成果运用阶段

(1) 改善提升。指挥机构宜根据演练评估报告、演练总结报告提出的问题和建议对应急处置工作进行持续改进。指挥机构宜制订整改计划，明确整改目标，确定整改措施，落实整改资金。

(2) 监督整改。指挥机构宜指派专人监督检查整改计划执行情况，确保演练评估报告、演练总结报告提出的问题和建议得到及时整改。

9.5.5 应急响应

1. 应急响应概述

应急响应(Emergency Response)是指组织为预防、监控、处置和管理应急事件所采取的措施和活动。有时响应(Response)也用处置(Handling)来代替。1988 年，美国组建了第一个计算机应急响应小组 US-CERT(United States Computer Emergency Readiness Team)，其宗旨是通过响应重大安全事件、分析威胁、开展关键信息交换的国际合作，维护美国的网络空间安全。在此之后，世界范围内各级响应小组纷纷成立，中国国家计算机网络应急技术处理协调中心(CNCERT/CC)成立于 2001 年 8 月，是中国计算机网络应急处理体系中的牵头单位。作为国家级应急中心，CNCERT 的主要职责是：按照“积极预防、及时发现、快速响应、力保恢复”的方针，开展互联网网络安全事件的预防、发现、预警和协调处置等工作，维护公共互联网安全，保障关键信息基础设施的安全运行。

由于应急响应组之间不仅存在语言、时区及性质的差异，而且面向不同的用户群体，属于不同的国家或组织，他们之间的交流与合作存在着极大的困难。国际网络安全应急响应体系由各国的网络安全应急响应组织共同协调工作组成，成立了事件响应与安全小组论坛(Forum of Incident Response and Security Teams，FIRST)，主要具有以下职能：威胁和事件发现、预警通报、应急处置、信息共享、人才培养和意识提升。

2. 应急响应 PDCERF 模型

1987 年，美国宾夕法尼亚匹兹堡软件工程研究所提出了 PDCERF 模型，该模型将应急响应分成准备(Preparation)、检测(Detection)、遏制(Containment)、根除(Eradication 或 Erase)、恢复(Recovery)、后续跟踪(Follow-up)六个阶段的工作，并根据网络安全应急响应总体策略对每个阶段定义适当的目的，明确响应顺序和过程。

1) 准备阶段

此阶段以预防为主。由于安全事件的处理大多是复杂而且费时的，在安全事件发生之前做好各方面的准备工作是非常重要的。其主要工作涉及识别组织的风险，建立安全政策，建立协作体系和应急制度；按照安全政策配置安全设备和软件，为应急响应与恢复做好准备；实施网络安全措施，如风险分析、打补丁；如有条件且得到许可，建立监控设施，建立数据汇总分析的体系；制定能够实现应急响应目标的策略和规程，建立信息沟通渠道；建立能够集合起来处理突发事件的体系。

2) 检测阶段

从操作的角度来讲，事件响应过程中所有的动作都依赖于检测。检测阶段主要是检测事件是已经发生还是在进行中，以及事件产生的原因和性质，确定事件性质和影响的严重程度，预计采用什么样的专用资源来修复；选择检测工具，分析异常现象，提高系统或网络行为的监控级别；估计安全事件的范围。通过汇总，确定是否发生了全网的大规模事件；确定应急等级，决定启动哪一级应急方案。

3) 遏制阶段

遏制是短期的行动，针对当前的事件及时采取行动，防止进一步的损失。遏制阶段的主要任务是限制攻击/破坏所波及的范围，同时也是限制潜在的损失。所有的遏制活动都是建立在能正确检测事件的基础上，遏制活动必须结合检测阶段发现的安全事件的现象、性质、范围等属性，制定并实施正确的遏制策略。

4) 根除阶段

根除的目的是消除事件的起因。根除阶段的主要任务是通过事件分析找出根源并彻底根除，以避免攻击者再次使用相同手段攻击系统，引发安全事件；并加强宣传，公布危害性和解决办法，呼吁用户解决终端问题；加强监测工作，发现和清理行业与重点部门问题。

5) 恢复阶段

恢复阶段的主要任务是把被破坏的信息彻底地还原到正常运作状态。一般来说，要成功地恢复被破坏的系统，需要维护干净的备份系统。编制并维护系统恢复的操作手册，在系统重装后对系统进行全面的安全加固。

6) 后续跟踪阶段

后续跟踪阶段的主要任务是回顾并整合应急响应过程的相关信息，进行事后分析总结，修订安全计划、政策、程序并进行训练以防止再次入侵，如果需要，参与调查和起诉。总结有助于事件处理人员吸取教训，提高他们的技能，以应付将来发生的同样的场景；总结还有助于提高安全事件应急响应组的工作能力；总结出的任何经验教训都可以当作响应组新成员的培训内容；总结能够收集到的法律行动中有用的信息。由于事件处理人员在事件恢复后往往很疲劳，总结往往是最有可能被忽略的阶段，如果这一步被忽略，事件响应工作是不成功的。

3. 等保 2.0 中对安全事件处置的要求

GB/T 22239—2019《信息安全技术　网络安全等级保护基本要求》对安全事件处置进行了规定，第三级安全要求包括：

(1) 应及时向安全管理部门报告所发现的安全弱点和可疑事件；

(2) 应制定安全事件报告和处置管理制度，明确不同安全事件的报告、处置和响应流程，规定安全事件的现场处理、事件报告和后期恢复的管理职责等；

(3) 应在安全事件报告和响应处理过程中分析和鉴定事件产生的原因，收集证据，记录处理过程，总结经验教训；

(4) 对造成系统中断和造成信息泄露的重大安全事件应采用不同的处理程序和报告程序。

第四级安全要求在第三级的基础上增加了一条：

(5) 应建立联合防护和应急机制，负责处置跨单位安全事件。

习　题　九

1. 根据《网络安全法》的规定，国家实行网络安全(　　)保护制度。

A. 等级　　B. 分层　　C. 结构　　D. 行政级别

2. 根据《中华人民共和国保守国家秘密法》规定，国家秘密包括 3 个级别，它们是(　　)。

A. 一般秘密、秘密、绝密　　B. 秘密、机密、绝密

C. 秘密、机密、高级机密　　D. 机密、高级机密、绝密

3. 安全应急响应是指一个组织为了应对各种安全意外事件的发生所采取的防范措施，既包括预防性措施，又包括事件发生后的应对措施。应急响应方法和过程并不是唯一的，通常应急响应管理过程为(　　)。

A. 准备、检测、遏制、根除、恢复和后续跟踪

B. 准备、检测、遏制、根除、后续跟踪和恢复

C. 准备、检测、遏制、后续跟踪、恢复和根除

D. 准备、检测、遏制、恢复、后续跟踪和根除

第 10 章　网络空间安全法律法规与网络伦理

10.1　我国网络空间安全立法现状

随着网络信息技术快速发展应用，网络安全形势日趋复杂严峻，网络空间法治化是网络安全的重要保障，有法可依是依法治网的前提。

我国于 1994 年 2 月 18 日颁布第一部有关信息网络安全的法律文件——《中华人民共和国计算机信息系统安全保护条例》(国务院第 147 号)。2000 年我国公布实施了《互联网信息服务管理办法》(2011 年修订)，该法一直是我国网络信息服务管理的基础性法规，对网络安全监管起着积极作用。2000 年 11 月 6 日，信息产业部出台了《互联网电子公告服务管理规定》，同日，国务院新闻办公室和信息产业部出台了《互联网站从事登载新闻业务暂行管理规定》，这“两规定一办法”构成了我国网络发展初期的内容监管法规框架。之后，各部门开始重视参与网络信息治理，《电子签名法》推动了电子商务发展，《全国人民代表大会常务委员会关于维护互联网安全的决定》强调网络安全。伴随着信息网络技术的发展，我国在网络空间安全领域的法制建设工作不断进步，相关法律、法规体系不断完善，形成了法律、行政法规、部门规章、其他规范性文件等不同位阶网络空间安全相关规制。

2016 年发布了与网络空间安全直接相关的《中华人民共和国网络安全法》。该法定义了何为网络安全，并分章规定了网络运行安全和网络信息安全的保障措施、监测预警、应急处置和法律责任，是我国网络空间安全领域立法的一大进步。配套法律法规主要包括网络安全等级保护条例(目前为征集意见稿)、关键信息基础设施安全保护条例(2021 年 9 月 1 日起施行)、未成年人网络保护条例(送审稿)、云计算和大数据服务条例、工业控制系统安全保护条例等。

除了《网络安全法》，涉及个人信息保护的还有《宪法》《刑法》《全国人大常委会关于加强网络信息保护的决定》《民法典》《个人信息保护法》等。例如，《宪法》在第二章“公民的基本权利和义务”第四十条规定了公民的通信自由和通信秘密权；2009 年刑法修正案(七)增加两个罪名，“侵犯公民个人信息罪和非法获取公民个人信息罪”；2015 年刑法修正案(九)继续对上述犯罪进行了补充修订。2020 年 5 月 28 日通过的《民法典》第六章专门列出了隐私权和个人信息保护。《个人信息保护法》自 2021 年 11 月 1 日起施行，涉及个人信息处理的基本原则、协调个人信息保护与促进信息自由流动的关系、关于敏感个人信息问题、行业自律机制、信息主体权利、跨境信息交流等问题。

《中华人民共和国数据安全法》自 2021 年 9 月 1 日起施行。在安全法体系内，《数据安全法》与《国家安全法》《网络安全法》属于同一层级并行的法律，分别规范数据安全、主权安全、网络安全。凡是与数据或信息安全有关的规范，均应纳入《数据安全法》中。

《网络安全审查办法》2020 年 6 月 1 日起实施。2021 年 7 月 2 日晚，中国网信网发布《网络安全审查办公室关于对“滴滴出行”启动网络安全审查的公告》，是《网络安全审查办法》实施以来的第一案。2021 年 7 月 10 日，国家互联网信息办公室发布关于《网络安全审查办法(修订草案征求意见稿)》公开征求意见的通知。第一条是“为了确保关键信息基础设施供应链安全，维护国家安全，依据《中华人民共和国国家安全法》《中华人民共和国网络安全法》，制定本办法”。第二条规定关键信息基础设施运营者采购网络产品和服务，影响或可能影响国家安全的，应当按照本办法进行网络安全审查。

为了规范密码应用和管理，促进密码事业发展，保障网络与信息安全，维护国家安全和社会公共利益，保护公民、法人和其他组织的合法权益，制定了《中华人民共和国密码法》，于 2020 年 1 月 1 日起施行。这是中国密码领域的综合性、基础性法律。

10.2　《刑法》有关计算机犯罪的法律条款

《刑法》关于计算机犯罪的相关法律条款包括第二百八十五条、第二百八十六条、第二百八十七条。

第二百八十五条【非法侵入计算机信息系统罪】违反国家规定，侵入国家事务、国防建设、尖端科学技术领域的计算机信息系统的，处三年以下有期徒刑或者拘役。

【非法获取计算机信息系统数据、非法控制计算机信息系统罪】违反国家规定，侵入前款规定以外的计算机信息系统或者采用其他技术手段，获取该计算机信息系统中存储、处理或者传输的数据，或者对该计算机信息系统实施非法控制，情节严重的，处三年以下有期徒刑或者拘役，并处或者单处罚金；情节特别严重的，处三年以上七年以下有期徒刑，并处罚金。

【提供侵入、非法控制计算机信息系统程序、工具罪】提供专门用于侵入、非法控制计算机信息系统的程序、工具，或者明知他人实施侵入、非法控制计算机信息系统的违法犯罪行为而为其提供程序、工具，情节严重的，依照前款的规定处罚。

单位犯前三款罪的，对单位判处罚金，并对其直接负责的主管人员和其他直接责任人员，依照前款的规定处罚。

第二百八十六条【破坏计算机信息系统罪】违反国家规定，对计算机信息系统功能进行删除、修改、增加、干扰，造成计算机信息系统不能正常运行，后果严重的，处五年以下有期徒刑或者拘役；后果特别严重的，处五年以上有期徒刑。

违反国家规定，对计算机信息系统中存储、处理或者传输的数据和应用程序进行删除、修改、增加的操作，后果严重的，依照前款的规定处罚。

故意制作、传播计算机病毒等破坏性程序，影响计算机系统正常运行，后果严重的，依照第一款的规定处罚。

单位犯前三款罪的，对单位判处罚金，并对其直接负责的主管人员和其他直接责任人员，依照第一款的规定处罚。

第二百八十六条之一【拒不履行信息网络安全管理义务罪】网络服务提供者不履行法律、行政法规规定的信息网络安全管理义务，经监管部门责令采取改正措施而拒不改正，有下列情形之一的，处三年以下有期徒刑、拘役或者管制，并处或者单处罚金：

(一) 致使违法信息大量传播的；

(二) 致使用户信息泄露，造成严重后果的；

(三) 致使刑事案件证据灭失，情节严重的；

(四) 有其他严重情节的。

单位犯前款罪的，对单位判处罚金，并对其直接负责的主管人员和其他直接责任人员，依照前款的规定处罚。

有前两款行为，同时构成其他犯罪的，依照处罚较重的规定定罪处罚。

第二百八十七条【利用计算机实施犯罪的提示性规定】利用计算机实施金融诈骗、盗窃、贪污、挪用公款、窃取国家秘密或者其他犯罪的，依照本法有关规定定罪处罚。

第二百八十七条之一【非法利用信息网络罪】利用信息网络实施下列行为之一，情节严重的，处三年以下有期徒刑或者拘役，并处或者单处罚金：

(一) 设立用于实施诈骗、传授犯罪方法、制作或者销售违禁物品、管制物品等违法犯罪活动的网站、通讯群组的；

(二) 发布有关制作或者销售毒品、枪支、淫秽物品等违禁物品、管制物品或者其他违法犯罪信息的；

(三) 为实施诈骗等违法犯罪活动发布信息的。

单位犯前款罪的，对单位判处罚金，并对其直接负责的主管人员和其他直接责任人员，依照第一款的规定处罚。

有前两款行为，同时构成其他犯罪的，依照处罚较重的规定定罪处罚。

第二百八十七条之二【帮助信息网络犯罪活动罪】明知他人利用信息网络实施犯罪，为其犯罪提供互联网接入、服务器托管、网络存储、通讯传输等技术支持，或者提供广告推广、支付结算等帮助，情节严重的，处三年以下有期徒刑或者拘役，并处或者单处罚金。

单位犯前款罪的，对单位判处罚金，并对其直接负责的主管人员和其他直接责任人员，依照第一款的规定处罚。

有前两款行为，同时构成其他犯罪的，依照处罚较重的规定定罪处罚。

10.3　网络安全法

为保障网络安全，维护网络空间主权和国家安全、社会公共利益，保护公民、法人和其他组织的合法权益，促进经济社会信息化健康发展制定《中华人民共和国网络安全法》，自 2017 年 6 月 1 日起施行。作为我国网络安全领域的基础性法律，《网络安全法》是网络安全领域“依法治国”的重要体现。

《网络安全法》秉承了以下 3 项基本原则：

(1) 网络空间主权原则。第一条“立法目的”开宗明义，明确规定要维护我国网络空间主权。网络空间主权是一国国家主权在网络空间中的自然延伸和表现。习近平总书记指出，《联合国宪章》确立的主权平等原则是当代国际关系的基本准则，覆盖国与国交往的各个领域，其原则和精神也应该适用于网络空间。各国自主选择网络发展道路、网络管理模式、互联网公共政策和平等参与国际网络空间治理的权利应当得到尊重。第二条明确规定，《网络安全法》适用于我国境内建设、运营、维护和使用网络，以及网络安全的监督管理。这是我国网络空间主权对内最高管辖权的具体体现。

(2) 网络安全与信息化发展并重原则。习近平总书记指出，安全是发展的前提，发展是安全的保障，安全和发展要同步推进。网络安全和信息化是一体之两翼、驱动之双轮，必须统一谋划、统一部署、统一推进、统一实施。第三条明确规定，国家坚持网络安全与信息化并重，遵循积极利用、科学发展、依法管理、确保安全的方针，推进网络基础设施建设和互联互通，鼓励网络技术创新和应用，支持培养网络安全人才，建立健全网络安全保障体系，提高网络安全保护能力。

(3) 共同治理原则。网络空间安全需要政府、企业、社会组织、技术社群和公民等网络利益相关者的共同参与。《网络安全法》坚持共同治理原则，要求采取措施鼓励全社会共同参与。

《网络安全法》具有以下 6 个显著特征：

(1) 明确了网络空间主权的原则。没有网络安全就没有国家安全，没有网络主权就没有网络空间安全。网络主权原则是根植于《联合国宪章》和国家法理的基本准则。网络空间主权主要表现在三方面：一是对内的最高权，各国有权自主选择网络发展道路、网络管理模式、互联网公共政策；二是对外的独立权，各国有平等参与国际网络空间治理的权利；三是维护国家的网络安全，不搞网络霸权，不干涉他国内政，不从事、纵容或支持危害他国国家安全的网络活动。根据国家网络空间主权原则，国家不仅有权对其领土境内的关键基础设施、重要数据、网络空间活动和信息通信网络监管行使主权，也可依法对境外个人或组织对我国境内的网络破坏活动行使司法管辖权，即具有域外的效力。

(2) 明确了网络产品和服务提供者的安全义务。第二十二条明确规定，网络产品、服务应当符合相关国家标准的强制性要求。网络产品、服务的提供者不得设置恶意程序；发现其网络产品、服务存在安全缺陷、漏洞等风险时，应当立即采取补救措施，按照规定及时告知用户并向有关主管部门报告。网络产品、服务的提供者应当为其产品、服务持续提供安全维护；在规定或者当事人约定的期限内，不得终止提供安全维护。网络产品、服务具有收集用户信息功能的，其提供者应当向用户明示并取得同意；涉及用户个人信息的，还应当遵守本法和有关法律、行政法规关于个人信息保护的规定。

(3) 明确了网络运营者的安全义务。将原来散见于各种法规、规章中的规定上升到法律层面，对网络运营者等主体的法律义务和责任作了全面规定，确定了相关法定机构对网络安全的保护和监督职责，明确了网络运营者应履行的安全义务，平衡了涉及国家、企业和公民等多元主体的网络权利与义务，协调了政府管制和社会共治网络治理的关系，形成了以法律为根本治理基础的网络治理模式。

(4) 进一步完善了个人信息保护规则。明确运营者在收集个人信息时必须合法、正当、必要，收集应当与个人订立合同；个人信息一旦泄露、损坏、丢失，必须告知和报告，同时个人具有对其信息的删除权和更正权(删除权的两种情形：违反法律法规、约定的合同期限已满)。《网络安全法》首次给予个人信息交易一定的合法空间。

(5) 建立了关键信息基础设施安全保护制度。以立法的形式将国家主权范围内的关键信息基础设施列为国家重要基础性战略资源加以保护，已经成为各主权国家网络空间安全法治建设的核心内容和基本实践。《网络安全法》首次将关键信息基础设施安全保护制度以立法形式进行保护。

(6) 确立了关键信息基础设施重要数据跨境传输的规则。隶属于数据主权的概念，即数据本地化存储，通常是指主权国家通过制定法律或规则限制本国数据向境外流动。任何本国或者外国公司在采集和存储与个人信息和关键领域相关数据时，必须使用主权国家境内的服务器。第三十七条标志着中国正式开始基于网络主权原则对数据跨境传输进行法律限制。

为了更好地履行《网络安全法》，运营者需要建立对应制度，分别是网络安全等级保护制度，网络产品和服务采购制度，网络产品和服务的强制性准入制度，网络安全产品和关键设备的强制性认证和检测制度，网络安全风险评估制度，用户实名制度，网络安全监测预警和信息通报制度，网络安全事件应急预案制度，网络安全认证、监测、风险评估制度，关键信息基础设施运行安全保护制度，用户信息保护制度，合法侦查犯罪协助制度，关键信息基础设施重要数据境内留存制度，网络安全信息管理制度，网络信息安全投诉、举报制度。

《网络安全法》在第六章规定了详尽的法律责任，大致规定了 14 种惩罚手段，分别是约谈、断网、改正、警告、罚款、暂停相关业务、停业整顿、关闭网站、吊销相关业务许可证、吊销营业执照、拘留、职业禁入、民事责任、刑事责任。对网络运营者，根据违法行为的情形，主要的法律责任承担形式包括：责令改正、警告、罚款，责令暂停相关业务、停业整顿、关闭网站、吊销相关业务许可证或者吊销营业执照，对直接负责的主管人员进行罚款等；有关机关还可以把违法行为记录到信用档案。对于违反第二十七条的人员，法律还建立了职业禁入的制度。除了以上行政处罚外，网络运营者还应当承担违法行为所导致的民事责任和刑事责任。网络运营者如果因违反《网络安全法》的行为给他人造成损失的，该行为具有民事上的可诉性，网络运营者应当承担相应的民事责任。《网络安全法》为网络运营者设定了诸多的网络安全保护义务，如果由于不履行法律的规定而导致严重后果的，可能受到刑事的追诉，从而承担拒不履行信息网络安全管理义务罪的后果。

《网络安全法》提出制定网络安全战略，明确网络空间治理目标，提高了我国网络安全政策的透明度。对于国家来说，《网络安全法》涵盖了网络空间主权、关键信息基础设施的保护条例，有效维护了国家网络空间主权和安全；对于个人来说，其明确加强了对个人信息的保护，打击网络诈骗，从法律上保障了广大人民群众在网络空间的利益；对于企业来说，《网络安全法》则对如何强化网络安全管理、提高网络产品和服务的安全可控水平等提出了明确的要求，指导着网络产业的安全、有序运行。

10.4　数据安全法

为了规范数据处理活动，保障数据安全，促进数据开发利用，保护个人、组织的合法权益，维护国家主权、安全和发展利益，制定《中华人民共和国数据安全法》，自 2021 年 9 月 1 日起施行，适用于在中国境内开展数据活动的组织和个人。数据是指任何以电子或者非电子形式对信息的记录。数据处理包括数据的收集、存储、使用、加工、传输、提供、公开等。数据安全是指通过采取必要措施，确保数据处于有效保护和合法利用的状态，以及具备保障持续安全状态的能力。维护数据安全，应当坚持总体国家安全观，建立健全数据安全治理体系，提高数据安全保障能力。

国家统筹发展和安全，坚持保障数据安全与促进数据开发利用并重。省级以上人民政府应制定数字经济发展规划，进一步细化国家数据战略的执行主体。国家主管部门负责相关标准和体系的制定。国家促进数据安全检测评估、认证等服务的发展，支持专业机构依法开展服务。在人才培养方面，要采取多种方式培养数据开发利用技术和数据安全专业人才。在公共服务方面，应当充分考虑老年人、残疾人的需求，避免对老年人、残疾人的日常生活造成障碍。《数据安全法》包括以下要点：

1. 数据安全制度要点

(1) 分类分级：国家建立数据分类分级保护制度，对数据实行分类分级保护，并确定重要数据目录，加强对重要数据的保护。关系国家安全、国民经济命脉、重要民生、重大公共利益等的数据属于国家核心数据，实行更加严格的管理制度。

(2) 风险评估：要建立集中统一、高效权威的数据安全风险评估、报告、信息共享、监测预警机制，加强数据安全风险信息的获取、分析、研判、预警工作。

(3) 应急处置：要建立数据安全应急处置机制。

(4) 安全审查：要建立数据安全审查制度。

(5) 出口管制：对属于管制物项的数据依法实施出口管制，任何国家或者地区在与数据和数据开发利用技术等有关的投资、贸易等方面对中华人民共和国采取歧视性的禁止、限制或者其他类似措施的，可以根据实际情况对该国家或者地区采取对等措施。

2. 数据安全保护义务要点

(1) 管理制度：在网络安全等级保护制度的基础上，建立健全全流程数据安全管理制度，组织开展教育培训。重要数据的处理者应当明确数据安全负责人和管理机构，进一步落实数据安全保护责任主体。

(2) 风险监测：对出现的缺陷、漏洞等风险，要采取补救措施；发生数据安全事件，应当立即采取处置措施，并按规定上报。

(3) 风险评估：定期开展风险评估并上报风险评估报告。

(4) 数据收集：任何组织、个人收集数据必须采取合法、正当的方式，不得窃取或者以其他非法方式获取数据。

(5) 数据交易：数据服务商或交易机构，要提供并说明数据来源证据，要审核相关人员身份并留存记录。

(6) 经营备案：法律、行政法规规定提供数据处理相关服务应当取得行政许可的，服务提供者应当依法取得许可。

(7) 配合调查：要求依法配合公安、安全等部门进行犯罪调查。境外执法机构要调取存储在中国的数据，未经批准，不得提供。

(8) 特别的，对关键信息基础设施在境内运营中收集和产生的重要数据的出境安全管理，适用《网络安全法》的规定；其他数据处理者在境内运营中收集和产生的重要数据的出境安全管理办法，由国家网信部门会同国务院有关部门制定。

3. 工业和信息化领域数据安全管理办法

为贯彻落实《数据安全法》等法律法规，加快推动工业和信息化领域数据安全管理工作制度化、规范化，提升工业、电信行业数据安全保护能力，防范数据安全风险，2021年9月30日工业和信息化部公开征求对《工业和信息化领域数据安全管理办法(试行)(征求意见稿)》的意见。

工业和电信数据处理者应当坚持先分类后分级、定期梳理，根据行业要求、业务需求、数据来源和用途等因素对数据进行分类和标识，形成数据分类清单。数据分类类别包括但不限于研发数据、生产运行数据、管理数据、运维数据、业务服务数据、个人信息等。根据数据遭到篡改、破坏、泄露或者非法获取、非法利用、对国家安全、公共利益或者个人、组织合法权益等造成的危害程度，将工业和电信数据分为一般数据、重要数据和核心数据3级。

工业和信息化部建立工业和信息化领域重要数据和核心数据备案管理制度，统筹建设备案管理平台。

收集数据应当遵循合法、正当、必要的原则，不得窃取或者以其他非法方式收集数据。应当依据法律规定或者与用户约定的方式和期限存储数据。存储重要数据的，还应当采用校验技术、密码技术等措施进行安全存储，不得直接提供存储系统的公共信息网络访问，并实施数据容灾备份和存储介质安全管理。存储核心数据的，还应当实施异地容灾备份。未经个人、单位同意，不得使用数据挖掘、关联分析等技术手段针对特定主体进行精准画像、数据复原等加工处理活动。利用数据进行自动化决策的，应当保证决策的透明度和结果公平合理。使用、加工重要数据和核心数据的，还应当加强访问控制，建立登记、审批机制并留存记录。提供重要数据的，还应当采取数据脱敏等措施，建立审批机制。提供核心数据的，还应当通过国家数据安全工作协调机制审批。工业和电信数据处理者在中华人民共和国境内收集和产生的重要数据，应当依照法律、行政法规要求在境内存储，确需向境外提供的，应当依法依规进行数据出境安全评估，在确保安全的前提下进行数据出境，并加强对数据出境后的跟踪掌握。核心数据不得出境。

10.5 密码法

为了规范密码应用和管理，促进密码事业发展，保障网络与信息安全，维护国家安全和社会公共利益，保护公民、法人和其他组织的合法权益，制定《中华人民共和国密码法》，自 2020 年 1 月 1 日起施行。《密码法》是在总体国家安全观框架下，国家安全法律体系的重要组成部分，也是一部技术性、专业性较强的专门法律。作为一部密码领域综合性、基础性法律，密码法秉持以下 3 个原则：

(1) 明确对核心密码、普通密码与商用密码实行分类管理的原则。在核心密码、普通密码方面，深入贯彻总体国家安全观，将现行有效的基本制度、特殊管理政策及保障措施法治化；在商用密码方面，充分体现职能转变和“放管服”改革要求，明确公民、法人和其他组织均可依法使用。

(2) 注重把握职能转变和“放管服”要求与保障国家安全的平衡。在明确鼓励商用密码产业发展、突出标准引领作用的基础上，对涉及国家安全、国计民生、社会公共利益，列入网络关键设备和网络安全专用产品目录的产品以及关键信息基础设施的运营者采购等部分，规定了适度的管制措施。

(3) 注意处理好《密码法》与《网络安全法》《保守国家秘密法》等有关法律的关系。在商用密码管理和相应法律责任设定方面，与《网络安全法》的有关制度(如强制检测认证、安全性评估、国家安全审查等)作了衔接；同时，鉴于核心密码、普通密码属于国家秘密，在核心密码、普通密码的管理方面与《保守国家秘密法》作了衔接。

《密码法》共五章四十四条，重点规范了以下内容：第一章为总则部分，规定了本法的立法目的、密码工作的基本原则、领导和管理体制，以及密码发展促进和保障措施。第二章为核心密码、普通密码部分，规定了核心密码、普通密码使用要求、安全管理制度以及国家加强核心密码、普通密码工作的一系列特殊保障制度和措施。第三章为商用密码部分，规定了商用密码标准化制度、检测认证制度、市场准入管理制度、使用要求、进出口管理制度、电子政务电子认证服务管理制度以及商用密码事中事后监管制度。第四章为法律责任部分，规定了违反本法相关规定应当承担的相应的法律后果。第五章为附则部分，规定了国家密码管理部门的规章制定权，解放军和武警部队密码立法事宜以及本法的施行日期。

《保守国家秘密法》规定国家秘密的密级分为绝密、机密、秘密 3 级。《密码法》第二条规定，《密码法》中的密码是指“采用特定变换的方法对信息等进行加密保护、安全认证的技术、产品和服务”。第六条至第八条明确了密码的种类及其适用范围，规定核心密码用于保护国家绝密级、机密级、秘密级信息，普通密码用于保护国家机密级、秘密级信息，商用密码用于保护不属于国家秘密的信息。对密码实行分类管理，是党中央确定的密码管理根本原则，是保障密码安全的基本策略。

《密码法》第四条规定，要坚持党管密码的根本原则，依法确立密码工作领导体制，并明确中央密码工作领导机构即中央密码工作领导小组(国家密码管理委员会)对全国密码工作实行统一领导。第五条确立了国家、省、市、县四级密码工作管理体制。国家密码管理部门，即国家密码管理局，负责管理全国的密码工作；县级以上地方各级密码管理部门，即省、市、县级密码管理局，负责管理本行政区域的密码工作；国家机关和涉及密码工作的单位在其职责范围内负责本机关、本单位或者本系统的密码工作。

《密码法》第十三条至第二十条规定了核心密码、普通密码的主要管理制度。核心密码、普通密码用于保护国家秘密信息和涉密信息系统。密码管理部门依法对核心密码、普通密码实行严格统一管理，并规定了核心密码、普通密码使用要求，安全管理制度以及国家加强核心密码、普通密码工作的一系列特殊保障制度和措施。核心密码、普通密码本身就是国家秘密，有必要对核心密码、普通密码的科研、生产、服务、检测、装备、使用和销毁等各个环节实行严格统一管理，确保核心密码、普通密码的安全。

《密码法》第二十一条至第三十一条规定了商用密码的主要管理制度。商用密码广泛应用于国民经济发展和社会生产生活的方方面面，涵盖金融和通信、公安、税务、社保、交通、卫生健康、能源、电子政务等重要领域。《密码法》明确规定，国家鼓励商用密码技术的研究开发、学术交流、成果转化和推广应用，健全统一、开放、竞争、有序的商用密码市场体系，鼓励和促进商用密码产业发展。《密码法》规定了商用密码的主要管理制度，包括商用密码标准化制度、检测认证制度、市场准入管理制度、使用要求、进出口管理制度、电子政务电子认证服务管理制度以及商用密码事中事后监管制度。

对于核心密码、普通密码的使用，《密码法》第十四条要求在有线、无线通信中传递的国家秘密信息，以及存储、处理国家秘密信息的信息系统，应当依法使用核心密码、普通密码进行加密保护、安全认证。对于商用密码的使用，一方面，《密码法》第八条规定公民、法人和其他组织可以依法使用商用密码保护网络与信息安全，对一般用户使用商用密码没有提出强制性要求；另一方面，为了保障关键信息基础设施安全稳定运行，维护国家安全和社会公共利益，《密码法》第二十七条要求关键信息基础设施必须依法使用商用密码进行保护，并开展商用密码应用安全性评估，要求关键信息基础设施的运营者采购涉及商用密码的网络产品和服务，可能影响国家安全的，应当依法通过国家网信办会同国家密码管理局等有关部门组织的国家安全审查。党政机关存在的大量涉密信息、信息系统和关键信息基础设施，都必须依法使用密码进行保护。此外，《密码法》第十二条还明确规定，任何组织或者个人不得窃取他人加密保护的信息或者非法侵入他人的密码保障系统，不得利用密码从事危害国家安全、社会公共利益、他人合法权益等违法犯罪活动。

10.6　网络伦理

10.6.1　伦理学与网络伦理学的含义

伦理学(Ethics)是关于人生问题的学问，是关于人生的哲学。人的本质在于人的理性，道德是人的本质体现。伦理学研究如何使人成为有道德的人，是关于道德的学问，是道德哲学。人生目的是快乐、幸福，人的本性倾向快乐、幸福，道德是幸福的必要手段。伦理学研究道德，更从总体上研究人生，研究幸福的内涵及其实现，是幸福哲学，是关于幸福的学问。

伦理学的研究对象是人生的根本性和总体性问题，包括人的本性和人性、人的价值和尊严、人的目的和追求。其轴心是幸福问题，是如何生活得更好的问题。其派生问题是个人与他人、个人与社会的关系问题；社会与社会之间的关系问题；人类与自然、与宇宙的关系问题。伦理学在一般意义上研究幸福或道德问题，为解决这些问题提供理论根据、一般原则，为实现幸福指出正确道路。

对个人而言，伦理学能促进个人反思和规划人生并为之指示方向和提供原则；对社会而言，伦理学能从理论上为社会确立终极价值目标和构建价值体系；对具体学科而言，伦理学能为各门自然科学、社会科学、人文科学提供理论观念、一般原则和活动规范。伦理学的特殊使命是为人类生活提供一般价值原则和基本行为准则，构建理论价值体系，以引导人们达到幸福。

网络伦理学(Cyberethics)研究数字技术和全球虚拟环境的出现所带来的伦理问题和道德困境，是以网络道德为研究对象和范围的学科，所探讨的对象和范围涉及虚拟社会及生活在其中的虚拟人。善恶问题是伦理学研究的中心问题，是伦理学范畴的核心，因而也是网络伦理学应该研究的最主要的范畴。例如，维护网络空间安全，提供网络服务的行为是善；反之，利用网络的便利对网络社会以及现实社会带来危害的就是恶。网络伦理失范会给社会带来一系列问题，因此，网络伦理约束是网络空间安全战略的重要组成部分。

10.6.2　网络伦理遵循的原则

1992 年 10 月 16 日，美国计算机协会(ACM)执行委员会为了规范人们的道德行为，指明道德是非，表决通过了经过修订的《美国计算机协会(ACM)伦理与职业行为规范》。其一般准则如下：

(1) 造福社会与人类。要确保人类始终处于主导地位，始终将人造物置于人类的可控范围，避免人类的利益、尊严和价值主体地位受到损害，确保任何信息技术特别是具有自主性意识的人工智能机器持有与人类相同的基本价值观，始终坚守不伤害人自身的道德底线，追求造福人类的正确价值取向。

(2) 避免伤害他人。例如，不要编写或传播病毒破坏系统；不要进行网络攻击；不要研发杀人机器人；设计的产品要安全可靠。

(3) 诚实可信。诚实是信任的一个重要组成部分，缺少信任的组织将无法有效运转。例如，不要欺骗性地利用大学计算机资源或偷窃资料；不要在网络上散布谣言；销售网络安全产品不要隐瞒其缺陷；不要伪造实验数据；不要抄袭。

(4) 做到公平而不歧视。这一守则体现了平等、宽容、尊重他人。不容许基于种族、性别、宗教信仰、年龄、身体缺陷、民族等的歧视；不应当在开发、设计过程中给智能机器提供过时、不准确、不完整或带有偏见的数据，以避免人工智能机器对特定人群产生偏见和歧视；应该消除不同国家、不同人群之间的数字鸿沟。

(5) 尊重包括著作权和专利权在内的各项产权。在大多数情况下，对著作权、专利权、商业秘密和许可证协议条款的侵犯是被法律禁止的，即使在软件得不到足够保护时，也不要使用盗版。

(6) 尊重知识产权。人们有义务保护知识产权的完整性，即使在知识产权未受明确保护的情况下，也不得将他人的意念或成果据为己有。

(7) 尊重他人的隐私。人们有责任维护个人数据的隐私权及完整性。这包括采取预防措施确保数据的准确性以及防止这些数据被非法访问或泄露给无关人员；此外，必须制定程序允许个人检查他们的记录和修正错误信息。

(8) 保守秘密。当一个人直接或间接地作出保密的承诺，按照诚实守信原则，他就应遵守承诺，保守秘密。例如，网络运营者不得泄露其收集的个人信息；审稿、评审项目时，未经允许不得私自外泄评议信息。

目前，学者们一致认同的原则包括促进人类美好生活原则、无害原则、公正原则、共享原则、平等互惠原则、自由与责任原则、尊重原则、不侵害原则、可持续发展原则等。

伦理学的研究范围，有两个层次的道德现象，即个人的道德观、道德良心、道德行为和组织的伦理准则。这里以软件、硬件产品的工程活动为例，说明各阶段存在的伦理问题(见表 10.1)。

表 10.1　工程活动各阶段存在的伦理问题

功能	问　题
概念设计	有用吗？合法吗？负效用大吗？(如可以研究杀人机器吗？)
市场研究	是否客观？是否充分深入？
确定规格	是否符合标准？物理上可行吗？(如统一手机充电器规格)
合同	费用、进度是否能实现？是否故意压标？是否故意设陷阱？
分析	是否有经验？是否全面？是否准确？结论是否可靠？
设计	有替代方案吗？是否友好？是否侵权？
选购	是否现场检验质量？
部件制造	工作场所是否安全？有噪音、毒烟吗？员工福利有保障吗？
组装、建造	工人熟悉产品的性能目的吗？谁监督安全？
产品最终检验	检验者是否受负责制造或建造的管理者领导？是否客观？
产品销售	存在贿赂吗？广告真实吗?需要知情同意吗？
安装、运行	用户受训练了吗？安全检验了吗？邻居了解情况吗？
产品的使用	保护用户免于伤害了吗？告知用户风险了吗？
维护和修理	定期由称职人员进行的吗？还有充足备件吗？存在缺陷需要召回吗？
报废产品回收	有回收产品的承诺吗？
拆解	如何对材料进行再利用？有毒废物如何处理？达到环保标准了吗？

当前，从中国的实际情况出发，在网络伦理建设方面，应当培育符合社会主义核心价值观的网络伦理和行为规则，“爱国、敬业、诚信、友善”是公民基本道德规范，网络伦理建设是网络文明建设的重要组成部分。其主要措施包括制定网络空间行为规范、规范网上用语、提升公民网络素养、增强公民法律意识和法治素养、强化网络平台责任、加强行业及公民自律、坚持正确的价值引领、督促互联网企业积极履行社会责任、加强监督、加快法律法规建设等。

10.6.3　网络伦理难题

首先介绍一个中国古代伦理难题。叶公语孔子曰：“吾党有直躬者，其父攘羊，而子证之。”孔子曰：“吾党之直者异于是：父为子隐，子为父隐，直在其中矣。”(《论语·子路》)这段话的意思是，叶公告诉孔子说："我的家乡有个正直的人，他的父亲偷了人家的羊，他向官府告发了父亲。"孔子说："我的家乡正直的人和你讲的正直人不一样：父亲为儿子隐，儿子为父亲隐。正直就在其中了。"那么是应该"亲亲相隐"还是应该"大义灭亲"？这是一个二难问题。信息技术的飞速发展，使人类社会正在进入一个崭新的网络社会，但也带来了一些新的伦理难题。例如，无人驾驶汽车面临一些不可避免的碰撞时，就可能出现伦理困境。这些伦理困境可以归纳为两种比较典型的问题，即电车难题和隧道难题。

1967 年，菲利帕·福特首次提到了电车难题，其内容大致是：一个疯子把五个无辜的人绑在电车轨道上。一辆失控的电车朝他们驶来，并且片刻后就要碾压到他们。幸运的是，你可以拉一个拉杆，让电车开到另一条轨道上。然而问题在于，另一个电车轨道上也有一名无辜的人。

隧道难题是电车难题的修改版本：你站在天桥上，看到有一台刹车损坏的电车。在轨道前方，有五个正在工作的人，他们不晓得电车向他们冲来。一个体重很重的路人，正站在你身边，你发现他的巨大体形与重量，正好可以挡住电车，让电车出轨，不至于撞上那五个工人。你是否应该动手，把这个很胖的路人从天桥上推落，以拯救那五个工人，还是应该坐视电车撞上那五个工人？

在现有交通规则体系下，自动驾驶汽车会面临大量"简化的"电车和隧道难题。

场景一：左边是 6 岁幼童，右边是 80 岁耄耋老者，选择撞谁？此类归为行人冲突类。

场景二：车辆在山间道路行驶，左边是一位行人，右边是万丈悬崖，但汽车上坐着十位乘客，怎么选？此类归为行人和车内乘客冲突类。

场景三：左边是无腿乞丐，右边是宾利车，怎么选？此类归为行人和财物冲突类。

场景四：左边是根据交通法规佩戴安全头盔的骑行者，右边是没有戴头盔的行人，怎么选？此类归为无解类。

网络的发展带来了以下网络伦理难题。

1. 网络虚拟空间与物理空间伦理难题

在网络时代，网络虚拟空间与物理空间共同构成人类的基本生存环境，两者不能相互替代。网络的出现和发展对物理空间的生存产生了冲击。网络的虚拟性对一些人产生巨大的网络依赖症，即所谓"因特网综合征"，他们沉迷于网络虚拟世界，厌弃现实世界中的人际交往，可以没有家庭、可以抛弃身边的亲人，但他们绝不能没有网络，他们在"虚拟朋友""虚拟夫妻""虚拟父母"的关系中迷失了自我，自以为找到了"精神家园"，终日沉迷于其中而导致问题的产生——道德情感淡漠，道德人格虚伪，交往心理障碍，特别是一些青少年，甚至发展到为了上网而放弃上学，严重影响人格成长。网络虚拟空间的客观存在也带来了一系列的伦理问题，例如，"网恋""虚拟夫妻"等现象。

2. 信息共享与信息独有的伦理难题

信息是重要的资源，信息共享可以使信息、资源得到充分利用，极大地降低全社会信息生产的成本，推动社会进步。从有效利用资源、社会共同进步的角度看，信息应该共享，但是，信息的生产需要创造性的发挥和投入，信息传播需要大量的投资用于软硬件产品的生产，所以，信息生产者和传播者拥有信息产品的所有权，并通过信息产品的销售来收回成本，赚取利润，这是合乎道德的。现实生活中有些人在网络上非法复制、使用有知识产权的软件则是一种不道德的行为。某种社会性的、公开性的知识由个人垄断，形成信息壁垒，影响了社会信息资源共享，同样也是一种不公平、不道德的行为。由于对网络信息的知识产权的界定缺乏可操作的规范，由此可能产生两种极端化行为，即过度强调信息独有导致信息垄断，过度强调信息共享导致侵犯知识产权。

3. 数字鸿沟与社会公正的伦理难题

数字鸿沟(Digital Divide)是国与国之间以及国家内部群体之间信息和电子技术方面的差距，是“知识鸿沟”或者“教育鸿沟”。有些网络不公正产生的根源是发达国家对于信息获取的垄断，即发达国家与发展中国家之间的数字鸿沟。同一国家内部也存在着数字鸿沟，表现在地域差异、阶层差异、种族差异、行业差异、年龄差异、性别差异、城乡差异等，例如，“老人无健康码乘地铁受阻”引发公众对于老年人遭遇数字鸿沟窘境的热议。此外，公正问题还来源于发达国家在文化上的强势推行，即文化霸权。截至 2020 年 3 月 25 日，W3Techs 预测前 1 百万互联网网站使用的语言文字百分比：英语占 59.3%，排第一；汉语占 1.3%，排第十。互联网上语种的比例已远远超出了它本身所涵盖的问题。网络社会的公正问题，无论是技术霸权、网络霸权、文化霸权、语言霸权，还是网络社会的欺诈、犯罪现象等，都需要一定的规则予以规范。

4. 个人隐私权与社会监督的伦理难题

隐私权是私人生活不被干涉、不被擅自公开的权利。保护个人隐私是社会基本的伦理要求。社会安全是社会存在和发展的前提，社会监督是保障社会安全的重要手段。在网络时代，产生了个人隐私权和社会监督的矛盾，由此带来的伦理难题包括构成侵犯隐私权的合理界限是什么？如何切实保护个人的合法隐私？如何防止把个人隐私作为谋取经济利益或要挟个人的手段？群众和政府机关在什么情况下可以调阅个人的信息？可以调阅哪些信息？怎样才能协调个人的隐私和社会监督的关系？如果对两者关系处理不当，容易造成侵犯隐私权、自由主义和无政府主义等严重后果。

5. 通讯自由与社会责任的伦理难题

网络隐匿性使得网络摆脱了传统社会的管制、控制和监控，很容易使上网者在网络上任意漫游，随意发表言论，容易使网络主体形成一种“特别自由”的感觉和“为所欲为”的冲动。网络给人们提供的“自由”，远远超出了社会赋予他们的责任，如果网络行为主体的权利义务不明确，便会产生网络行为主体的行为自由度与其所负的社会责任不相协调甚至相冲突的局面。滥用通讯自由就会自觉不自觉地放松了自我道德和社会道德规范的约束。

6. 网络开放性与网络安全的伦理难题

黑客的产生与专家主义(Specialistism)背景有着紧密联系。对专家才能的追求、对技术进步的执著以及对技术之外包括“官方”事务的忽略，正是专家主义的突出表现。互联网信息资源共享的理想，以及“虚拟现实”“自由链接”“无中心”“无权威”“无边界”

的网络状况，使得专家主义盛行，并促成了黑客及黑客行为。黑客行为的最显著特征是未经同意进入他人电脑。在互联网上，存在很多设定了密码、指令等访问权限的区域，这些区域中往往包含了军事、商业等各种机密以及个人隐私。黑客以打破常规、挑战约束为追求，力图突破或绕过设定的关卡进入限制区域，这就是网络开放性与网络安全的伦理难题。

7. 网络自由与网络主权的伦理难题

习近平指出："网络空间是人类共同的活动空间，网络空间前途命运应由世界各国共同掌握。各国应该加强沟通、扩大共识、深化合作，共同构建网络空间命运共同体。"美国以互联网自由为名，将自由主义、个人主义延伸到网络虚拟空间，坚持人权高于主权保障个人自由等主张，坚持"网络自由"论，将网络空间视为"全球公域"，不承认网络主权之限。作为网络超级大国，如此主张完全出于维护美国自身的利益，这是不道德的。但以网络主权为由，使网络空间成为一个个信息孤岛，这将不利于信息交流与共享。网络空间不是如同传统的公海、极地、太空一样的全球公域，而是建立在各国主权之上的一个相对开放的信息领域。

8. 信息内容的地域性与信息传播方式的超地域性的伦理难题

在网络社会，信息的传播是超越国界地域的，具有全球化的特点。这种不同文化、伦理的碰撞、交融，有利于形成网络伦理，有利于网络社会的有序发展。但信息的内容是带有地域特征的，它反映的是一定地域和民族的社会政治制度、文化、知识和道德规范。由此带来的伦理难题包括如何既有效地利用网络资源又能保持鲜明的民族文化特征？如何既形成网络社会的普遍伦理又保持民族文化的多样化？如何面对外来文化扩张的同时发展自己的民族文化？对这些问题的处理不当将导致文化霸权主义和文化殖民主义。

习　题　十

1. 使用办公自动化设备时，应当遵守下列(　　)规定。

A. 不得在没有保密措施的传真机、计算机上传输或者处理涉及国家秘密的信息

B. 使用计算机信息网络国际联网传输信息不得涉及国家秘密

C. 未经原确定密级的国家机关、单位批准，不得复制国家秘密的信息；不得使用手机、无线话筒传达涉及国家秘密的信息

D. 以上都是

2. 根据《网络安全法》的规定，关键信息基础设施的运营者在中华人民共和国境内运营中收集和产生的个人信息和重要数据应当在(　　)。因业务需要，确需向境外提供的，应当按照国家网信部门会同国务院有关部门制定的办法进行安全评估，法律、行政法规另有规定的，依照其规定。

A. 境外存储　　　　B. 外部存储器储存

C. 第三方存储　　　D. 境内存储

3. 网络产品、服务的提供者不得设置(　　)，发现其网络产品、服务存在安全缺陷、漏洞等风险时，应当立即采取补救措施，并按照规定及时告知用户并向有关主管部门报告。

A. 恶意程序　　B. 风险程序

C. 病毒程序　　D. 攻击程序

4. 根据《网络安全法》的规定，(　　)负责统筹协调网络安全工作和相关监督管理工作。

A. 中国电信　　B. 信息部门

C. 国家网信部门　　D.中国联通

5. 关键信息基础设施的运营者应当自行或者委托网络安全服务机构对其网络的安全性和可能存在的风险(　　)至少进行一次检测评估，并将检测评估情况和改进措施报送相关负责关键信息基础设施安全保护工作的部门。

A. 四年　　B. 两年　　C. 每年　　D. 三年

6. 网络运营者应当制定网络安全事件应急预案，及时处置(　　)安全风险，在发生危害网络安全的事件时，立即启动应急预案，采取相应的补救措施，并按照规定向有关主管部门报告。

A. 系统漏洞　　B. 网络攻击

C. 网络侵入　　D. 计算机病毒

7. 《保守国家秘密法》将秘密数据划分为哪 3 级？等级保护 2.0 将等级保护对象的安全保护等级划分为哪 5 级？

8. 如何理解《网络安全法》中重要数据概念和《数据安全法》中国家核心数据概念。

9. 2006 年中国互联网协会发布了《文明上网自律公约》，你是否做到了？公约全文如下：

自觉遵纪守法，倡导社会公德，促进绿色网络建设；
提倡先进文化，摒弃消极颓废，促进网络文明健康；
提倡自主创新，摒弃盗版剽窃，促进网络应用繁荣；
提倡互相尊重，摒弃造谣诽谤，促进网络和谐共处；
提倡诚实守信，摒弃弄虚作假，促进网络安全可信；
提倡社会关爱，摒弃低俗沉迷，促进少年健康成长；
提倡公平竞争，摒弃尔虞我诈，促进网络百花齐放；
提倡人人受益，消除数字鸿沟，促进信息资源共享。

10. 你是否认同美国计算机伦理协会制定的“计算机伦理十诫”？其具体内容为：不要使用计算机危害他人；不要妨碍他人的计算机工作；不要四处窥探他人的文件；不要利用计算机进行偷窃；不要利用计算机作伪证；不要使用或复制没有付费的软件；不要在未经许可的情况下使用他人的计算机资源；不要侵占他人的技术成果；要考虑自己编写的程序对社会的影响；要以能表现出体贴和尊重的方式使用计算机。

11. 作为工程师，你怎么看待下列问题？

(1) 工程师受聘于甲方，而甲方可能从经济利益出发，或者受限于专业知识，主观要求工程师做出成本过低甚至“偷工减料”的设计。

(2) 工程师也可能在工程监理、咨询等业务中，因种种请托关系，为明知不合规范的设计放行。

(3) 工程师还可能责任心不够，勘察验证不足，客观上导致设计风险或失误。

12. 2021 年，卢康杰教授研究组在国际安全会议 IEEE Security&Privacy 上发表了一篇研究论文:《能否通过提交看似合理的补丁向项目中注入潜在的漏洞？》这篇论文讨论了一个新型安全威胁——如果攻击者不能直接影响开源软件的代码，也即不能增加或者修改任何功能，他们是否可以通过提交看似合理的、只修改一两行代码的补丁来向项目间接引入潜在的漏洞？这篇论文属于社会工程学攻击，攻击目标是 Linux 系统，他们把 Linux 内核当作系统安全试验场，并借此将恶意代码植入，达到“创造系统漏洞”的目的。你如何看待论文中存在的伦理问题？

13. 你认为人类是否会成为机器人的奴隶？

参考实验

实验一 实现加解密程序

1. 实验要求与目的

熟悉加密、解密的算法；懂得加密在通信中的重要作用；了解密码工作模式；使用高级语言实现一个加密、解密程序。

2. 实验内容

详细描述凯撒密码加密、解密过程，编程实现加密、解密；使用高级语言实现加密函数调用，可选算法包括 DES、AES，选用密码工作模式 ECB，完成对文本的加密。

实验二 实现数字签名

1. 实验要求与目的

熟悉数字签名概念；熟悉 RSA 数字签名算法；使用高级语言实现数字签名程序；熟悉 PGP 软件。

2. 实验内容

详细描述 RSA 签名、验证过程；使用高级语言的签名函数调用；使用 PGP 完成对文本的数字签名。

实验三 实现口令认证

1. 实验要求与目的

熟悉认证概念；使用高级语言实现基于用户名口令的登录程序。

2. 实验内容

实现用户注册、用户登录功能；口令采用文本口令或图形口令。

实验四 口令破解

1. 实验要求与目的

熟悉字典攻击、暴力攻击；使用口令破解工具。

2. 实验内容

下载 L0phtCrack 或 Cain&Abel；暴力破解 win7 及 Lunix 系统的计算机密码。

实验五 漏洞扫描

1. 实验要求与目的

熟悉漏洞扫描的概念；熟悉漏洞扫描软件的使用；发现漏洞。

2. 实验内容

下载 Nmap 或 Nessus；查看帮助文件；完成扫描，给出扫描报告。

实验六 网络监听

1. 实验要求与目的

熟练掌握 Wireshark 的使用；熟悉网络监听的原理及被侦听的危害。

2. 实验内容

下载并安装 Wireshark；运用 Wireshark 捕获报文，分析捕获报文的结构；设置过滤器；设置规则；捕捉 Webmail 口令；捕捉浏览的网页内容。

实验七 网络爬虫

1. 实验要求与目的

熟悉爬虫工作原理；用相关的 Python 工具包实现网络爬虫。

2. 实验内容

掌握 Python 的基础知识；爬取豆瓣 top250；数据处理。

实验八 使用 WinHex 恢复文件

1. 实验要求与目的

通过使用 WinHex 软件，熟悉磁盘信息，从而了解存储机制；查看磁盘信息及其使用状况；能够恢复已删除的文件。

2. 实验内容

下载 WinHex 软件，打开文件夹中的 WinHex.exe 文件；熟悉工作界面；打开相应的磁盘并查询信息；使用 WinHex 进行文件恢复。

实验九 使用 Sysinternals 获取内存信息

1. 实验要求与目的

掌握通过命令指令取证，并熟悉基本的取证信息；使用 Sysinternals 进行取证。

2. 实验内容

通过 CMD 和 Sysinternals 结合使用，从计算机内存中获得系统当前时间、系统信息、网络信息等内存信息。

实验十 网络取证

1. 实验要求与目的

了解网络取证常用的工具；熟悉网络取证所要搜集的信息。

2. 实验内容

下载相应的工具，解压并且安装相应的软件。打开相应的分析监控工具，查看相应的浏览器信息、历史记录、收藏夹、搜索引擎关键词、网页缓存、网页离线浏览器，监控来往数据包。

参考文献

[1] 曹天杰, 张立江, 张爱娟. 计算机系统安全[M]. 3 版.北京：高等教育出版社, 2014.

[2] 曹天杰, 张凤荣, 汪楚娇. 安全协议[M]. 2 版. 北京：北京邮电大学出版社, 2020.

[3] 张立江, 苗春雨, 曹天杰，等.网络安全[M]. 西安：西安电子科技大学出版社, 2021.

[4] 冯登国. 网络空间安全：理解与思考[J]. 网络安全技术与应用, 2021(1): 1-4.

[5] 袁会. 新形势下的网络空间安全研究[J]. 新媒体与社会, 2014(1): 135-146.

[6] 方滨兴. 定义网络空间安全[J]. 网络与信息安全学报，2018, 4(1): 1-5.

[7] 方滨兴. 从层次角度看网络空间安全技术的覆盖领域[J]. 网络与信息安全学报, 2015, 1(1)：2-7.

[8] 时金桥. 从层次模型的角度看网络空间安全保密的威胁与挑战[J]. 保密科学技术, 2015(11)：11-16.

[9] 罗军舟, 杨明, 凌振，等. 网络空间安全体系与关键技术[J]. 中国科学：信息科学, 2016, 46(8)：939-968.

[10] 刘蔚棣，郭乔进，产院东，等. 工业控制系统安全发展综述[J]. 信息化研究, 2021, 47(1)：1-9, 24.

[11] 房梁, 殷丽华, 郭云川, 等. 基于属性的访问控制关键技术研究综述[J]. 计算机学报, 2017, 40(7)：1680-1698.

[12] 杨毅宇，周威等. 物联网安全研究综述：威胁、检测与防御[J]. 通信学报, 2021, 42(8)：188-205.

[13] 王基策, 李意莲等. 智能家居安全综述[J]. 计算机研究与发展. 2018, 55(10)：2111-2124.

[14] 张晔. 国外科技网站反爬虫研究及数据获取对策研究[J]. 竞争情报, 2020, 16(1)：24-28.

[15] 刘红芝. 网络信息过滤系统的分类[J]. 图书馆学刊, 2010：99-100.

[16] 林玥, 刘鹏, 王鹤, 等. 网络安全威胁情报共享与交换研究综述[J]. 计算机研究与发展, 2020, 57(10)：2052-2065.

[17] 方滨兴，时金桥，王忠儒，等. 人工智能赋能网络攻击的安全威胁及应对策略[J]. 中国工程科学, 2021, 23(3)：60-66.

[18] 杨黎斌, 戴航, 蔡晓妍. 网络信息内容安全[M]. 北京：清华大学出版社，2017.

[19] 中国信息通信研究院. 人工智能安全白皮书(2018) [R]. http://www.caict.ac.cn/kxyj/qwfb/bps/201809/t20180918_185339.htm.

[20] 冯登国, 张敏, 李昊. 大数据安全与隐私保护[J]. 计算机学报, 2014, 37(1)：246-258.

[21] BILL N, AMELIA P, CHRISTOPHER S. Guide to Computer Forensics and Investigations [M]. 5th ed.Course Technology, 2015.

[22] 钱振华. 现代科技伦理意识探析与养成[M]. 北京：知识产权出版社, 2017.